首届全国机械行业职业教育精品教材

高等职业教育机电类专业"互联网+"创新教材

（电气工程及自动化类专业）

单片机应用技术项目式教程（C语言版）

第2版

U0179503

主　编　孟凤果

副主编　刘成伟　王　晗

参　编　闻　娜　沈海军

机械工业出版社

本书是与省级精品课、省级精品在线开放课程"单片机应用技术"配套的教材，综合行业新技术的发展状况和多年教学教改成果，以 51 系列单片机开发应用为主线，采用任务驱动的方式组织教学内容。通过 22 个典型工作任务的具体实施过程，详细介绍了单片机开发软件 keil 和仿真软件 Proteus 的使用、单片机的基本知识、硬件电路分析及 C51 程序设计的思路。

本书主要内容包括：单片机硬件系统的认识，单片机系统开发软件的应用，单片机并行 I/O 端口的应用，定时器/计数器与中断系统的应用，显示器和键盘接口技术的应用，串行接口技术，单片机系统扩展的设计，D - A 与 A - D 转换接口技术，单片机应用系统综合设计与开发应用。本书实现了"做、教、学、做"四位一体，能使读者快速入门；任务实现分析透彻，图文并茂、便于学生自学和制作；本书的特别之处还在于，适时插入了各种"读一读""想一想""练一练"等小提示，便于引导学生举一反三；项目前设有"引言"，概括整个项目学习的主要内容；各任务相关知识点下均设有"学习指南"，又便于学习者了解项目内容的重点；最后有"项目小结"，总结需重点掌握的知识点和应具备的职业能力；此外，特别精选了便于读者能力提高的多种类型练习题、实训项目等。

为便于教学，本书配有丰富的电子课件、微课视频教程、练习与提高答案、课程标准、电子教案、习题库等教学资源，凡选用本书作为授课教材的教师可来电（010-88379375）索取，或登录 www.cmpedu.com 网站，注册后免费下载。本书在超星平台有优质资源包，在职教云有省级精品在线开放课程。

本书注重基本知识的应用和软硬件电路设计基本能力的培养，可作为职业院校（高职、职业本科）、应用型本科机电设备类、自动化类、电子信息类专业的"单片机应用技术"课程用教材，也可以作为社会培训及单片机初学者的自学用书。

图书在版编目（CIP）数据

单片机应用技术项目式教程：C 语言版／孟凤果主编 . —2 版 . —北京：机械工业出版社 . 2021. 4（2024. 2 重印）
高等职业教育机电类专业"互联网+"创新教材
ISBN 978-7-111-68116-8

Ⅰ. ①单… Ⅱ. ①孟… Ⅲ. ①单片微型计算机—高等职业教育—教材 ②C 语言—程序设计—高等职业教育—教材 Ⅳ. ①TP368. 1 ②TP312. 8

中国版本图书馆 CIP 数据核字（2021）第 080250 号

机械工业出版社（北京市百万庄大街 22 号　邮政编码 100037）
策划编辑：于　宁　责任编辑：于　宁
责任校对：肖　琳　封面设计：鞠　杨
责任印制：李　昂
河北宝昌佳彩印刷有限公司印刷
2024 年 2 月第 2 版第 9 次印刷
184mm×260mm · 17. 5 印张 · 479 千字
标准书号：ISBN 978-7-111-68116-8
定价：55. 00 元

电话服务　　　　　　　　　网络服务
客服电话：010-88361066　　机 工 官 网：www.cmpbook.com
　　　　　010-88379833　　机 工 官 博：weibo.com/cmp1952
　　　　　010-68326294　　金 书 网：www.golden-book.com
封底无防伪标均为盗版　机工教育服务网：www.cmpedu.com

前　言

本书于 2017 年被评为首届全国机械行业职业教育精品教材、院级教育教学成果二等奖。

"单片机应用技术"课程是一门应用性很强的应用技术课程，是工科院校机电类、电子信息类专业学生必修的一门专业核心课程。"单片机应用技术"课程组教师经过多年教育教学改革的经验积累，结合本院教学条件，于 2008 年将"单片机应用技术"课程建设成为河北省省级精品课程，后转型为院级首批精品在线开放课程，于 2021 年被评为省级精品在线开放课程，本书是精品课程与精品在线开放课程建设的成果之一。为贯彻党的二十大精神，加强教材建设，进一步加强职业教育改革，修订参照了教育部智能硬件开发与应用"1 + X"证书职业资格标准，参照了中华人民共和国第一届全国职业技能大赛"电子技术"项目的相关技术文件。具有如下特色：

1. 优化了开发软件的使用

继续加强单片机应用技术常用仿真软件 Keil μVision 和 Proutues 的应用，ISP（互联网服务提供商）下载软件中删掉了使用较少的 AT89ISP、SLLSP、PROGISP、AVR_fightert 等下载软件，保留了使用频率较高的 STC-ISP 烧录软件的应用。

2. 加强任务驱动教学组织

精选了典型工作任务，把工作任务的实现与知识点学习、单片机应用系统的开发相结合。任务由简单到复杂，具有相对独立性和进阶性，反复训练使学生熟悉单片机应用系统工程项目开发过程，在实践应用中巩固基本知识。

典型工作任务源自于单片机技术应用的实际案例，把知识点学习有机融入任务的实施过程中。典型工作任务的选取具有拓展性、可移植性，以此为载体训练学生举一反三的应变能力，分析问题、解决问题的能力及开拓创新意识等。

3. 强调职业素质的培养

为便于读者理解，在内容上适时插入各种"读一读""想一想""练一练"等。每个项目均配有"教学导航""学习指南"，"教学导航"中增加了职业素养的指导，与思政元素相吻合。职业素养部分根据各项目单元特点编写，强调学生在不同阶段应具有不同的职业能力和社会责任。

本书内容深入浅出、循序渐进，文、图呼应，轻松学习，易于掌握。

本书由孟凤果教授统筹并担任主编，编写了项目 4、项目 8；刘成伟和王晗任副主编，刘成伟编写了项目 5 和项目 6；王晗编写了项目 2 和项目 9；参编沈海军编写了项目 1 和项目 3；闻娜编写了项目 7。

多年来职业教育在不断地进行改革，为了更好地实现服务区域经济发展的需求，为了不断为社会培养合格的技术应用型人才，创新式教材建设是一项长期而艰巨的任务。由于编者水平有限，书中难免存在差错，殷切希望各位同仁和专家提出宝贵意见和建议。

编　者

二维码索引

（续）

目　录

项目1
单片机硬件系统的认识

引言

　　本项目以 LED 信号灯的闪烁控制引入对单片机简单控制系统的认识，并对单片机应用系统的开发过程有基本了解。本单元系统地介绍了单片机基本概念、最小系统、51 系列单片机的硬件结构、存储器配置以及数制系统等知识。

教学导航 →

教	重点知识	1. 单片机基本概念	2. 单片机芯片的引脚及其功能
		3. 单片机的内部结构	4. 单片机中的存储器
		5. 单片机最小系统	6. 数制系统
	难点知识	1. 单片机芯片的引脚及其功能	2. 单片机中的存储器
	教学方法	任务驱动 + 仿真训练 以 LED 信号灯的闪烁控制为实例，认识单片机简单控制系统的构成；让学生理解单片机及其相关概念；通过让学生动手制作单片机简单控制系统，逐步培养学生学习单片机知识的积极性	
	参考学时	10 学时	
学	学习方法	通过让学生动手焊接制作一块单片机最小系统实验板，让学生更直观地理解关于单片机的一些基本概念，加深对单片机基本知识的认识	
	理论知识	1. 单片机基本概念 2. 单片机内部结构和存储器知识 3. 单片机最小系统的构成	
	技能训练	单片机最小系统实验板的制作与调试	
	制作要求	完成单片机最小系统实验板的焊接制作，并调试成功	
做	建议措施	每个学生独立完成单片机最小系统的制作，调试成功后提交教师验收，教师根据学生焊接制作情况，予以打分评比	

职业素养 →

　　成功的秘诀是坚持！无论是学习还是工作，"世上无难事、只要肯登攀"。

【任务1.1】一位 LED 信号灯的控制

1. 任务要求

利用 51 系列单片机控制一位 LED 信号灯，实现 LED 信号灯闪烁控制。一位 LED 信号灯控制的原理图如图 1-1 所示。

2. 任务目的

（1）通过一位 LED 信号灯的闪烁控制，初步了解单片机应用系统的基本构成。

（2）了解什么是单片机和单片机最小应用系统。

（3）初步了解单片机应用系统开发的过程。

（4）掌握在 Keil μVision 环境中调试程序的基本方法。

（5）了解在 Proteus 环境中实现电路仿真应用。

3. 任务分析

信号灯应用于很多电子产品中。比如，电源指示灯、交通路口信号灯等。本任务中 LED 信号灯的阴极与单片机引脚 P1.0 连接，阳极通过限流电阻接高电平。当 P1.0 引脚为低电平时，LED 发光；当 P1.0 引脚为高电平时，LED 熄灭。

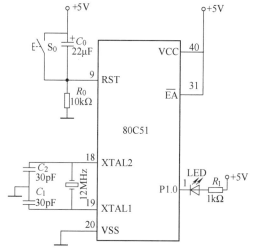

图 1-1　一位 LED 信号灯控制的原理图

因此，让 P1.0 每隔一定时间依次输出高、低电平信号，实现 LED 信号灯亮、灭控制，从而达到闪烁效果。

制作一位 LED 信号灯闪烁控制电路所需元器件清单见表 1-1。

表 1-1　一位 LED 信号灯闪烁控制电路所需元器件清单

元器件名称	单片机	IC 芯片底座	发光二极管	按键	石英晶体振荡器	瓷片电容	电阻	电阻	电解电容
参数	89C51	DIP40			12MHz	30pF	1kΩ	10kΩ	22μF
数量	1	1	1	1	1	2	1	1	1

读一读

人眼看发光物体时，有视觉暂留现象，即发光体激励过后，发光体辉度仍然会持续一段时间，这称为余辉时间。

在 LED 信号灯闪烁控制任务中："P1.0 每隔一定时间依次输出高、低电平信号"，这里的"每隔一定时间"，必须大于人眼的视觉暂留时间。否则，只能看到 LED 灯被点亮的效果，而无闪烁的现象。

4. 源程序设计

单片机应用系统包含硬件系统和软件系统两部分，两者缺一不可。因此，在完成单片机硬件电路设计后，需要编写相应的控制程序。

一位 LED 信号灯闪烁控制的 C 语言源程序如下。

```
/ *******************************************************************
程序名称: program1-1. c
程序功能:一位 LED 信号灯闪烁控制
******************************************************************* /
#include  < reg51. h >            //包含头文件 reg51. h,定义了单片机的特殊功能寄存器
sbit   P1_0 = P1^0;              //定义位名称
void delay( unsigned char i);     //延时函数声明,i 作为形式参数
void main( )                     //主函数
{
    while(1)
    {
        P1_0 = 0;                //点亮 LED 灯          ┌─ LED 信号灯闪烁控制 ─┐
        delay(10);               //调用延时函数,实际参数为 10
        P1_0 = 1;                //熄灭 LED 灯
        delay(10);               //调用延时函数,实际参数为 10
    }
}
/ *******************************************************************
函数名:delay
函数功能:实现软件延时
形式参数:unsigned char i,控制循环次数,决定延时时间
返回值:无
******************************************************************* /
void   delay( unsigned char i)     //延时函数,变量 i 为形式参数
{
    unsigned char j,k;
    for( k = 0;k < i;k ++ )           //双重 for 循环语句实现软件延时
    {
        for( j = 0;j < 255;j ++ );
    }
}
```

读一读

在单片机应用系统开发过程中,可以使用机器语言、汇编语言或高级语言进行编程,而单片机只能直接执行机器语言程序。

机器语言是用二进制代码表示的计算机能直接识别和执行的一种机器指令的集合。

汇编语言为符号语言,是用助记符组成的指令代码。使用汇编语言编写的程序,机器不能直接识别,需要由一种程序将其翻译成机器语言程序,这种翻译程序称为汇编程序。汇编程序是系统软件中语言处理系统软件。汇编程序把汇编语言程序翻译为机器语言程序的过程称为汇编。汇编语言和机器语言都是面向机器的低级语言。

C 语言是一种高级语言,它的语法特点更接近于自然语言,所以是目前最流行、使用最广泛的程序设计语言之一。

用 C 语言或者汇编语言编写的程序称为源程序,用机器语言构成的程序称为目标程序。源程序必须经过编译、链接等操作,生成目标程序,这样单片机才能够执行。

5. Keil μVision 仿真实现

1）打开 Keil μVision，执行菜单命令"Project"/"New Project"创建"一位 LED 信号灯闪烁控制"项目，选择 CPU 类型：Atmel 公司的 AT89C51。

2）执行菜单命令"File"/"New"创建文件，输入 C 语言源程序，保存为"program1-1. c"。

3）在"Project"栏的 File 项目管理窗口中右击文件组，选择快捷菜单中的"Add File to Group'Source Group1'"，将源程序"一位 LED 信号灯闪烁控制"添加到项目中。

4）设置"Debug"选项卡下仿真形式"Use Simulator"选项，进行软件仿真。

5）执行菜单命令"Project"/"Translate"，或直接单击工具栏图标 ⬙，无误后执行"Project"/"Build Target"，或直接单击工具栏图标 ⬚，编译源程序，创建". hex"文件。

6）打开菜单"Debug"，选择"Start/Stop Debug Session"项，或直接单击工具栏图标 ⬗，进入 Keil μVision 调试环境。

7）打开菜单"Peripherals"选择仿真端口 P1；按下 F5 或工具栏中的 ⬛ 按钮运行源程序，如图 1-2 所示。

观察 Parallel Port 1 窗口 P1 端口 P1.0 位的变化，对应的位显示"√"代表"1"，对应的位为"空"代表"0"；P1.0 位的状态会在"1"或"0"之间跳变，相应左侧 P1 端口的值分别为 0xFF 或 0xFE。

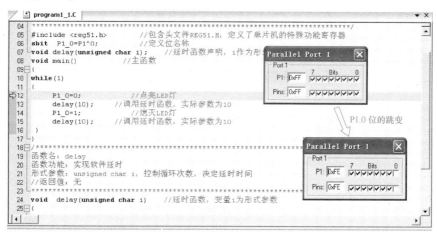

图 1-2　一位信号灯控制的 Keil μVision 仿真图

6. Proteus 设计与仿真

1）双击桌面上 Proteus ISIS 图标，打开"ISIS7 Professional"窗口；单击菜单命令"File"/"New Design"，新建一个 DEFAULT 模板，保存文件名为"一位 LED 信号灯闪烁控制. dsn"。

2）在器件选择按钮中单击"P"按钮，或执行菜单命令"Library"/"Pick Device/Symbol"，添加相关元器件，用导线将各元器件及符号正确连接；双击单片机芯片，设置相应参数，完成 Proteus 环境下电路图的设计。

3）打开 Keil 编辑 C 源程序，并添加到相应项目中。执行菜单命令"Project"/"Options for Target'Target 1'"，在弹出的对话框中选择"Output"选项卡，选中"Greate HEX File"；在"Debug"选项卡中，选中"Use：Proteus VSM Simulator"。

4）执行菜单命令"Project"/"Translate"，或直接单击工具栏图标 🦺，无误后执行"Project"/"Build Target"，或直接单击工具栏图标 🔧，编译源程序，创建".hex"文件。

5）在已绘制完原理图的 Proteus ISIS 菜单栏中，执行菜单命令"Debug"，选中"Use Remote Debug Monitor"选项，使 Proteus 与 Keil 连接，进行联合调试。

6）在 Proteus ISIS 中双击单片机芯片，弹出"Edit Component"对话框，在"Program File"中选择之前生成的".hex"文件，即要调试的可执行文件，单击确定。

7）单击 Proteus ISIS 中"Debug"菜单下的"Start/Restart Debugging"命令，或者窗口左下角的"Play"按钮，即可进行仿真调试，观察仿真效果，如图 1-3 所示⊖。

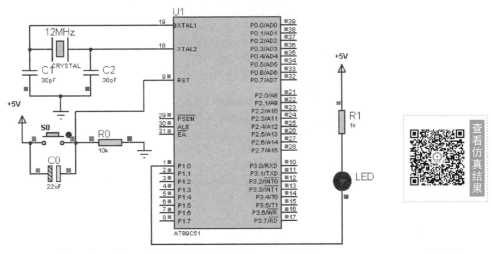

图 1-3 一位 LED 信号灯闪烁控制的 Proteus 仿真图

仿真实现之后，将程序装载到单片机芯片中并运行，就可以看到 LED 信号灯闪烁的效果。一位 LED 信号灯闪烁控制的实物图如图 1-4 所示。

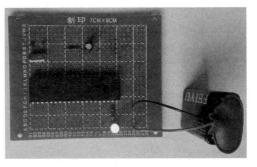

图 1-4 一位 LED 信号灯闪烁控制实物图

7. 任务小结

单片机芯片本身并不具备任何功能，必须借助开发人员完成系统的硬件、软件的设计，调试成功的程序要装载到单片机系统的存储器中，运行程序，才能实现单片机应用系统特定的控制功能。

单片机应用系统的开发过程一般如下。

分析设计要求 → 硬件设计 → 硬件电路制作 → 程序设计 → 软、硬件仿真调试 →
程序装载 → 功能测试

⊖ 限于 Proteus 软件的实际情况，本书中用该软件设计、仿真的图中的电气简图用符号部分与国家标准不符，望读者注意。

1.1　初步认识单片机

	基本概念	单片机的基本概念
学习指南	背景知识	1. 单片机的特点 2. 单片机的发展史 3. 单片机的应用领域 4. 单片机的主流产品
	51 系列单片机	1. 51 系列单片机的主要产品 2. 51 系列单片机的结构特点 3. 51 系列单片机的性能特点
	重点知识	1. 单片机的特点 2. 51 系列单片机的主要产品
	学习方法	理实一体 网络上搜索有关单片机应用的相关知识，初步认识单片机的应用

1.1.1　单片机的基本概念

　　日常生活中的许多电子产品，比如智能仪器仪表、通信设备、家用电器、智能终端等智能电子产品，都大量应用着单片机。

　　单片机（Microcontroller）是微型计算机的一个分支，是微型机发展到一定阶段的产物。从 1971 年微型计算机问世以来，由于实际应用的需要，微型计算机向着两个不同的方向发展：一个是向高速、大容量、高性能的高档微型计算机方向发展；另一个则是向稳定可靠、体积小、价格低的单片机方向发展。

图 1-5　单片机芯片实物图

　　单片机是采用超大规模集成电路技术，将具有数据处理能力（比如算术运算、数据传送、逻辑运算、中断处理）的中央处理器（Central Processing Unit，CPU）、只读程序存储器（Read Only Memory，ROM）、随机存储器（Random Access Memory，RAM）、中断系统、定时器/计数器以及 I/O（Input/Output）接口电路等部件集成到一块硅片上构成的微型计算机，称为单片微型计算机（Single Chip Microcomputer，SCMC），简称单片机。单片机芯片的实物图如图 1-5 所示。

1. 单片机的发展

　　1971 年 Intel 公司成功研制出世界上第一块 4 位微处理器芯片 Intel 4004，标志着第一代微处理器的问世。1976 年 Intel 公司推出了第一代 8 位的 MCS-48 系列单片机，它具有控制功能齐全、体积小、价格低等优点，在众多领域得到了广泛的应用，为单片机的发展奠定了坚实的基础。1980 年 Intel 公司又推出了 MCS-51 系列的第二代 8 位单片机，它比第一代有了较大改进，不仅在资源上比上一代丰富，而且在功能上也比上代更强。1983 年又推出了 MCS-96 系列第三代的 16 位单片机。

　　8 位单片机推出之后，许多半导体芯片生产厂商相继开始研制和发展自己的单片机系列。比较著名的有 Zilog 公司的 Z-8 系列，Motorola 公司的 6801、6802，Rockwell 公司的 6501、6502 等。

目前的单片机品种很多，但市场占有份额较高的仍是与 MCS-51 单片机兼容的 51 系列单片机。例如，美国 Atmel 公司的 AT89 系列单片机、荷兰 Philips 公司的 80C51 系列单片机、国产宏晶 STC 单片机等。

2. 单片机的特点

不同厂商生产的单片机，其技术特征不尽相同。开发者必须了解所使用的单片机芯片是否满足开发功能的需要和应用系统要求的技术指标，技术指标主要包括功能特性、电气特性和控制特性等。这些信息需要从单片机生产厂商的技术手册上获取。

总的来说，单片机具有以下一些相同的特性。

（1）集成度高、体积小、可靠性高　单片机采用超大规模集成电路技术将各功能部件集成在一块硅片上，引出功能引脚后，再进行塑封。因此，体积可以做到非常小。芯片内部各功能部件间电气连线很短，其抗干扰性能较好。单片机程序代码、常数及表格等固化在 ROM 中不易破坏。所以，可靠性高。

（2）控制功能强　为了满足控制要求，单片机的指令系统控制功能丰富。例如，分支转移能力，I/O 口的逻辑操作及位处理能力等，非常适合用于特定的控制功能。

（3）低电压、低功耗　为了满足便携式系统的需要，许多单片机内的工作电压仅为 1.8 ~ 3.6V，而工作电流仅为数百微安，芯片的功耗很低，为 mW 数量级。

（4）易扩展　单片机内部具有计算机正常运行所必需的部件。芯片外部有许多供扩展用的总线及并行、串行输入/输出引脚，很容易构成各种规模的应用系统。

（5）优异的性能价格比　单片机芯片价格低廉，但其功能强大，性能价格比极高。可以将单片机嵌入到电子产品中，构成嵌入式应用系统。

3. 单片机的应用领域

单片机具有强大的控制功能和灵活的嵌入特性，在社会的各个领域中，随处可见单片机的踪迹，下面介绍几个代表性的应用领域。

（1）家用电器　自从单片机诞生以后，它就步入了人类生活，现代家用电器产品的一个重要特征和标志是：智能化。例如洗衣机、空调、微波炉、电视机的"电脑"控制等，提高了智能化程度，增加了功能，备受人们喜爱。这里所说的"电脑"实际上就是"单片机"。

（2）实时控制　单片机作为微处理器在工业控制系统、环境监测系统、数据采集及控制系统等对信号实时性要求较高的领域得到了大量应用。例如，工厂流水线的智能化管理、电梯智能化控制及各种报警系统等。

（3）智能仪器仪表　各类仪器仪表中应用单片机技术，使仪器仪表智能化，提高测试的自动化程度和精度，简化仪器仪表的硬件结构，提高其性价比。例如，在智能电压表中，采用单片机作为控制核心，能实现自动测量、自动调零、故障自检及数据通信等功能。

（4）汽车电子系统　汽车安全保护、监测报警等方面已大量运用单片机作为核心控制器。例如，汽车燃油喷射系统、防盗安全报警系统、电子安全防滑系统、防抱死系统、汽车悬挂控制系统及自动驾驶系统等都已采用单片机来控制。

此外，单片机在工商、金融、科研、教育、电力、通信、物流和国防航空航天等领域都有着十分广泛的应用。

4. 单片机的主流产品

除 Intel 公司的 MCS-51 系列单片机外，世界许多单片机厂商都推出了不同系列的单片机。不同厂商不同型号的单片机产品有各自不同的特点。表 1-2 所示是一些主流厂商及其代表单片机产品。

表1-2　主流厂商的单片机介绍

公司标志	名　　称	代表系列单片机
Atmel	Atmel（爱特梅尔）	AT89C/S
DALLAS SEMICONDUCTOR	Dallas（达拉斯）	DS80C390
freescale	Freescale（飞思卡尔）	MC68000
infineon	Infineon（英飞凌）	C1645V
intel	Intel（英特尔）	MCS-51
MICROCHIP	Microchip（微芯）	PIC24
National Semiconductor	National Semiconductor（国家半导体）	COP8CBR9HVA8
STCmicro	STCmicro（宏晶科技）	STC51

1.1.2　MCS-51系列单片机

　　MCS-51系列单片机是Intel公司生产的一个系列单片机的名称。比如：8051/8751/8031、8052/8752/8032、80C51/87C51/80C31、80C52/87C52/80C32等，都属于这一系列的单片机。

　　一般来说，MCS-51系列单片机从功能上可分为51和52两大类。末位数为"1"的为基本型，末位数为"2"的为增强型。两者的最大区别是52比51内部存储器容量更大，且增加了一个内部定时器/计数器。

　　从芯片内的ROM来看，MCS-51系列又可分为无ROM（8031/8032）、Mask ROM（8051/8052）、EPROM（8751/8752）和EEPROM（89C51/89C52、89S51/89S52）。MCS-51系列单片机性能对照表见表1-3。

　　（1）无ROM型　8031/8032为无ROM型，是Intel公司早期的产品。在使用这类单片机时，必须外接外部程序存储器。目前已经很少有人采用这类单片机进行产品开发。

　　（2）Mask ROM型　Mask ROM又称掩膜型ROM，8051/8052的ROM属于这种类型。这种类型ROM的特点是在芯片出厂前，控制程序已固化到片内的程序存储器中，无法再通过编程改变其控制功能。所以适合于大批量生产、功能固定和单一的应用场合。例如，计算机键盘内的单片机程序存储器就属于这一类型。

　　（3）EPROM型　8751/8752为EPROM型，这类单片机芯片上面有一个可透光的小窗口，可将编写的程序写入EPROM中进行现场实验与应用。通常，在烧录完程序后，需在小窗口上贴不透光的黑胶带，以防止数据丢失。如果要清除EPROM内数据，需要用紫外线灯照射小窗口一定时间（20~30min），擦除原程序后，再重新烧录。

　　采用这类存储器的单片机程序修改的操作非常麻烦，目前这类器件已经不再生产。

表 1-3　MCS-51 系列单片机性能对照表

型号	51 类				52 类			
型号	8031	8051	8751	89C51 89S51	8032	8052	8752	89C52 89S52
类型	无内部 ROM	Mask ROM	EPROM	EEPROM	无内部 ROM	Mask ROM	EPROM	EEPROM
ROM	内部无 ROM，可最大外扩 64KB	内部 4KB，可最大外扩 64KB			内部无 ROM，可最大外扩 64KB	内部 4KB，可最大外扩 64KB		
RAM	内部 128B，最大可外扩 64KB				内部 256B，最大可外扩 64KB			
定时器/计数器	2 个 16 位定时器/计数器				3 个 16 位定时器/计数器			
中断源	5 个				6 个			
I/O 端口	4 个 8 位输入/输出端口				4 个 8 位输入/输出端口			

（4）EEPROM 型　89C51/89C52、89S51/89S52 为 EEPROM（Electrically Erasable Programmable Read-Only Memory，电可擦可编程只读存储器）型，这类器件可反复烧录与清除片内数据，已成为主流器件之一。

本书所讲的单片机系列包括与 MCS-51 兼容的单片机系列。

1.2　51 系列单片机的基本结构

学习指南	基本概念	1. CPU　　　　　　　2. 程序存储器 3. 数据存储器
	芯片与引脚	1. 芯片封装　　　　　2. 芯片主要引脚功能 3. 芯片引脚的第二功能
	51 系列单片机基本组成	1. 内部功能模块　　　2. 主要功能部件 3. 各个功能部件的作用
	重点知识	1. 主要功能部件　　　2. 主要引脚功能
	学习方法	理实一体 结合单片机芯片及其基本应用认识单片机的基本结构

1.2.1　51 系列单片机芯片及引脚功能

51 系列单片机有双列直插式封装（DIP）、带引线的塑料芯片载体（Plastic Leaded Chip Carrier，PLCC）和薄塑封四角扁平封装（Thin Quad Flat Package，TQFP）三种封装形式。本书以 DIP40 封装形式为例介绍其引脚功能，8051 芯片引脚排列如图 1-6 所示。

8051 芯片引脚功能见表 1-4。

1. 芯片引脚简介

（1）电源引脚

1）VSS：引脚号 20，电源接地引脚。

2）VCC：引脚号 40，电源引脚，接 +5V。

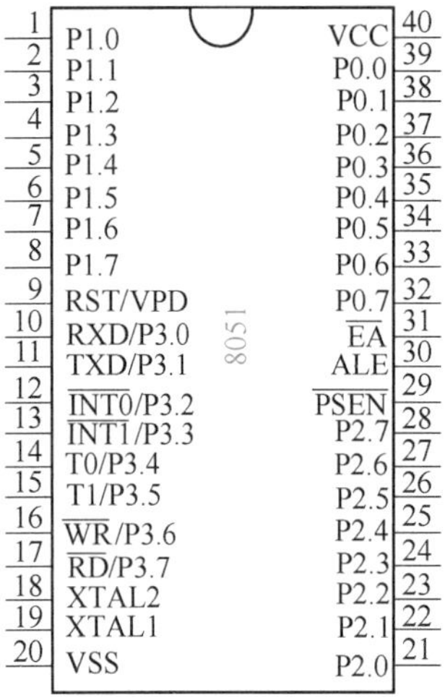

图 1-6　8051 芯片引脚图

表 1-4　8051 芯片引脚功能

引 脚 名 称	引 脚 功 能
VSS	电源接地引脚
VCC	电源引脚
XTAL1 和 XTAL2	外接晶振引脚
RST	复位引脚
P0. 0 ~ P0. 7	P0 端口 8 位引脚
P1. 0 ~ P1. 7	P1 端口 8 位引脚
P2. 0 ~ P2. 7	P2 端口 8 位引脚
P3. 0 ~ P3. 7	P3 端口 8 位引脚
ALE	地址锁存控制引脚
$\overline{PSEN}$	外部程序存储器读选通引脚
$\overline{EA}$	访问外部程序存储器控制引脚

（2）时钟引脚

1）XTAL1：引脚号 19，内部振荡器外接晶振的一个输入端。使用外部振荡器时，此端必须接地。

2）XTAL2：引脚号 18，内部振荡器外接晶振的另一个输入端。使用外部振荡器时，此端用于输入外部振荡信号。XTAL2 也是内部时钟发生器的输入端。

要检查单片机的振荡电路是否正常工作，可用示波器测试 XTAL2 端是否有脉冲信号输出。

（3）复位引脚　RST/VPD：引脚号 9，RST 是复位信号输入端，高电平有效。只要在此引脚加入宽度为 10ms 左右的正脉冲，就可以使单片机可靠地复位。

（4）输入/输出端口（简称 I/O 端口）　I/O 端口是单片机与外部部件连接的接口，共分四组，每组 8 个引脚，对应 8 条 I/O 线，共 32 条 I/O 线，编号分别为 P0、P1、P2、P3。它们均为并行 I/O 端口。

1）P0 端口的 P0. 0 ~ P0. 7 引脚号分别为 39 ~ 32。该端口为 8 位双向的并行 I/O 端口；具有第二功能。

2）P1 端口的 P1. 0 ~ P1. 7 引脚号分别为 1 ~ 8。该端口为 8 位双向的并行 I/O 端口；而它的每一条位线还能独立地被定义为输入线或输出线。

3）P2 端口的 P2. 0 ~ P2. 7 引脚号分别为 21 ~ 28。该端口为 8 位双向的并行 I/O 端口；具有第二功能。

4）P3 端口的 P3. 0 ~ P3. 7 引脚号分别为 10 ~ 17。该端口为 8 位双向的并行 I/O 端口；具有第二功能。

（5）控制引脚

1）ALE：引脚号 30，地址锁存控制引脚。在系统扩展时，ALE 用于控制把 P0 端口输出的低 8 位地址送入锁存器锁存，以实现低位地址和数据的分时传送。此外，由于 ALE 引脚以六分之一晶振频率的固定频率输出脉冲信号，可作为外部时钟或外部定时脉冲使用。

2）PSEN：引脚号 29，外部程序存储器读选通引脚。在读外部程序存储器时，PSEN 有效（低电平），以实现外部 ROM 单元的读操作。

3）EA：引脚号 31，访问外部程序存储器控制引脚。当 EA 信号为低电平时，单片机到外部程序存储器读取指令。当 EA 信号为高电平时，则对程序存储器的读操作是从内部程序存储器开始的，并可延续至外部程序存储器。

2. 芯片引脚的第二功能

由于制造工艺及标准化等原因，芯片的引脚数目是有限制的，例如，51 系列单片机芯片引脚数为 40，单片机为实现其功能所需要的引脚数远远超过此值，如何解决这一矛盾？"复用"是唯一可行的办法，即给一些信号引脚赋予双重功能。

如果前述的引脚定义为第一功能，根据需要再定义的引脚功能就是它的第二功能。第二功能引脚定义主要集中在四个端口。

（1）P0 端口引脚的第二功能　对于 51 系列单片机芯片内不带程序存储器的单片机，P0 端口兼做低 8 位地址线和 8 位数据线使用。当访问片外程序存储器时，P0 端口以分时方式先输出低 8 位地址，然后再传送 8 位数据。此时 P0 端口分时作为地址线和数据线。

（2）P2 端口引脚的第二功能　P2 端口与 P0 端口配合使用。当将 P2 端口用作总线功能时，P2 端口输出高 8 位地址，此时 P0 端口输出低 8 位地址。P2 端口与 P0 端口分别提供高、低 8 位地址，组成 16 位地址，寻址外部程序存储器。

（3）P3 端口的第二功能　P3 端口的 8 根引脚定义有不同的第二功能，如表 1-5 所示。

表 1-5　P3 端口各引脚的第二功能

端　　口	第 二 功 能	信 号 名 称
P3.0	RXD	串行数据接收
P3.1	TXD	串行数据发送
P3.2	$\overline{INT0}$	外部中断 0 申请
P3.3	$\overline{INT1}$	外部中断 1 申请
P3.4	T0	定时器/计数器 0 外部计数脉冲输入
P3.5	T1	定时器/计数器 1 外部计数脉冲输入
P3.6	$\overline{WR}$	外部 RAM 写选通
P3.7	$\overline{RD}$	外部 RAM 读选通

想 一 想

对于 P0、P2、P3 端口，既定义了第一功能又定义了第二功能，在使用时会不会引起混乱和造成错误呢？

答：不会的。对此可以从以下两个方面说明。

1. 第一功能信号和第二功能信号是单片机芯片在不同工作方式下的信号。对于这一点，在以后的项目中再探讨。

2. P3 端口的第二功能信号是单片机的重要控制信号。在实际使用中，总是优先选用其第二功能，第二功能不用时一般的输入/输出才能使用。

芯片引脚表现出的是单片机的外部特性或硬件特性，在硬件方面用户只能使用引脚，即通过芯片引脚的应用构建系统。例如，在本任务 1.1 中，就使用了 P1.0、RST、XTAL1、XTAL2 等引脚，构成一位 LED 信号灯控制系统。因此，熟悉引脚功能是单片机学习的重要内容。但是，这些内容初学时会有一定的难度。这里不妨把这一单元内容作为以后学习过程中的资料提供给大家以供查询。

1.2.2　51 系列单片机的基本组成

单片机的基本组成、工作原理与微型计算机没有本质区别，可以借助对微型计算机结构的认识来了解单片机。

计算机技术飞速发展到现在，其基本组成部分的构成仍没有脱离冯·诺依曼先生提出的经典体系结构，即一台计算机是由运算器、控制器、存储器、输入设备及输出设备五个基本部分组成。单片机也沿袭了这样的结构框架，所不同的是单片机把运算器、控制器、存储器、基本输入/输出接口电路、串行端口、定时器/计数器、中断系统等电路集成到了一块硅片上。8051单片机的内部组成框图如图1-7所示。

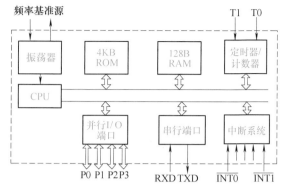

图1-7 8051单片机的内部组成框图

1. 中央处理器（Central Processing Unit，CPU）

中央处理器包括运算器和控制器两部分，是单片机的控制核心，用于完成运算和控制功能。

运算器用于完成单片机的算术和逻辑运算，主要包括一个8位算术逻辑单元（Arithmetic Logic Unit，ALU）、一个8位累加器（ACCumulator，ACC）、寄存器B、程序状态字（Program Status Word，PSW）寄存器和2个暂存器。

ALU是运算器的核心，基本的算术运算和逻辑运算均在ALU中进行。运算结果的状态由PSW寄存器保存。

控制器是单片机的指挥中枢，主要功能是使单片机各部件能自动、协调地工作。

2. 内部数据存储器（Random Access Memory，RAM）

51系列单片机芯片内部共有256个字节。其中高128字节被专用寄存器占用；低128字节供用户暂存中间结果。通常所说的内部数据存储器指的就是低128字节，简称"内部RAM"。

3. 内部程序存储器（Read-Only Memory，ROM）

51系列单片机芯片内部共有4KB掩膜ROM，用于存放程序和程序运行过程中不会改变的原始数据。通常称为"程序存储器"，简称"内部ROM"。

4. 串行端口

51系列单片机内部有一个全双工的串行端口，可以实现单片机与其他设备之间的串行通信。串行端口可以作为全双工异步通信收发器使用，也可以作为同步移位器使用。

5. 并行I/O端口

51系列单片机共有4个8位的并行I/O端口，分别是P0、P1、P2和P3端口，可以实现数据的并行输入/输出。

6. 定时器/计数器

51系列单片机芯片内部有两个16位的定时器/计数器。定时器/计数器是单片机中一个重要的功能部件，其工作方式灵活、编程简单，除了可以实现定时或计数功能外，还可实现脉宽测量、频率测量、信号发生及信号检测等功能。此外，定时器/计数器还可作为串行通信中的波特率发生器。

7. 中断系统

中断系统可以实现实时控制，51系列单片机内部共有5个中断源，分别是外部中断两个、定时/计数中断两个和串行中断1个。

8. 时钟电路

51系列单片机芯片内部有时钟电路，需要外接石英晶体振荡器和微调电容。时钟电路的作用是为单片机产生时钟脉冲序列。晶振频率通常选择6MHz或者12MHz。

读—读

51系列单片机的极限参数

工作温度：-55～+125℃ 　　储藏温度：-65～+15℃

引脚对地电压：-1.0～+7.0V 　最高工作电压：6.6V

直流输出电流：15.0mA

1.3 单片机最小系统的构成

学习指南	基本概念	1. 最小系统	2. 时序
	时钟电路	1. 时钟信号的产生 3. 机器周期	2. 节拍与状态 4. 指令周期
	复位电路	1. 复位条件 3. 按键复位	2. 上电复位
	重点知识	1. 时钟信号的产生及其几个重要概念 2. 复位电路的两种方法	
	学习方法	在复位电路、时钟电路的基础上，学习与时钟有关的基本概念	

　　单片机最小系统是利用最少的外围器件使单片机工作的电路组织形式。单片机最小系统包含单片机、时钟电路、复位电路和电源，如图1-8所示。

　　时钟电路为单片机提供基本时钟信号，复位电路用于将单片机内部各部分电路的状态恢复到初始状态。电源为单片机提供正常工作的电压信号。

　　任务1.1中，一位LED信号灯的控制就是在最小应用系统的基础上，在P1.0引脚上连接了一位LED信号灯，如图1-9所示。

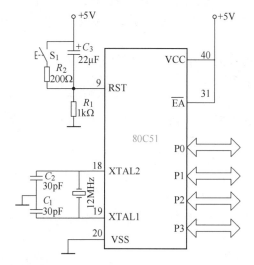

图1-8 80C51单片机最小系统的构成

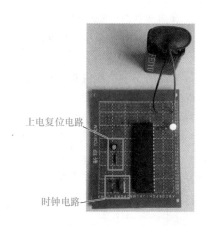

图1-9 一位LED信号灯的控制实物图

1.3.1 时钟电路

单片机的工作过程为：在统一的时钟脉冲控制下，CPU 按先后顺序进行取指令、分析指令、执行指令。如此循环往复，一拍一拍地进行。每一步操作都是在时钟脉冲的控制下完成的。

时钟脉冲是单片机的基本信号。单片机的时序就是 CPU 在执行指令时需要控制信号的时间顺序，为了保证各部件间的协调工作，单片机内部电路在统一的时钟信号控制下严格地按时序进行工作。

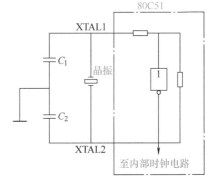

图 1-10　内部时钟方式原理图

1. 时钟脉冲的产生

利用单片机内部的振荡器，在引脚 XTAL1 和 XTAL2 两端接石英晶体振荡器，构成了稳定的自激振荡器。为了达到稳定其振荡频率和快速起振的目的，增加了电容器 C_1 和 C_2，电容值可选 5 ~ 30pF，典型选择为30pF。晶体振荡器的频率范围可在1.2 ~ 12MHz 之间选择。典型值为 6MHz 和 12MHz。内部时钟方式原理图如图 1-10 所示。

> **读一读**
>
> 在设计电路时，务必让振荡器和电容尽可能地与单片机芯片距离近些。这样可以减少寄生电容，更好地保证振荡器稳定、可靠地工作。
>
> 当系统要与其他设备通信时，晶振频率应选择 11.0592MHz，这样便于将通信的波特率设定为标称值。

2. 时序

单片机工作是在统一的时钟脉冲控制下进行的。为了便于对单片机时序进行分析，下面引入几个关于时序的时间单位。51 系列单片机时序的时间单位从小到大依次是：节拍、状态、机器周期和指令周期。

（1）节拍和状态　把时钟脉冲的周期定义为节拍，用 P 表示。时钟脉冲二分频后，就是单片机的一个状态，用 S 表示。由此，一个状态包含两个节拍。

（2）机器周期　单片机系统中规定一个机器周期为 12 个时钟脉冲周期，也就是 6 个状态，因此一个机器周期为时钟脉冲的十二分频。

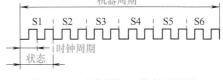

图 1-11　时钟周期、状态及机器周期间的关系图

时钟周期、状态及机器周期间的关系图如图 1-11 所示。

（3）指令周期　指令周期是执行一条指令所需要的时间，一般由若干个机器周期组成。指令不同，所需的机器周期数也不同。

时钟脉冲是单片机的基本工作脉冲，它控制着单片机的工作节奏。显然，对同一种机型的单片机，时钟频率越高，单片机的工作速度就越快。

1.3.2 复位电路

单片机复位操作使 CPU 和系统中的其他功能部件处于某种特定状态，这种状态称为初始状态。例如，复位后 PC = 0000H，使单片机从程序存储器的第一个单元取指令。

复位是单片机的一种重要操作，除了进入系统的正常初始化之外，当发生操作失误而使系统锁死或程序运行出错时，也需要按下复位按键，让系统重新启动。单片机复位后，其内部各寄存器状态见表 1-6。

表 1-6 单片机复位后各寄存器状态

专用寄存器	复位状态	专用寄存器	复位状态
PC	0000H	TCON	00H
ACC	00H	TL0	00H
PSW	00H	TH0	00H
SP	07H	TL1	00H
DPTR	0000H	TH1	00H
P0 ~ P3	FFH	SCON	00H
IP	xxx00000B	SBUF	不确定
IE	0xx00000B	PCON	0xxx0000B
TMOD	00H		

注：x 表示无关位。

复位操作除了影响单片机的特殊功能寄存器外，对单片机的个别引脚状态也有影响。例如，复位后，系统会把 ALE 和 $\overline{PSEN}$ 信号变为无效状态，即 ALE = 0，$\overline{PSEN}$ = 1。

单片机的 RST 引脚是复位信号的输入引脚，高电平有效。如果在 RST 引脚加上复位信号（至少保持 2 个机器周期以上高电平），单片机内部就执行复位操作。在实际应用系统中，考虑到电源的参数漂移、稳定时间、晶振稳定时间以及复位的可靠性等因素，必须留有足够的裕量。

只有 RST 引脚信号电平变为低电平时，单片机才开始执行程序。

复位电路有两种基本形式：上电复位和上电与按键复位，如图 1-12 所示。

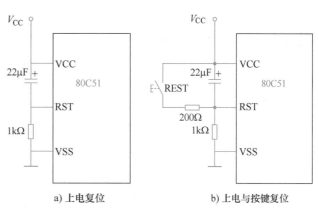

a) 上电复位　　　b) 上电与按键复位

图 1-12 单片机复位电路

图 1-12a 为上电复位电路，该电路利用电容充电完成复位操作。在通电瞬间，利用电容两极板间的电压不能突变的特性，RST 引脚为高电平，随着电容的充电，RST 引脚的电压将逐渐下降。只要 RST 引脚的高电平能够保持 2 个机器周期以上，单片机即可实现可靠的复位操作。

电路典型的参数为：晶振为 12MHz 时，电阻为 8.2kΩ，电容为 10μF；晶振为 6MHz 时，电阻为 1kΩ，电容为 22μF。

图 1-12b 为上电与按键复位电路。上电与按键复位与上电复位原理基本相同，唯一不同的地方是，上电与按键复位电路通过按键操作，200Ω 和 1kΩ 电阻分压，产生 RST 引脚的高电平。

想 一 想

在执行按键复位时，是否需要刻意多按一会儿按键？

答：事实上，无论手动操作按键多快都会超过两个机器周期。例如，晶振采用 12MHz，两个机器周期才 2μs，人手的反应肯定会超过 2μs。换言之，只要按下复位按键，就一定能让系统有效复位！

1.4 单片机应用系统中的数制与编码

学习指南	基本概念	1. 数制 3. 机器数	2. 数的"位权" 4. 真值
	进制数	1. 二进制数 3. 十六进制数	2. 十进制数 4. 进制数之间的转换
	数的编码	1. 带符号数的编码 3. ASCII 码	2. 二—十进制编码（BCD 码）
	重点知识	1. 进制数之间的转换方法	2. 带符号数的表示方法
	学习方法	温习数字电子技术基础知识，边学习边练习数制的知识。	

1.4.1 进制数

所谓数制，就是多位数码中每一位的构成方法以及从低位向高位的进位规则。

在日常生活中，人们习惯用十进制数进行计数。在某些特定时候也使用其他进制，如十二进制（比如 1 年有 12 个月），六十进制（如 1 小时有 60 分钟、1 分钟有 60 秒），24 进制（如一天有 24 小时）等。

在单片机应用系统中，可以很方便地使用逻辑"1"和"0"表示电平信号的高和低。所以，单片机内部采用二进制数。

用二进制数表示一个数的大小，需要的位数较多，使用起来不方便。所以，在单片机开发系统中也常用十进制数和十六进制数。

1. 十进制数

十进制数的特点有两个：由 0、1、2、…、9 十个基本字符组成；十进制数运算规律是"逢十进一"。

十进制数的书写可以省略标识符，也可以加注基数或后缀字母 D（Decimal）表示。

例如，十进制数 335，可以写成 $(335)_{10}$，或者写成 335D，一般写成 335 缺省标识符形式。

2. 二进制数

二进制数的两个基本特点：它由 0、1 两个基本字符组成；二进制数运算规律是"逢二进一"。

二进制数的书写为区别于其他进制数，通常在数的右下方注上基数 2，或加后缀字母 B（Binary）表示。

例如，二进制数 10110011，可以写成 $(10110011)_2$，或者写成 10110011B。

> **读一读**
>
> 计算机中的数据表示均采用二进制数，这是因为二进制数具有以下特点：
>
> 1. 二进制数中只有 0 和 1 两个数字，因此可用二进制数表示具有两个不同稳定状态的元器件。例如，电路中有、无电流，有电流用"1"表示，则无电流可用"0"表示。类似的还比如电路中电压的高、低；晶体管的导通、截止等。
>
> 2. 二进制数运算简单，大大简化了计算中运算部件的结构。据统计，如果进制数的基数用 n 表示，则它们的加法、乘法运算规律条数可以用下式表示：
>
> $$\frac{n(n+1)}{2}$$
>
> 由上式可知，基数 n 的取值越小，则其运算规律越少。二进制数加法和乘法运算规律各只有三条，而十进制数的加法和乘法运算规律各有 55 条。所以，计算机中使用二进制数进行运算容易实现。
>
> 二进制数的加法和乘法运算规则如下：
>
> $0+0=0$　　　　$0+1=1+0=1$　　　$1+1=10$
>
> $0\times0=0$　　　　$0\times1=1\times0=0$　　　$1\times1=1$
>
> 3. 二进制数的两个数字 0 和 1 与逻辑代数的逻辑变量取值一致，从而可以采用二进制数进行逻辑运算。这样可以应用逻辑代数作为工具来分析和设计计算机中的逻辑电路，使逻辑代数成为计算机设计的数学基础。

3. 十六进制数

十六进制数的两个基本特点：由 0~9 以及 A、B、C、D、E、F 十六个基本字符组成（它们分别表示十进制数 0~15）；十六进制数运算规律是"逢十六进一"。

十六进制数的书写为区别于其他进制数，通常在数的右下方注上基数 16，或加后缀 H（Hexadecimal）表示。

例如，十六进制数 4AC8，可写成 $(4AC8)_{16}$，或者写成 4AC8H。

4. 数的"位权"概念

对于十进制数 335，其中，百位上的 3 表示 3 个 10^2，即 300；十位的 3 表示 3 个 10^1，即 30；个位上的 5 表示 5 个 10^0，即 5。

对于二进制数 110，其中，高位的 1 表示 1 个 2^2，即 4；低位的 1 表示 1 个 2^1，即 2；最低位的 0 表示 0 个 2^0，即 0。

对于十六进制数 335，其中，高位的 3 表示 3 个 16^2，即 768；低位的 3 表示 3 个 16^1，即 48；最低位的 5 表示 5 个 16^0，即 5。

可见，在数制中，各位数字所表示值的大小不仅与该数字本身大小有关，而且还与该数字所在的位置有关，这就是数的"位权"。

十进制数的位权是以 10 为底的幂；二进制数的位权是以 2 为底的幂；十六进制数的位权是以 16 为底的幂。数位由高向低，以降幂的方式排列。

1.4.2　进制数之间的转换

1. 二进制数、十六进制数转换为十进制数（按权求和）

二进制数、十六进制数转换为十进制数的规律是相同的。

把二进制数（或十六进制数）按位权形式展开成多项式和的形式，求其最后的和，就是其对应的十进制数——简称"按权求和"。

例 1-1 把 $(1001.01)_2$ 转换为十进制数。

$$(1001.01)_2 = 1 \times 2^3 + 0 \times 2^2 + 0 \times 2^1 + 1 \times 2^0 + 0 \times 2^{-1} + 1 \times 2^{-2}$$
$$= 8 + 0 + 0 + 1 + 0 + 0.25$$
$$= 9.25$$

其中，数位是 0 的该位"位权"也可以省略不写。所以上式可以写成：

$$(1001.01)_2 = 1 \times 2^3 + 1 \times 2^0 + 1 \times 2^{-2}$$
$$= 8 + 1 + 0.25$$
$$= 9.25$$

例 1-2 把 $(38A.11)_{16}$ 转换为十进制数。

$$(38A.11)_{16} = 3 \times 16^2 + 8 \times 16 + 10 \times 16^0 + 1 \times 16^{-1} + 1 \times 16^{-2}$$
$$= 768 + 128 + 10 + 0.0625 + 0.0039$$
$$= 906.0664$$

2. 十进制数转换为二进制数、十六进制数（除 2 或 16 取余法）

十进制数转换为二进制数时，整数部分和小数部分是采用不同方法分别进行的，然后再将两部分合并起来。

（1）整数部分的转换 十进制数整数转换为二进制数整数通常采用"除 2 取余"法，即用"2"连续除十进制数，直到商为 0，逆序排列余数即可得到——简称"除 2 取余法"。

例 1-3 将十进制数 185 转换成二进制数。

故，185 = 10111001B。

（2）小数部分的转换 将小数部分"乘 2 取整法"，得到二进制小数部分的每一位，直到无小数部分为止。

例 1-4 将十进制数 0.8125 转换成二进制数。

$$
\begin{array}{r}
0.8125 \\
\times \quad 2 \\
\hline
1.6250 \quad \cdots\cdots\cdots\cdots 整数部分 = 1\\
0.6250 \\
\times \quad 2 \\
\hline
1.2500 \quad \cdots\cdots\cdots\cdots 整数部分 = 1\\
0.2500 \\
\times \quad 2 \\
\hline
0.5000 \quad \cdots\cdots\cdots\cdots 整数部分 = 0\\
0.5000 \\
\times \quad 2 \\
\hline
1.0000 \quad \cdots\cdots\cdots\cdots 整数部分 = 1
\end{array}
$$

所以，$(0.8125)_{10} = (0.1101)_2$。

3. 二进制数和十六进制数之间的转换

由于四位二进制数恰好有 16 个组合状态，即一位十六进制数与四位二进制数是一一对应的。所以，十六进制数与二进制数的转换，是十分简单的。四位二进制数与一位十六进制数的对应关系见表 1-7。

表 1-7 四位二进制数与一位十六进制数的对应关系

二　进　制	十六进制	二　进　制	十六进制
0000	0	1000	8
0001	1	1001	9
0010	2	1010	A
0011	3	1011	B
0100	4	1100	C
0101	5	1101	D
0110	6	1110	E
0111	7	1111	F

（1）十六进制数转换成二进制数 将每一位十六进制数用相应的四位二进制数表示即可。

例 1-5 将 $(4AF.8B)_{16}$ 转换为对应的二进制数。

$$
\begin{array}{ccccc}
4 & A & F. & 8 & B \\
0100 & 1010 & 1111. & 1000 & 1011
\end{array}
$$

所以，$(4AF.8B)_{16} = (10010101111.10001011)_2$

由于本例中二进制数的最高位的一个 0 是无意义的，所以最后在结果中将其舍去不写。

（2）二进制数转换为十六进制数 以小数点为界，整数部分从低位向高位，小数部分从高位向低位，每四位二进制数为一组，依次写出每组二进制数所对应的十六进制数即可。

例 1-6 将二进制数 $(111010110.01101)_2$ 转换为十六进制数。

$$
\begin{array}{ccccc}
0001 & 1101 & 0110. & 0110 & 1000 \\
1 & D & 6. & 6 & 8
\end{array}
$$

所以，$(111010110.01101)_2 = (1D6.68)_{16}$

应注意最后一组不足 4 位时，须加"0"补齐 4 位。上例中最后一组为 1，若不补齐 4 位，可能误视其为十六进制数 1H，而事实上它应为十六进制数 8H。

1.4.3　数的编码

计算机只能识别"0"和"1"两种状态，诸如数据、指令以及符号等只能以二进制数的形式表示，按照一定的规则将这些信息转换为对应的二进制代码，这种方式称为编码。常用的信息编码有带符号数的编码、BCD 码及 ASCII 码等。

1. 带符号数的编码

数在计算机内的表示形式（二进制数）称为机器数，而这个数则称为真值（实际值）。

数学中带符号数的正负号分别用"＋"和"－"表示。计算机中一般规定数的最高位为符号位，最高位为"0"表示正数，为"1"表示负数。计算机中带符号数有三种表示方法，即：原码、反码和补码。

（1）原码　原码规定最高位为符号位，正数的符号为用"0"表示，负数的符号位用"1"表示，其余位为数值位本身。

例如：
$$X1 = +1010101B \quad 则 [X1]_{原码} = 01010101B$$
$$X2 = -1010101B \quad 则 [X2]_{原码} = 11010101B$$

左边的数为真值，右边为原码表示的数，两者的最高位分别用"0"和"1"表示了"＋"和"－"。

（2）反码　正数的反码和原码是相同的。负数的反码是在原码的基础上，除符号位以外（符号位不变），各位取反，即是 1 的位变成 0，是 0 的位变成 1。

例如：
$$X1 = +1010101B \quad 则 [X1]_{反码} = 01010101B$$
$$X2 = -1010101B \quad 则 [X2]_{反码} = 10101010B$$

（3）补码　正数的补码和原码是相同的。负数的补码是在原码的基础上，除符号位以外（符号位不变），其余各位取反再加 1；或是在反码的基础上再加 1。

例如：
$$X1 = +1010101B \quad 则 [X1]_{补码} = 01010101B$$
$$X2 = -1010101B \quad 则 [X2]_{补码} = 10101011B$$

可见，对于正数，其原码、反码和补码是完全相同的；对于负数，原码、反码和补码各不相同。带符号数的三种编码实际上是为负数而设置的。

计算机中带符号数是用补码表示的，引入原码与反码的目的是为了方便理解补码的概念。采用补码的运算更简单。

补码的优点是可以将减法运算转换为加法运算，这非常有利于用计算机进行运算。**注意**：在运算过程中，符号位可以连同数值位一起参与运算。例如：

例 1-7　计算 1010B – 0110B。

解：根据二进制运算规则可知
$$1010B - 0110B = 0100B$$
在采用补码运算时，首先求出 +1010B 和 –0110B 的补码，分别是：
$$[+1010B]_{补码} = 01010B$$
$$[-0110B]_{补码} = 11010B$$
然后，将两个补码相加，舍去其进位，则得到的结果与直接用二进制相减算得的结果一致。

$$01010$$
$$+\ 11010$$
$$\overline{100100}$$

舍去 ←

2. 二—十进制编码（BCD 码）

计算机中的数据处理是以二进制数运算法则进行的。由于二进制数不直观、易出错，因此在计算机的输入、输出中希望以人们熟悉的十进制数形式进行。适合于十进制数的二进制编码的特殊形式，即二进制编码的十进制数，简称 BCD 码。BCD 码是用 4 位二进制数给十进制数 0 ~ 9 十个数进行编码，称之为二—十进制数。

由于 4 位二进制数从 0000 到 1111 可以表示 16 个数，所以理论上可以任选其中的 10 种代码表示 0 ~ 9 的 10 个数字，通常采用 0 ~ 9 数字对应的 8421 码（8421 是指各位的位权分别是 8、4、2、1）作为其代码，称为 8421BCD 码。这种编码方式与十进制数的关系相当直观，它们之间的转换也是十分简单。

把十进制数转换为 BCD 码，按照 BCD 码与十进制数的关系，每一位十进制数用四位的 8421BCD 码表示即可。

例 1-8 将十进制数 87.4 转换为 8421BCD 码。

解：87.4 = 1000 0111.0100 BCD

例 1-9 将 0110 1001.0100 0011 BCD 转换为十制数。

0110 1001.0100 0011 BCD = 69.43

BCD 码数与二进制数之间的转换不是直接的，BCD 码数首先转换为十进制数，然后再由十进制数转换为二进制数；反之，将二进制数首先转换为十进制数，然后再由十进制数转换为 BCD 码数。

8421BCD 码数与十进制数的对照表见表 1-8。

表 1-8 8421BCD 码数与十进制数对照表

十 进 制 数	8421BCD 码	十 进 制 数	8421BCD 码
0	0000	8	1000
1	0001	9	1001
2	0010	10	0001 0000
3	0011	11	0001 0001
4	0100	12	0001 0010
5	0101	13	0001 0011
6	0110	14	0001 0100
7	0111	15	0001 0101

3. ASCII 码

在计算机中除数字用二进制数形式表示外，字母和各种字符也必须用二进制数形式表示。目前，最普遍使用的为 ASCII 码。

ASCII 码是美国信息交换标准码（American Standard Code for Information Interchange）的缩写，它采用 7 位二进制代码对字符进行编码，可以表示 128 个字符，参见附录 A。

阿拉伯数字 0～9 的 ASCII 码分别为 30H～39H，大写英文字母 A、B、…、Z 的 ASCII 码则是从 41H 开始依次往上编码。回车符 CR 的 ASCII 码为 0DH。

【任务1.2】 控制程序在单片机中的存储

1. 任务要求

用 Keil μVision 软件观察单片机的控制程序存储情况。

2. 任务目的

在对任务 1.1 学习的基础上，进一步了解单片机的控制程序存储的基本情况。

3. 任务分析

计算机中的程序存储在存储器中，单片机的控制程序也是如此，程序存储的具体形式如何，通过这次实训操作可以有感性上的认识。

4. 观察程序在 Keil μVision 中的存储

在任务 1.1 操作的基础上，打开"view"菜单，在下拉菜单中选择"Memory Windows"/"Memory1"，将弹出 Memory1 窗口，如图 1-13 所示。

Memory1 即为单片机中程序存储器的一个区，在地址栏"Address"中输入程序存储的首地址 0810H（此地址由编译程序提供），下面显示窗口就会显示从 0x0810 地址开始的存储单元中的数据。本任务中依次显示了任务 1.1 中源程序的机器码（用十六进制数表示，由编译软件自动完成由源程序到目标程序的编译），每个单元存放一个字节的数据，整个程序存放在连续的程序存储器区域。存储单元为"00"的是没有占用的单元。

图 1-13　程序存储仿真图

1.5　51 系列单片机系统中的存储器

学习指南	基本概念	1. 数据存储器	2. 程序存储器
		3. 特殊功能寄存器（SFR）	
	数据存储器	1. 通用功能寄存器区	2. 位寻址区
		3. 用户 RAM 区	4. SFR 定义及分布特点
	程序存储器	1. 程序存储器的配置	2. 程序计数器（PC）
	重点知识	1. 存储器的操作	2. SFR 的分布特点
	学习方法	"理实一体" 通过任务操作认识存储器作用	

1.5.1　51 系列单片机系统中的存储器概述

51 系列单片机的存储器分为数据存储器（RAM）和程序存储器（ROM）两大类。各类芯片内部 RAM 和 ROM 存储器的类型、容量不尽相同，下面以 8051 为例进行说明。

8051 存储器主要有 4 个物理存储空间：片内数据存储器（IDATA 区）、片外数据存储器（XDATA 区）、片内程序存储器和片外程序存储器（合称 CODE 区）。存储器知识结构图如图 1-14 所示。

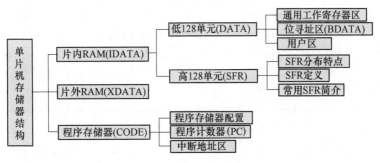

图 1-14 存储器知识结构图

存储器存放信息的多少称为存储器容量。存储器容量的基本单位是字节（Byte），即一个存储单元存放一个字节数据。另外，还有千字节（KB）、兆字节（MB）、吉字节（GB）和太字节（TB）等，它们之间的换算关系如下：

$$1KB = 1024B \quad 1MB = 1024KB \quad 1GB = 1024MB \quad 1TB = 1024GB$$

单片机系统中的存储器容量在 KB 数量级。

读一读

计算机的存储器的管理模式，一般可分为两类。第一类是将程序存储器和数据存储器分开，并有各自的寻址方式和寻址机构，这种结构形式称为哈佛型结构。另一类是存储器逻辑空间统一管理，可随意安排 ROM 或 RAM，访问时用同一种指令，这种结构形式称为普林斯顿型。51 系列单片机的存储器结构属于前者，微机系统一般属于后者。

1.5.2 数据存储器

数据存储器是由 RAM 组成的。51 系列单片机的数据存储器分为片内 RAM 和片外 RAM 两大部分。当单片机掉电或重启后，RAM 内的信息就会丢失。51 系列单片机 RAM 的配置图如图 1-15 所示。

1. 片内数据存储器

51 系列单片机的内部 RAM 共有 256B 单元，通常把 256B 单元按其功能划分为两部分：低 128B 单元（单元地址 00H ~ 7FH）和高 128B 单元（单元地址 80H ~ FFH），如图 1-15a 所示。

其中，低 128B 单元是单片机中提供用户使用的数据存储单元，用于存放程序执行过程中的临时数据和各种变量，称为 DATA 区。按用途可把低 128B 单元划分为 3 个区域，片内数据存储器低 128B 单元的分区表见表 1-9。

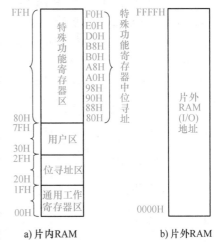

a) 片内 RAM   b) 片外 RAM

图 1-15 51 系列单片机 RAM 配置图

表 1-9　片内数据存储器低 128B 单元的分区表

序号	区　域	地　址	功　能
1	通用工作寄存器区	00H～07H	第 0 组通用工作寄存器 （R0～R7）
		08H～0FH	第 1 组通用工作寄存器 （R0～R7）
		10H～17H	第 2 组通用工作寄存器 （R0～R7）
		18H～1FH	第 3 组通用工作寄存器 （R0～R7）
2	位寻址区	20H～2FH	位寻址区，地址为 00H～7FH
3	用户区	30H～7FH	用户数据缓冲区

（1）通用工作寄存器区　51 系列单片机共有 4 组通用工作寄存器，每组 8 个单元，分别对应一个寄存器 R0～R7。通用工作寄存器常用于存放运算的中间结果等。它们的功能及使用不做预先规定，所以称之为通用工作寄存器。4 组通用工作寄存器分配在片内 RAM 的 00H～1FH 共 32 个单元中。

通常把正在使用的寄存器组称为当前通用工作寄存器组。系统复位时，选用的是第 0 组通用工作寄存器。其他通用工作寄存器组的选用，由程序状态字（PSW）寄存器中 RS1、RS0 位的状态组合决定，参见 PSW 寄存器的介绍。

读一读

通用工作寄存器组从某一组换至另一组时，原来寄存器组的各存储单元的数据会被保存。利用这一特性，可以很方便地完成当前工作状态的保护。

如果程序不需要使用所有的通用工作寄存器组，那么，其余的寄存器组所对应的单元可作为一般的数据缓冲区供用户使用。

如果采用 C51 语言进行单片机程序设计，一般不会直接使用通用工作寄存器组。用汇编语言编程或汇编语言与 C 语言混合编程中，通用工作寄存器常作为参数传递的基本工具。

（2）位寻址区　片内 RAM 的 20H～2FH 单元既可作为一般 RAM 单元使用，进行字节操作，也可以对单元中的每一位进行独立操作。因此，该区称之为位寻址区。位寻址区共有 16B 单元，每一单元 8 位，总计 128 位（bit），位地址为 00H～7FH。位寻址区中的位地址分配表见表 1-10。

表 1-10　51 系列单片机位寻址区的位地址分配表

字节地址	位 地 址							
	D7	D6	D5	D4	D3	D2	D1	D0
20H	07H	06H	05H	04H	03H	02H	01H	00H
21H	0FH	0EH	0DH	0CH	0BH	0AH	09H	08H
22H	17H	16H	15H	14H	13H	12H	11H	10H
23H	1FH	1EH	1DH	1CH	1BH	1AH	19H	18H
24H	27H	26H	25H	24H	23H	22H	21H	20H
25H	2FH	2EH	2DH	2CH	2BH	2AH	29H	28H
26H	37H	36H	35H	34H	33H	32H	31H	30H
27H	3FH	3EH	3DH	3CH	3BH	3AH	39H	38H
28H	47H	46H	45H	44H	43H	42H	41H	40H
29H	4FH	4EH	4DH	4CH	4BH	4AH	49H	48H

（续）

字节地址	位 地 址							
	D7	D6	D5	D4	D3	D2	D1	D0
2AH	57H	56H	55H	54H	53H	52H	51H	50H
2BH	5FH	5EH	5DH	5CH	5BH	5AH	59H	58H
2CH	67H	66H	65H	64H	63H	62H	61H	60H
2DH	6FH	6EH	6DH	6CH	6BH	6AH	69H	68H
2EH	77H	76H	75H	74H	73H	72H	71H	70H
2FH	7FH	7EH	7DH	7CH	7BH	7AH	79H	78H

（3）用户区　片内 RAM 低 128B 单元中 30H ~ 7FH 存储区域为用户区。这个区域的地址单元用户使用时没有任何规定或限制，用户可以在该区存原始数据、中间结果和最后结果。

（4）特殊功能寄存器（SFR）区　片内 RAM 的高 128B 单元 80H ~ FFH 分布了 21 个特殊功能寄存器（Special Function Register，SFR），这部分寄存器的功能已被系统进行了特定功能的定义，所以称之为特殊功能寄存器。它们以离散形式分布在片内 RAM 高 128B 单元内，特殊功能寄存器的助记标识符、名称及地址对应表见表 1-11。

表 1-11　SFR 的助记标识符、名称及地址

助记标识符	名 称	地 址	助记标识符	名 称	地 址
ACC	累加器 A	0E0H	IE	中断允许寄存器	0A8H
B	寄存器 B	0F0H	TMOD	定时器/计数器方式控制寄存器	89H
PSW	程序状态字	0D0H	TCON	定时器/计数器寄存器	88H
SP	堆栈指针	81H	TH0	定时器/计数器 0（高位字节）	8CH
DPTR	地址指针（包括 DPH 和 DPL）	83H 和 82H	TL0	定时器/计数器 0（低位字节）	8AH
P0	P0 端口	80H	TH1	定时器/计数器 1（高位字节）	8DH
P1	P1 端口	90H	TL1	定时器/计数器 1（低位字节）	8BH
P2	P2 端口	0A0H	SCON	串行控制寄存器	98H
P3	P3 端口	0B0H	SBUF	串行数据缓冲器	99H
IP	中断优先级控制寄存器	0B8H	PCON	电源控制寄存器	87H

对于特殊功能寄存器区中尚未定义的存储单元，用户不能使用。

特殊功能寄存器所对应单元地址可以被 8 整除的，可以进行位寻址，SFR 地址及位地址分配见表 1-12。

表 1-12　51 系列单片机 SFR 地址及位地址分配表

SFR	位地址/位名称（有效位 83 个）								字 节 地 址
P0	87H	86H	85H	84H	83H	82H	81H	80H	80H
	P0.7	P0.6	P0.5	P0.4	P0.3	P0.2	P0.1	P0.0	
SP									81H
DPL									82H
DPH									83H
PCON	按字节访问，但相应位有规定含义								87H
TCON	8FH	8EH	8DH	8CH	8BH	8AH	89H	88H	88H
	TF1	TR1	TF0	TR0	IE1	IT1	IE0	IT0	

（续）

SFR	位地址/位名称（有效位83个）								字 节 地 址
TMOD	按字节访问，但相应位有规定含义								89H
TL0									8AH
TL1									8BH
TH0									8CH
TH1									8DH
P1	97H	96H	95H	94H	93H	92H	91H	90H	90H
	P1.7	P1.6	P1.5	P1.4	P1.3	P1.2	P1.1	P1.0	
SCON	9FH	9EH	9DH	9CH	9BH	9AH	99H	98H	98H
	SM0	SM1	SM2	REN	TB8	RB8	TI	RI	
SBUF									99H
P2	A7H	A6H	A5H	A4H	A3H	A2H	A1H	A0H	0A0H
	P2.7	P2.6	P2.5	P2.4	P2.3	P2.2	P2.1	P2.0	
IE	AFR	—	—	ACH	ABH	AAH	A9H	A8H	0A8H
	EA	—	—	ES	ET1	EX1	ET0	EX0	
P3	B7H	B6H	B5H	B4H	B3H	B2H	B1H	B0H	0B0H
	P3.7	P3.6	P3.5	P3.4	P3.3	P3.2	P3.1	P3.0	
IP	—	—	—	BCH	BBH	BAH	B9H	B8H	0B8H
	—	—	—	PS	PT1	PX1	PT0	PX0	
PSW	D7H	D6H	D5H	D4H	D3H	D2H	D1H	D0H	0D0H
	CY	AC	F0	RS1	RS0	OV	—	P	
ACC	E7H	E6H	E5H	E4H	E3H	E2H	E1H	E0H	0E0H
	ACC.7	ACC.6	ACC.5	ACC.4	ACC.3	ACC.2	ACC.1	ACC.0	
B	F7H	F6H	F5H	F4H	F3H	F2H	F1H	F0H	0F0H
	B.7	B.6	B.5	B.4	B.3	B.2	B.1	B.0	

特殊功能寄存器的作用与单片机各功能部件直接相关。下面介绍部分常用特殊功能寄存器。

1）累加器A。累加器A是8位寄存器，是最常用的特殊功能寄存器。

小提示：

在使用汇编语言编程时，累加器常需要使用；当采用C51语言编程时，直接使用累加器的情况极少。

2）寄存器B。寄存器B是8位寄存器。在汇编语言程序设计中用于乘除运算中。

3）程序状态字寄存器。程序状态字（PSW）寄存器是8位寄存器，用于存放程序运行过程的状态信息。PSW寄存器有些位的状态是根据指令执行结果，由单片机的硬件自动置位，而有些位的状态是使用软件设定的。PSW寄存器各位的含义如图1-16所示。

PSW中，PSW.1未用，其他各位功能说明如下。

① CY（PSW.7）进位标志位：用于

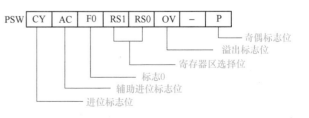

图1-16 PSW寄存器各位的含义

存放算术运算的进位或借位标志。在进行加、减运算时，如果操作结果最高位有进位或者借位，CY标志位则会由单片机硬件自动置"1"，否则被置"0"。

在位操作时，作为位累加器使用，该位可以被软件置位或清零。

② AC（PSW.6）辅助进位标志位：在加、减运算中，当低4位向高4位有进位或借位时，由硬件置AC=1，否则AC=0。AC位用于BCD码数运算时的十进制调整。

③ F0（PSW.5）：没有定义的位。

④ RS1和RS0（PSW.4和PSW.3）通用工作寄存器选择位：可以用软件置位或清零以确定选用的通用工作寄存器组。被用于选择CPU当前使用的工作寄存器组。RS1、RS0与通用工作寄存器组选择的关系见表1-13。

表1-13 RS1、RS0选择工作寄存器组表

RS1	RS0	寄 存 器 组	片内RAM地址
0	0	通用工作寄存器组0	00H~07H
0	1	通用工作寄存器组1	08H~0FH
1	0	通用工作寄存器组2	10H~17H
1	1	通用工作寄存器组3	18H~1FH

⑤ OV（PSW.2）溢出标志位：在带符号数加、减运算中，如果运算结果超出了带符号数所表示的有效范围（-128~+127），即产生溢出，则硬件自动置OV=1，否则OV=0。

⑥ P（PSW.0）奇偶标志位：该位反映累加器A中1的个数的奇偶性，若累加器A中的"1"的个数为奇数，则P=1，否则P=0。

4）堆栈指针寄存器（SP）。堆栈指针寄存器（SP）是8位寄存器。堆栈操作是单片机系统中一种特殊的数据操作，它只能通过存储器的一端对数据进行操作。堆栈有两种操作：入栈操作和出栈操作。堆栈操作的数据遵循"先进后出，后进先出"的原则。

51系列单片机的堆栈是向上（即向地址增加的方向）生长的，这种堆栈的操作规则为：入栈操作，先SP加1，后写入数据；出栈操作，先读出数据，后SP减1；系统复位后，SP初始化为07H。

5）地址指针寄存器（DPTR）。地址指针寄存器（DPTR）是16位寄存器。它由两个8位寄存器组成，其高8位寄存器为DPH；低8位寄存器为DPL。它们可以作为一个16位寄存器DPTR使用，也可以作为两个独立的8位寄存器DPH和DPL使用。

DPTR是51系列单片机中唯一一个供用户使用的16位寄存器。

6）4个并行I/O端口寄存器P0、P1、P2、P3。51系列单片机有4个并行I/O端口，每一个端口对应一个锁存器，分别是P0、P1、P2和P3。通过对锁存器的操作实现对I/O端口的操作。任务1.1、1.2中均应用了P1端口。

7）程序计数器（PC）。程序计数器（PC）是16位的计数器。特殊功能寄存器表中并不显示此寄存器，也即不可寻址，用户无法对它进行读写，它是单片机控制器中的一个寄存器。它的内容为将要执行的指令地址，具有自动加1功能。

2. 片外数据存储器

当单片机用于实时数据采集或处理大批量数据时，仅靠片内提供的RAM不够用。这时，可以利用单片机对存储器的扩展功能，扩展所需的片外数据存储器。

1.5.3 程序存储器

51系列单片机的程序存储器用于存放编写好的程序和常数。程序存储器一般采用ROM或

EPROM。当看到 ROM 或 EPROM 时，就可以认为是程序存储器。

51 系列单片机的程序存储器配置图如图 1-17 所示。

51 系列单片机的片外最多扩展 64KB 程序存储器，片内和片外的程序存储器是统一编址的。当$\overline{EA}=0$ 时，单片机访问片外程序存储器，并从 0000H 单元开始执行程序；当$\overline{EA}=1$ 时，单片机寻址片内

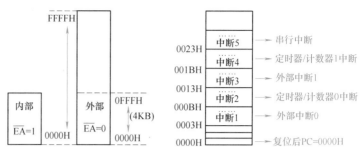

图 1-17　程序存储器配置图

程序存储器，从片内程序存储器的 0000H 单元开始执行程序，当寻址范围大于 4KB 时，系统会自动转向片外程序存储器空间。

对于 8031 芯片，其片内无程序存储器，程序必须存放在片外程序存储器中，故其$\overline{EA}$引脚必须接低电平，加电后，单片机直接从片外程序存储器的 0000H 单元开始执行程序。

系统复位后，程序计数器 PC = 0000H，单片机从 0000H 单元开始取指令执行程序。

任务 1.1 中，应用的是 89C51 芯片，所以$\overline{EA}$引脚接高电平。程序存储在程序存储器，并且是从 0000H 单元开始存放的。

项 目 小 结

本项目以一位 LED 信号灯的闪烁控制为切入点，介绍了单片机的基本概念、发展历史及硬件基本结构。通过本项目内容的学习，先建立起对单片机从直观到抽象、由内及外的认识，为后续项目的学习储备必要的基础知识。

本项目重点内容：

1. 单片机的基本概念。

2. 51 系列单片机内部组成结构、工作原理。

3. 51 系列单片机芯片及引脚。

4. 51 系列单片机最小系统的构成。

5. 单片机系统中的数制系统与编码。

6. 51 系列单片机系统中的存储器及作用。

练习与提高 1

1. 填空题

（1）一个机器周期包含_____个时钟脉冲，若时钟脉冲的频率为 12MHz，则一个机器周期为_____。

（2）单片机常用两种复位电路，分别是_____和_____。

（3）单片机程序的入口地址是_____。

（4）在进行单片机应用系统设计时，除了电源和地线引脚之外_____、_____、_____、_____引脚必须连接相应电路。

（5）片内 RAM 的低 128 单元，按其用途可划分为_____、_____和_____三个区。

（6）ALE 信号的作用是_____。

2. 选择题

（1）在微型计算机中，负数常用（　　）表示。

　　A. 原码　　　　　　B. 反码　　　　　　　C. 补码　　　　　　D. 真值

（2）将十进制数 215 转化成对应的二进制数是（　　）。

　　A. 11010111　　　B. 11101011　　　　　C. 10010111　　　D. 10101101

（3）已知 $[X]_{补码}=01111110B$，则真值 X =（　　）。

　　A. +1　　　　　　B. -126　　　　　　　C. -1　　　　　　D. +126

（4）51 系列单片机 CPU 的主要组成部分为（　　）。

　　A. 运算器、控制器　　　　　　　　B. 加法器、寄存器

　　C. 运算器、加法器　　　　　　　　D. 运算器、译码器

（5）单片机中的程序计数器（PC）用来（　　）。

　　A. 存放指令　　　　　　　　　　　B. 存放正在执行的指令地址

　　C. 存放下一条指令地址　　　　　　D. 存放上一条指令地址

（6）51 系列单片机的最小时间单位是（　　）。

　　A. 节拍　　　　　　B. 状态　　　　　　　C. 机器周期　　　D. 指令周期

（7）程序状态字寄存器（PSW）的 OV 位为（　　）。

　　A. 进位标志　　　　B. 辅助进位标志位　　C. 溢出标志位　　D. 奇偶标志位

（8）8051 单片机的程序计数器（PC）为 16 位计数器，其寻址范围为（　　）。

　　A. 8KB　　　　　　B. 16KB　　　　　　　C. 32KB　　　　　D. 64KB

3. 判断题

（1）已知 $[X]_{原码}=0001111$，则 $[X]_{反码}=1110000$。 （　　）

（2）8 位二进制数原码的大小范围是 -127 ~ +127。 （　　）

（3）计算机中的机器码就是由若干位二进制数构成的。 （　　）

（4）51 系列单片机的产品 8051 与 8031 的区别是：8031 片内无 ROM。 （　　）

（5）51 系列单片机的数据存储器在物理上和逻辑上都分为两个地址空间：一个是片内的 256B 的 RAM，另个一是片外最大可扩展 64KB 的 RAM。 （　　）

（6）CPU 的时钟周期为振荡器频率的倒数。 （　　）

（7）51 系列单片机上电复位后，片内数据存储器的内容均为 00H。 （　　）

（8）SFR 中凡能被 8 整除的地址，都具有位寻址能力。 （　　）

（9）51 系列单片机可以没有复位电路。 （　　）

（10）若不使用 51 系列单片机片内程序存储器，$\overline{EA}$引脚必须接地。 （　　）

4. 简答题

（1）什么是单片机？

（2）51 系列单片机内部包含哪些主要逻辑功能部件？

（3）P3 端口的第二功能是什么？

（4）什么是机器周期？机器周期和时钟脉冲有何关系？

（5）51 系列单片机常用的复位方法有哪些？画出电路原理图，并说明其工作原理。

（6）51 系列单片机有多少个特殊功能寄存器？它们分布的地址范围是多少？

（7）51 系列单片机片内 RAM 是如何划分的？

（8）简述程序状态字（PSW）各位的含义，单片机如何选择当前的通用工作寄存器组？

（9）什么是二进制数？为什么在计算机系统中广泛采用二进制数？

（10）简述二进制与十六进制间互相转换的原则。

项目2
单片机系统开发软件的应用

引 言

　　本项目以两位信号灯交替闪烁控制的仿真实现为例，讲解单片机系统常用开发软件的应用。在实例的操作中，学习并掌握 Keil μVision 环境下程序的仿真调试方法和使用 Proteus 软件进行单片机系统仿真的方法，在教学过程中"做、教、学、做"相融合，达到理论与实践的统一。

教学导航 ⊙

教	重点知识	1. Keil μVision 软件的基本操作方法　3. 用 Keil μVision 进行程序仿真调试的操作方法　5. 用 Proteus 软件进行程序仿真调试的操作方法	2. Proteus 软件的基本操作方法　4. ISP 下载工具的使用方法
	难点知识	1. 程序的仿真调试	2. 联合应用 Keil μVision、Proteus 对系统进行仿真
	教学方法	任务驱动 + 仿真训练 以简单工作任务——两位信号灯交替闪烁控制仿真为实例，讲解 Keil μVision 环境下的程序仿真调试方法，并在 Proteus 中进行系统仿真，通过任务的完成学习并掌握单片机系统开发软件的使用方法	
	参考学时	8	
学	学习方法	通过完成具体的工作任务，学习开发软件的使用及操作技巧；注重学习过程中分析问题、解决问题能力的培养与提高	
	理论知识	1. 用 Keil μVision 软件进行程序调试的步骤方法	2. 用 Proteus 软件进行程序仿真调试的操作方法
	技能训练	1. 在 Keil μVision 中进行程序调试及仿真	2. 在 Proteus 中进行系统仿真
做	制作要求	分组完成两位信号灯交替闪烁控制的仿真	
	建议措施	分组进行软件使用练习，熟练完成任务的程序调试过程，演示仿真结果并分析	

职业素养 ⊙

　　培养科学精神、善于运用先进技术；培养自主创新、自力更生、艰苦奋斗的中华精神；厚植家国情怀，以国家、民族的振兴为己任的高度社会责任感。

【任务2.1】两位信号灯交替闪烁控制仿真

1. 任务要求

在 Keil μVision、Proteus 环境中模拟两位信号灯交替闪烁控制。

2. 任务目的

（1）熟悉 Keil μVision 集成开发系统环境，掌握在 Keil μVision 环境中进行程序仿真调试的方法。

（2）掌握 ISP 下载工具的使用方法。

（3）熟悉 Proteus 软件的基本操作，掌握在 Proteus 环境中，进行单片机系统仿真的方法。

3. 任务分析

在完成了项目 1 的学习后，对单片机系统有了初步的认识，接下来学习单片机应用系统开发中软件的应用。首先要学习的就是开发软件的使用。下面以两位信号灯的交替闪烁控制为例，进一步学习如何使用开发软件对单片机系统进行调试、仿真。电路原理图如图 2-1 所示。

4. 源程序设计

首先点亮 P1.0 所接信号灯，延时一段时间后，再熄灭，然后点亮 P1.1 所接信号灯，延时一段时间，再熄灭，如此循环，便形成两位信号灯交替闪烁的效果。

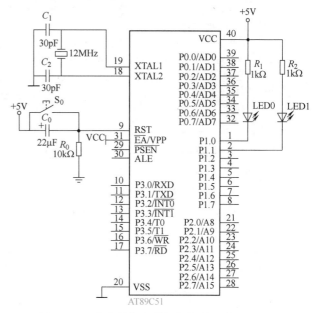

图 2-1　两位信号灯交替闪烁控制电路原理图

右侧标签：项目 2

```
/***************************************************************
程序名称:program2-1. c
程序功能:两位信号灯交替闪烁控制仿真
***************************************************************/
#include " reg51. h"              //包含头文件 reg51. h
sbit P1_0 = P1^0;
sbit P1_1 = P1^1;
void delay( unsigned char i);      //延时函数声明
/***************************************************************
函数名称:main
函数功能:控制两位信号灯交替闪烁
***************************************************************/
void main()                        //主函数
{
  while(1) {
    P1_0 = 0;
    P1_1 = 1;                      //点亮第一位信号灯,熄灭第二位信号灯
    delay(10);                     //调用延时函数
    P1_0 = 1;
    P1_1 = 0;                      //熄灭第一位信号灯,点亮第二位信号灯
    delay(10);                     //调用延时函数
        }
}
/***************************************************************
函数名称:delay
函数功能:延时一定时间,即 255 * i 次的空操作时间
```

```
形式参数:i
返回值:无
*************************************************************/
void   delay(unsigned char i)                    //延时函数
{
  unsigned char j,k;
  for(k=0;k<i;k++)
    for(j=0;j<255;j++);
}
```

5. Keil μVision 仿真实现

1) 打开 Keil μVision,执行菜单命令"Project"/"New Project"创建"两位信号灯交替闪烁的控制仿真"项目,选择 CPU 类型:Atmel 公司的 AT89C51。

2) 执行菜单命令"File"/"New"创建文件,输入 C 语言源程序,保存为"program2-1.c"。

3) 在"Project"栏的 File 项目管理窗口中右击文件组,选择快捷菜单中的"Add Files to Group 'Source Group1'",将源程序"program2-1.c"添加到项目中。

4) 设置"Debug"选项卡下仿真形式"Use Simulator"选项,进行软件仿真。

5) 执行菜单命令"Project"/"Translate",或直接单击工具栏图标 ,无误后执行"Project"/
"Build Target",或直接单击工具栏图标 ,编译源程序,创建".hex"文件。

6) 打开菜单"Debug",选择"Start/Stop Debug Session"项,或直接单击工具栏图标 ,进入 Keil μVision4 调试环境。

7) 打开菜单"Peripherals"选择仿真端口 P1;运行源程序,如图 2-2 所示。

观察 Parallel Port 1 窗口 P1 端口的变化,有"√"的位表示为高电平"1",空白位表示为"0"。

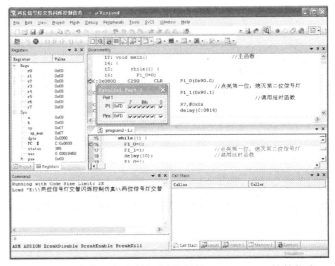

图 2-2 两位信号灯交替闪烁控制的 Keil μVision 软件仿真

6. Proteus 设计与仿真

1) 双击桌面上 Proteus ISIS 图标,打开"ISIS 7 Professional"窗口;单击菜单命令"File"/
"New Design",新建一个 DEFAULT 模板,保存文件名为"两位信号灯交替闪烁控制仿真.dsn"。

2) 在器件选择按钮中单击"P"按钮,或执行菜单命令"Library"下的"Pick Device/Symbol",添加相关元器件、用导线将各元器件及符号正确连接;双击单片机芯片,设置相应参数,完成 Proteus 环境下电路图的设计。

3) 打开 Keil μVision 编辑 C 源程序,并添加到相应项目中。执行菜单命令"Project"/"Options for Target 'Target 1'",在弹出的对话框中选择"Output"选项卡,选中"Greate HEX File";在"Debug"选项卡中,选中"Use:Proteus VSM Simulator"。

4) 执行菜单命令"Project"/"Translate",或直接单击工具栏图标 ,无误后执行"Project"/
"Build Target",或直接单击工具栏图标 ,编译源程序,创建".hex"文件。

5）在已绘制完原理图的 Proteus ISIS菜单栏中，执行菜单命令"Debug"，选中"Use Remote Debug Monitor"选项，使 Proteus 与 Keil 连接，进行联合调试。

6）在 Proteus ISIS 中双击单片机芯片，弹出"Edit Component"对话框，在"Program File"中选择之前生成的".hex"文件，即要调试的可执行文件，单击确定。

7）单击 Proteus ISIS 中"Debug"菜单下的"Start/Restart Debugging"命令，或者窗口左下角的"Play"按钮，即可进行仿真调试，观察仿真效果，如图2-3所示。

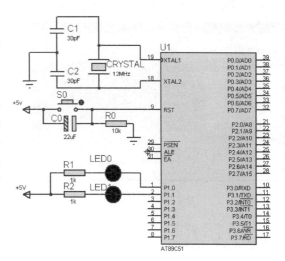

图2-3　两位信号灯交替闪烁控制的 Proteus 仿真图⊖

2.1　Keil μVision 集成开发系统应用

学习指南	基本内容	Keil μVision 使用方法
	基本技能	用 Keil μVision 进行目标程序的生成和仿真调试
	学习方法	理实一体、讲练结合 理论知识指导实践，实践中提升对知识的理解

对于51系列单片机，目前较流行的仿真开发软件是德国 Keil Software 公司的 Keil μVision，它通过集成开发环境 μVision 将 C 编译器、宏汇编、库管理、连接器和仿真调试器集成在一起，集编译、仿真于一体，功能强大，使用方便，支持汇编语言和 C 语言高级程序设计。下面以 Keil μVision4 为例讲解 Keil 软件的使用方法。

2.1.1　Keil μVision4 的界面

软件安装后，双击图标启动 Keil μVision4 集成软件，打开后的界面如图2-4所示。

Keil μVision4 的窗口界面除上方的标题栏、菜单栏和工具栏外，还有3个区，左上侧为工程工作区，目标文件路径在此区域显示；右上侧灰色区域为文本编辑区，源程序在此区域进行输入显示；下方为输出窗口，输出相关信息在此窗口显示。

2.1.2　目标程序的生成

目标程序即最终烧写到单片机芯片内的文件，通常为.hex 格式。

（1）创建工程文件　通常将一个系统中所包含的所有源程序文件都存放在一个工程中，因此要先新建一个工程文件。选择菜单"Project"/"New Project"命令，创建"两位信号灯交替闪烁控制仿真"工程，并保存，如图2-5所示。

（2）选择 CPU 类型　Keil 软件支持多种厂家不同型号的 CPU，因此要为所创建的工程选择 CPU 型号，本工程选择 Atmel 公司的 AT89C51，单击"Atmel"前面"+"号，在打开的内容里选择 AT89C51 型号，单击"OK"即可，如图2-6所示。

（3）创建源程序文件　选择菜单"File"/"New"创建文件，输入 C 语言源程序，保存为"program2-1.c"，这里的扩展名".c"必须要写出，如图2-7所示。

⊖　本书中仿真图中的元器件符号采用的是所用软件的符号，有些与国家标准不符，特提醒读者注意。

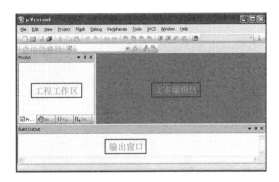

图 2-4　Keil μVision4 打开后的界面

图 2-5　创建工程

　　若源程序是用汇编语言编写的，则文件的扩展名为"．asm"。源文件可以事先在其他文本编辑器中编写好，复制粘贴过来也可以使用。

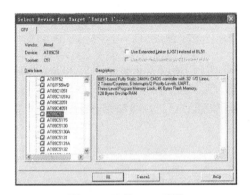

图 2-6　选择 CPU 型号

图 2-7　输入源程序

（4）将源程序文件添加到工程中　在"Project"窗口中单击"Target 1"前面的"＋"号，打开下一层"Source Group 1"，在其上右击，选择快捷菜单中的"Add Files to Group'Source Group1'"，如图 2-8 所示。之后将出现添加文件的对话框，如图 2-9 所示。选择之前新建的源程序"program2-1．c"，单击"Add"添加到工程中，注意文件类型选择"C Source file（＊．c）"。

图 2-8　添加源程序文件

图 2-9　选择源程序文件

项目 **2**

（5）设置工程目标属性　右击"Target 1"，在快捷菜单中选择"Options for Target 'Target 1'"命令。在弹出的设置对话框中，有 10 个选项卡，一般可选择默认设置，通常需进行设置的项有："Target""Output"和"Debug"3 项。

单击"Target"选项卡，可进行工程目标属性设置，如 Xtal（MHz）（单片机晶振频率）、Memory Model（存储器模式）等。如需设置，参数与实际相符即可。如图 2-10 所示。

在"Debug"选项卡下选择左侧的仿真形式，即进行软件仿真，如图 2-11 所示。如需进行硬件仿真，则应将仿真器与计算机连接，选择右侧"Use"项进行相应设置。

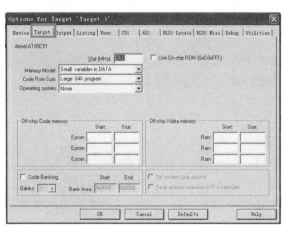

图 2-10　"Target"目标属性项设置

在"Output"选项卡中选择"Create Executable"项，并勾选其下的"Create HEX File"项，才能在程序编译后生成 HEX 格式的可执行文件，即目标程序，如图 2-12 所示。

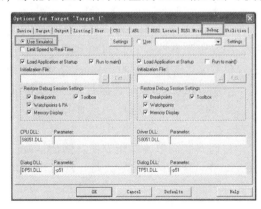

图 2-11　"Debug"调试项设置

图 2-12　"Output"输出项设置

2.1.3　仿真调试

（1）编译　选择菜单"Project"/"Translate"，或直接单击工具栏图标，可对当前文件进行编译。编译过程中相关信息会出现在下方输出窗口中的"Build Output"项中，编译结果为 0 错误，0 警告，并产生了目标程序文件"两位信号灯闪烁控制仿真.hex"。编译通过后，执行"Project"/"Build Target"，或直接单击工具栏图标，创建目标程序".hex"文件。

查看教学视频

读一读

若编译有错误，则不能通过，应先将错误改正后再重新编译直至无误。双击错误提示处，可对程序中的错误所在行进行定位。修改后需保存。

想一想

3个编译按钮"Translate" 🗒、"Build Target" 🗒、"Rebuild All Target Files" 🗒的作用有何不同？

答："Translate" 🗒用于编译单个文件；"Build Target" 🗒用于编译当前项目，若在编译后未修改，则再次单击时不再重新编译；"Rebuild All Target Files" 🗒每单击一次都会将所有文件重新进行编译，不论是否修改。

（2）调试仿真　打开菜单"Debug"，选择"Start/Stop Debug Session"项，或直接单击工具栏图标🔍，进入Keil调试环境。

（3）观察外围设备的变化　打开菜单"Peripherals"，有P0、P1、Timer0、Timer1共4项，选择仿真端口P1；运行源程序，观察"Parallel Port 1"窗口中P1端口的变化，有"√"的位表示为高电平"1"，空白位表示为"0"，仿真图如图2-2所示。

2.2　ISP下载软件的应用

学习指南	基本内容	1. ISP下载过程	2. ISP下载程序的使用方法
	基本技能	用ISP工具进行程序的下载	
	学习方法	"理实一体""讲练结合" 结合任务的实现过程，熟悉下载软件的使用	

ISP（In System Programming）即在系统可编程，用几根下载线就可以对单片机进行程序下载，无须编程器，也不用将单片机取下，因此称之为在系统可编程。例如，Atmel公司的早期产品AT89C5X系列单片机，在下载程序时需要使用专门的编程器，单片机在进行程序下载时必须从电路上取下来，使用非常不便。在其推出了新产品AT89S5X之后，该产品具有ISP下载功能，为程序下载提供了极大的便利。

适合AT89S51单片机使用的ISP下载软件不少，它们安装简单，操作方便。例如，Atmel公司提供的AT89ISP、广州市天河双龙电子有限公司的SLISP、智峰科技有限公司开发的PROGISP、晶宏科技有限公司的STC-ISP、AVR_fighter等。

读一读

目前常见的51系列单片机以Atmel公司生产的AT系列和宏晶科技有限公司生产的STC系列单片机为主。STC系列国产51单片机，价格低廉，功能强大，使用方便，提供专用ISP下载软件STC-ISP，无须购买昂贵的编程器，适合初学者使用。

2.2.1　ISP下载程序的过程

ISP下载，需要用下载线将计算机与单片机实验板相连接，通过计算机上安装的ISP下载软件将程序下载到单片机芯片中。具体操作过程如下。

1. ISP 下载线准备

（1）下载方式 ISP 下载有串行口下载和并行口下载两种，均可从市场上购买到，也可以自己制作。台式计算机一般均有并行端口，可直接使用具有并行接口的下载线，即采用并行下载方式；若是笔记本式计算机等其他智能设备没有并行端口，则可以使用 USB 端口，此时要使用具有 USB 接口的下载线，例如 USBASP 下载线。各种类型的接口如图 2-13 所示。

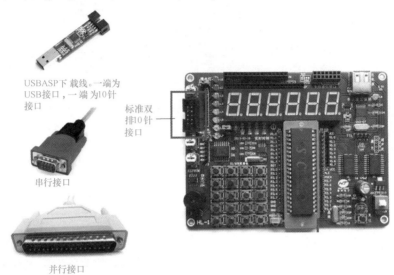

USBASP下载线。一端为
USB接口，一端为10针
接口

标准双
排10针
接口

串行接口

并行接口

图 2-13 各种类型的接口

（2）下载线的驱动程序 并行口下载线不需要新装驱动程序，串行口和 USB 下载线需要安装驱动。如果购买的是成品下载线一般会自带驱动程序，还有免驱动的下载线，使用方便，适合初学者。有的下载软件内附驱动程序。安装如 USBISP 的驱动程序，可根据图 2-14 所示的向导提示，一步一步完成，过程不再详述。

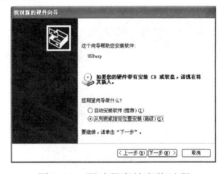

图 2-14 驱动程序的安装过程

读 一 读

关于自制下载线，基于难度考虑，本书中不做详细介绍。目前网上自制下载线的资料有很多，有兴趣可以查阅相关资料自行尝试制作。

2. ISP 下载软件的安装

以 STC – ISP – V6.86H 软件为例。STC – ISP – V6.86H 是一款绿色软件，直接双击 .exe 文件，即可打开。需注意的是，如所用单片机型号为较 51 更高的系列，引脚功能更多，则应在 STC – ISP – V6.86H 中添加 Keil 安装文件，在 Keil μVision4 中才能使用相应头文件及功能。以 MPTS – II/III 型号 51 系列 MCU 实验系统开发板所使用的单片机 STC12LE5A60S2 型号为例，该系列还需在软件中手动添加型号及头文件到 Keil μVision4 中，如图 2-15 所示。根据提示进行相应操作即可。

3. 下载过程

准备好下载线、单片机实验板和计算机后，就可以进行程序下载了。

1）将下载线分别与计算机 USB 端口（或并行端口）、单片机实验板连接。如图 2-16 所示。

2）连接电源线。如图 2-17 所示。

3）检查单片机芯片方向是否安装正确，注意芯片缺口标志，若极性接反，将导致芯片烧毁。操作时不可在芯片夹紧状态强行插拔，造成引脚损坏。如图 2-18 所示。检查电路连接无误。

4）根据电路功能将所用到的单片机端口与应用电路接口，全部用杜邦线连接。如图 2-19 所示。

图 2-15　下载线连接示意图

实验板总电源开关　电源线插孔

功能板电源开关

图 2-16　下载线连接示意图　　　图 2-17　实验板电源线插孔及开关位置图

图 2-18　单片机芯片正确安装示意图　　　图 2-19　实验板电路接线图

5）打开实验板电源。如图 2-17 所示。**注意**：下方是电路板总电源开关，如需用到某功能板还应打开各个相应板电源的开关，至提示灯亮说明已通电。

查看教学学频

项目 2

6）将计算机中的下载软件打开。在软件中设置各步骤参数，然后单击下载目标程序"两位信号灯交替闪烁控制仿真.hex"，此时需重新将实验板上电一次，下载成功，即可观察电路的运行结果。

具体操作步骤见下节2.2.2。

2.2.2　使用 ISP 软件下载程序的操作步骤

下面以 STC‐ISP‐V6.86H 软件为例，具体介绍 ISP 软件的操作步骤。

（1）选择 MCU 类型　确定下载线可靠连接，在界面窗口的"步骤1"中，选择单片机型号，其型号应与实际芯片一致，如 STC89C52RC。

（2）加载目标程序　在"步骤2"中单击"OpenFile/打开文件"按钮，在弹出的路径对话框中选择目标程序文件"两位信号灯交替闪烁控制仿真.hex"。

（3）选择串行口及波特率　在"步骤3"中选择通信端口号，该端口号应与计算机"设备管理器"中的通信端口号一致。波特率设置值过低会影响下载速度，过高有可能不能正常下载，可尝试后选择合适的值。

（4）下载　"步骤4"中的参数可以保持默认值。最后单击"步骤5"中的"Download/下载"完成下载。以上操作过程如图2-20所示。

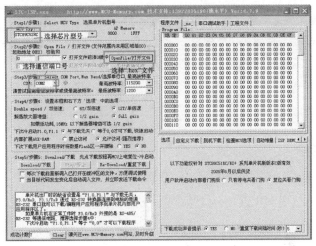

图 2-20　ISP 软件下载操作步骤

2.3　Proteus 仿真软件的应用

学习指南	基本内容	1. Proteus ISIS 的基本功能 2. Proteus ISIS 的单片机系统仿真方法
	基本技能	用 Proteus ISIS 进行系统仿真
	学习方法	互动式教学，"理实一体""讲练结合" 结合任务操作步骤，掌握 Proteus 软件的应用

2.3.1　Proteus ISIS 的功能介绍

Proteus 软件是英国 Labcenter Electronics 公司开发的一款电路分析与仿真软件，其包含两大功能模块。其中，ISIS 模块主要用于电路原理图的设计与仿真。

除具备强大的原理图绘制功能外，Proteus 还支持各种模拟电路、数字电路、主流单片机及其外围电路系统的仿真；具有各种虚拟仪器；提供软件调试功能，同时支持第三方的软件编译和调试环境，如 Keil μVision 等软件。Proteus 是一款功能齐全、使用方便的单片机开发平台。下面以任务 2.1 为例对 ISIS 7 Professional 软件的使用进行介绍。

2.3.2　Proteus ISIS 的用户界面

双击桌面 ISIS 7 Professional 图标，打开用户操作界面，如图 2-21 所示。

2.3.3　Proteus ISIS 的单片机系统仿真

（1）选取元器件　单击器件区的按钮"P"打开"Pick Devices"对话框，选取所需元器件。还可以在编辑区右键快捷菜单并选择放置元器件。在"Pick Devices"对话框的"关键字"栏输入元器件名称，即在结果中列出相关元器件，右侧还有对该元器件的模型和 PCB 预览。如图 2-22 所示。

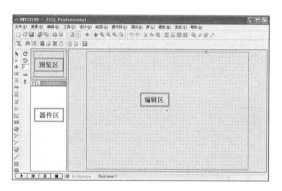

图 2-21　Proteus ISIS 的操作界面图

图 2-22　选取元器件

（2）连接电路　选取完所需元器件后，便可以开始连接电路了，若元器件的方向不对，可通过右键快捷菜单选择相应的"旋转"或"镜像"命令来改变。放置好元器件的位置后，用鼠标左键单击连线起点位置，沿着路径到终点时再次单击即可完成一条线路的连接。如图 2-23 所示。

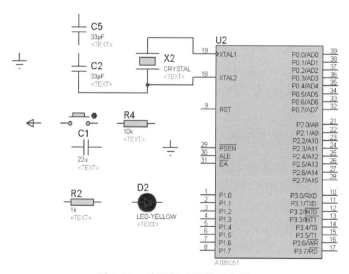

图 2-23　放置好元器件后连线

读一读

在 Proteus 中，默认单片机已连接电源和地，无须再进行连接。电源和地在左侧工具栏的"终端模式"下。

（3）修改元器件属性　在需修改的元器件上右击选择"编辑元件"命令，打开对话框，如图2-24 所示。

（4）为单片机添加目标文件　双击单片机芯片元件，在"编辑元件"对话框中"Program File"项选择"两位信号灯交替闪烁控制仿真.hex"所在路径。单击"确定"完成.hex 目标文件的添加。如图2-25 所示。

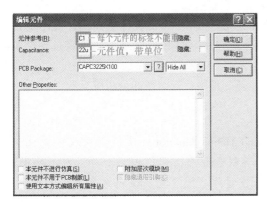

图2-24　元器件属性修改

图2-25　为单片机芯片添加目标文件

（5）系统仿真　目标文件添加完成后，便可以开始进行系统仿真了。窗口下方为运行工具栏，4 个按钮分别为"运行""步进""暂停""停止"，其右侧为仿真信息显示，双击可打开查看具体信息。单击"运行"，开始仿真。仿真结果如图2-26 所示。若仿真调试过程有错误，会弹出对话框，用红色字体显示说明，修改好后才能显示仿真结果。

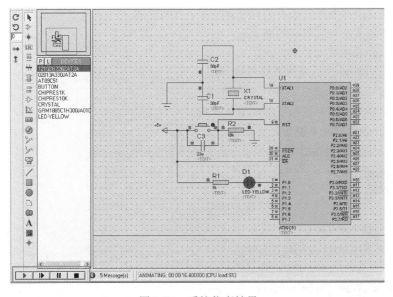

图2-26　系统仿真结果

在本例任务中，可看到运行结果：两位信号灯交替循环闪烁。还可看到端口线附近的小色块，红色代表高电平，蓝色代表低电平，灰色为悬空状态。本例中 P1.0、P1.1 引脚与信号灯连接线附近为红、蓝色块交替，即代表高、低电平的交替变化。

2.3.4　Proteus ISIS 与 Keil μVision 的联合应用

具体操作步骤如下：

1）同时打开 Keil μVision 与 Proteus 软件，在 Keil μVision 中将源程序编译通过，并生成 .hex 文件。

2）将生成的 .hex 文件下载到 Proteus 中的仿真电路单片机芯片中，具体操作方法见 2.3.3 节内容"为单片机添加目标文件"，然后单击"运行"开始仿真。

3）在调试过程中，如需要修改源程序时，在 Keil μVision 中将源程序重新编译并生成，在 Proteus 中无需重新下载，只需重新运行仿真，则单片机芯片中原下载的 .hex 文件将自动更新为新生成的 .hex 文件。

4）停止当前仿真，重新单击"运行"仿真时，新的程序运行结果即可相应显示。

　　Proteus 和 Keil 之间，可通过 VDM（Virtual Debug Monitor）协议实现联合调试。在 Proteus 中做硬件电路，然后与 Keil 集成环境联合应用，调试项目，可以在不使用硬件电路的情况下以纯软件的方式仿真整个开发过程。此过程步骤较为复杂，应用较少，不再详述。

项 目 小 结

本项目通过两位信号灯交替闪烁控制仿真的实现，介绍了单片机开发软件——Keil μVision4、Proteus ISIS 以及 ISP 下载软件的使用方法。在学习过程中，应注重用理论指导实践，多加练习，将操作方法熟练地应用到实际操作中，用好开发工具为单片机学习提供强大的平台。本项目需要熟知的基本知识和技能如下：

1. Keil μVision4 基本功能。
2. 用 Keil μVision4 调试并仿真程序的方法。
3. 用 Keil μVision4 生成目标程序文件的方法。
4. 用 ISP 软件进行目标程序下载的操作步骤。
5. 用 Proteus ISIS 进行系统仿真的方法。
6. Keil μVision4 与 Proteus ISIS 在单片机系统仿真中的联合应用。

练习与提高 2

1. 简述单片机的开发过程。
2. 什么是 ISP 下载方式？它的优点有哪些？
3. 如何生成 ".hex" 文件？它的作用是什么？
4. 简述用 Keil μVision 调试程序的过程。

5. 在 Proteus ISIS 中创建图 2-27 所示的电路原理图。

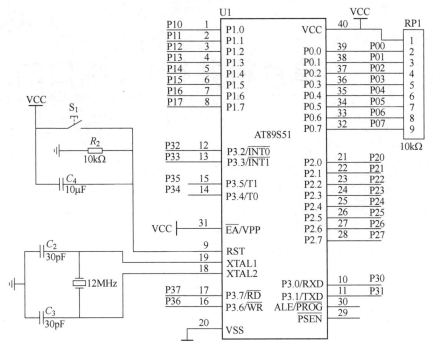

图 2-27　在 Proteus ISIS 中创建电路原理图

6. 什么是 Keil μVision 与 Proteus 的联调？如何进行操作？

项目
2

项目3
单片机并行I/O端口的应用

引 言

本项目以 8 位 LED 灯闪烁的控制引入并行输入/输出（I/O）端口的知识和应用；以典型任务的实现介绍 C51 单片机程序设计的结构特点、C51 基本语句及其应用、数据类型、运算符的应用、数组及函数的基本应用。

教学导航 →

教	重点知识	1. 并行 I/O 端口的结构和功能	2. P0、P1、P2、P3 端口的使用
		3. C51 语言的程序结构、特点	4. C51 的数据类型和运算符及其应用
		5. C51 的基本语句及其应用	6. 数组的认识及应用
		7. 函数的认识及应用	
	难点知识	1. 并行 I/O 端口的结构及其应用	2. C51 程序结构及其设计
		3. 数组的分类及应用	4. 函数的构成及应用
	教学方法	任务驱动 + 仿真训练	
		以 8 位 LED 灯闪烁的控制为实例，分析并行 I/O 端口的结构和功能；以单向流水灯的控制为载体，讨论 C51 的数据类型及运算符；通过模拟汽车转向灯控制、霓虹灯控制，介绍 C51 的基本语句、数组和函数。熟练应用单片机常用仿真软件及 C 语言函数		
	参考学时	20	
	学习方法	通过完成具体的工作任务，认识学习的重点及编程技巧；理解基本理论知识及应用特点；注重学习过程中分析问题、解决问题能力的培养与提高		
学	理论知识	1. 并行 I/O 端口基本功能及应用	
		2. C51 的基本语句、数据类型、运算符及相应运算的实现	
		3. 数组的应用	
		4. 函数的应用	
	技能训练	并行 I/O 端口应用编程、调试及仿真实现	
做	制作要求	分组完成单向流水灯控制系统的制作	
	建议措施	3 ~ 5 人组成制作团队，业余时间完成制作并提交老师验收和评价	

职业素养 →

培养理论联系实际，勤动手、勤动脑、积极探索未知世界；培养快速学习新技术能力及创新意识。

【任务 3.1】8 位 LED 灯闪烁的控制

1. 任务要求

利用单片机 P1 端口连接 8 位 LED 灯，将编写好的源程序编译下载到单片机中，实现 LED 灯闪烁控制效果。

要求：8 位 LED 灯亮一段时间，灭一段时间，如此循环。

2. 任务目的

（1）通过 8 位 LED 灯的闪烁控制，了解单片机并行 I/O 端口及其应用。

（2）认识 C 语言的程序结构和特点。

（3）熟悉在 Keil μVision 环境中调试程序的方法。

（4）学会在 Proteus 环境中实现仿真应用。

3. 任务分析

8 位 LED 灯闪烁控制电路原理如图 3-1 所示。在单片机最小系统的基础上，通过 P1 端口 8 位引脚（P1.0 ~ P1.7）分别连接 8 位发光二极管（LED0 ~ LED7）和 8 只阻值为 1kΩ 的限流电阻。

根据单片机芯片与 LED 连接的特性，当 P1 端口各位输出低电平，即 P1 = 00000000B 时，8 位 LED 灯被点亮；当 P1 端口各位输出高电平，即 P1 = 11111111B 时，8 位 LED 灯被熄灭。

要实现 8 位 LED 灯闪烁的效果，就要使 8 位 LED 灯亮一段时间、灭一段时间，即 8 位 LED 灯在亮、灭两个状态之间轮换，循环运行。8 位 LED 灯闪烁控制流程图如图 3-2 所示。

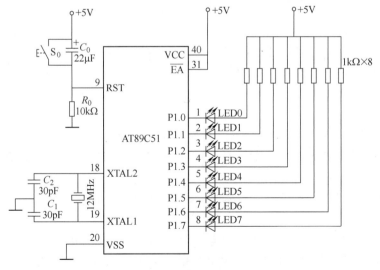

图 3-1　8 位 LED 灯闪烁控制原理图

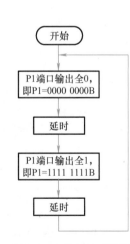

图 3-2　8 位 LED 灯闪烁控制流程图

4. 源程序设计

8 位 LED 灯闪烁控制的源程序如下。

```
/ *********************************************************************
    程序名称:program3-1.c
    程序功能:8 位 LED 灯闪烁控制
  *********************************************************************/
1   #include <reg51.h>                    //包含头文件 reg51.h
2   void delay(unsigned int ms);          //函数声明
3   void main()                           //主函数
4   {                                     //程序开始
5     while(1)                            //循环控制
6     {                                   //循环体部分开始          ┌ 8 位 LED 灯闪烁的控制 ┐
7       P1 = 0x00;                        //P1 口输出 0x00,即 00000000B,点亮 8 位 LED 灯
8       delay(1000);                      //调用延时函数
9       P1 = 0xff;                        // P1 口输出 0xff,即 11111111B,熄灭 8 位 LED 灯
10      delay(1000);                      //调用延时函数
11    }                                   //循环控制结束
12  }                                     //主函数的结束
/ *********************************************************************
    函数名称:delay
    函数功能:延时函数
    形式参数:unsigned int ms,控制循环次数
    返回值:无
  *********************************************************************/
13  void delay(unsigned int ms)           //定义延时函数
14  {                                     //延时函数体开始
15    unsigned int  i;
16    for(i=0;i<ms;i++);
17
```

读一读

单片机的定时精度与晶体振荡器、指令周期及外界温度等诸多因素相关,本项目通过任务 3.1 让大家对延时的实现有直观的认知。

5. Keil μVision 仿真实现

在 Keil μVision 环境下编辑源程序并进行相应设置,然后进行如下操作。

1)打开菜单"Peripherals",在下拉菜单中选择"I/O-ports",弹出其级联菜单,选择"ports1"。

2)在 Keil 中按下 F5 或单击工具栏图标 🔲 运行程序,观察弹出的"Paralle Port1"窗口 P1 端口的状态变化情况,如图 3-3 所示。

图 3-3 中,P1 端口的状态"7　Bits　0"各对应位为"空",表示各位值为 0,左侧显示 P1 "0x00",P1 端口连接的 LED 灯亮;当 P1 端口的各位状态如图 3-4 所示时,P1 端口各位状态为 1,表示其所连接的 LED 灯熄灭。

6. Proteus 设计与仿真

在 Proteus 环境下,进行硬件与软件的仿真。观察仿真环境中 8 位 LED 灯闪烁控制效果,如图 3-5 所示。

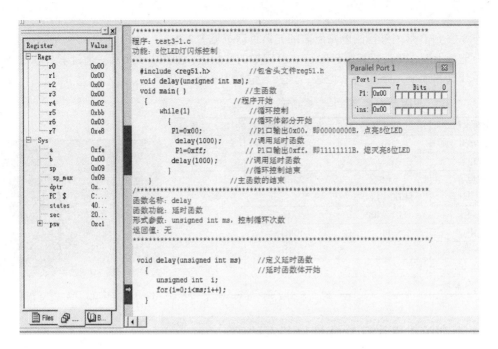

图 3-3　8 位 LED 灯闪烁 P1 端口状态 1

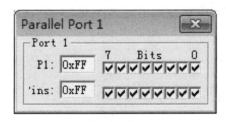

图 3-4　P1 端口状态 2

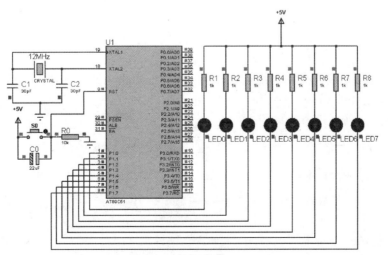

图 3-5　8 位 LED 灯闪烁控制 Proteus 仿真图

7. 制作实物

制作 8 位 LED 灯闪烁控制电路所需的元器件清单见表 3-1。

在万能板上制作单片机控制 8 位 LED 灯闪烁的实物图，如图 3-6 所示。通过下载软件把源程序写入单片机芯片中，接通 +5V 电源，观察 8 位 LED 灯的变化状态。

表 3-1　8 位 LED 灯闪烁控制电路元器件清单

元器件名称	元器件标号	规格及标称值	数　　量
AT89C51	U1	DIP40	1 个
瓷片电容	C1、C2	30pF	2 个
电解电容	C0	22μF	1 个
发光二极管	LED0 ~ LED7		8 个
电阻	R1 ~ R8	1kΩ	8 个
电阻	R0	10kΩ	1 个
晶体振荡器		12MHz	1 个
IC 插座		DIP40	1 个
单孔万能实验板			1 块

图 3-6　8 位 LED 灯闪烁控制实物图

3.1　51 系列单片机并行 I/O 端口基本结构

学习指南	端口功能	1. 并行 I/O 端口 P0、P1、P2、P3 的基本功能	2. P0、P2、P3 端口第二功能的认识
	重点知识	并行 I/O 端口的基本功能	
	操作方法	1. 按位操作	2. 按字节操作
	基本技能	1. 硬件电路制作 3. 利用 Keil μVision、Proteus 仿真调试	2. 软件编程及调试
	学习方法	结合对并行端口的应用，认识端口在单片机控制系统中的作用	

51 系列单片机有 4 个双向的 8 位并行 I/O 端口，分别记作 P0、P1、P2、P3，共有 32 条端口线。其中，P0、P2、P3 端口为多功能端口。

1. P0 端口

P0 端口可以作为基本的 I/O 端口使用，还可以作为地址/数据总线在进行系统扩展时做系统总线使用。

P0 端口的各位端口线具有完全相同但又相互独立的逻辑电路，如图 3-7 所示。电路中包含一个数据输出锁存器和两个三态数据输入缓冲器，另外还有一个数据输出的驱动和控制电路。

当作为基本 I/O 端口使用时，P0 端口是一个三态双向 I/O 端口，此时控制端为低电平，通过与门使得场效应晶体管 VF1 截止，此时输出驱动电路变为漏极开路。因此，作为

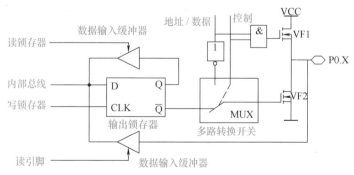

图 3-7　P0 端口位结构图

通用 I/O 端口使用时，必须外接上拉电阻才能保证系统的正常工作。

作为地址/数据线使用时，在控制信号的作用下，由多路转换开关 MUX 实现锁存器输出和地址/数据线之间的转接。

读一读

  P0 端口作为通用 I/O 端口使用时，一般要外接上拉电阻。上拉电阻简单来说就是将电平拉高，通常的实现方法是将 4.7 ~ 10kΩ 的电阻接到 VCC 电源端。

2. P1 端口

P1 端口只能作为基本 I/O 端口使用。P1 端口其中一位的原理图如图 3-8 所示。

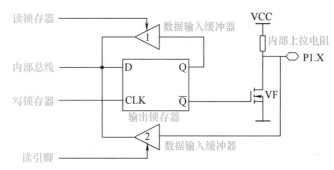

P1 端口的每一位均可单独作为输入/输出使用。当作为输出端口使用时，当 1 写入锁存器时，$\overline{Q} = 0$，VF 截止，内部上拉电阻将端口 P1.X 电位拉至高电平，此时该端口输出为 1；当 0 写入锁存器时，$\overline{Q} = 1$，VF 导通，输出则为 0。

当作为输入口使用时，锁存器置 1，$\overline{Q} = 0$，VF 截止。此时该位状态既可以被外部电路拉为低电平，

图 3-8　P1 端口位结构图

也可由内部上拉电阻拉成高电平。所以，将 P1 端口称为准双向口。需要说明的是，作为输入口使用时，有两种情况。其一是：读锁存器的内容，进行处理后再写到锁存器中，这种操作即读—修改—写操作；其二是：读 P1 端口引脚状态，打开数据输入缓冲器，将外部状态读入内部总线。

小提示：P1端口输出功能的应用

  任务 3.1 中，利用 P1 端口输出功能实现了对 8 位 LED 灯闪烁的控制。"="运算符可以实现 P1 端口输出状态的修改。例如，通过 P1 端口锁存器分别输出数据 0x00、0xff 实现了 LED 灯的亮、灭控制，输出操作命令的实现通过以下两条语句完成。

```
P1 = 0x00;          // P1 端口输出 0x00,即 00000000B,点亮 8 位 LED
P1 = 0xff;          // P1 端口输出 0xff,即 11111111B,熄灭 8 位 LED
```

其他端口输出功能的实现也与 P1 端口相同。

3. P2 端口

P2 端口可以作为基本的 I/O 端口使用，还可以作为系统扩展时的高 8 位地址线使用。P2 端口某一位结构的原理图如图 3-9 所示。

4. P3 端口

P3 端口除可以作为基本的 I/O 端口使用外，其每位引脚还有第二功能。

P3 端口某一位结构的原理图如图 3-10 所示。

P3 端口可以作为基本 I/O 端口使用，此时与 P1 端口功能完全相同。P3 端口的第二功能包

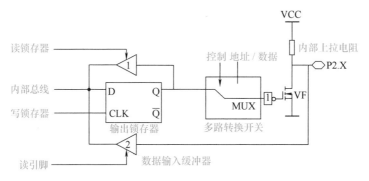

图 3-9　P2 端口位结构原理图

括外部中断、计数、串行口数据
发送和接收、外部 RAM 读写，
具体见表 1-5。

　　另外，P1、P2 和 P3 端口的
输出缓冲器能驱动 3 个标准 TTL
门电路。P0 端口的输出缓冲器
能驱动 8 个标准 TTL 输入。它们
可以直接驱动固态继电器工作。

　　P1、P2 和 P3 端口不必外加
上拉电阻就可以驱动 MOS 电路。

　　P0 端口能够直接驱动 8 个标
准 TTL 门电路，作为 I/O 端口使

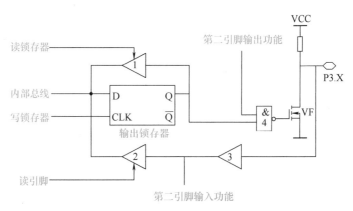

图 3-10　P3 端口位结构原理图

用时，驱动 MOS 电路需要外加上拉电阻；作为地址/数据总线时，可以直接驱动 MOS 电路而不
必外加上拉电阻。

　　由此可见，51 系列单片机四个端口的内部结构是不同的，应用上也是不一样的。在以后的
学习中要注意这一特点。

3.2　认识 C51 源程序的结构和特点

学习指南	C51 源程序特点	模块化
	源程序基本结构	1. 预编译 2. 主函数 3. 函数
	函数的构成	1. 函数定义 2. 函数体
	C51 语言的标识符与关键字	1. 标识符的命名原则 2. 关键字的使用注意事项
	学习方法	理实一体 编程中体会程序结构及各部分的作用

3.2.1　C51 源程序的认识

下面通过 program3-1. c 源程序对 8 位 LED 灯闪烁的控制分析，认识 C51 源程序的构成。

第 1 行：文件包含语句

```
1    #include <reg51.h>        //包含头文件 reg51.h
```

C51 源程序的预处理部分，文件包含语句，用关键字"#include"定义。预处理部分放在程序头部，所引用的文件也称为头文件。"头文件"的作用是将另外一个文件中的内容包含到当前文件中，头文件通常会将一些常用函数的库文件、用户自定义的函数或者变量包含进来。

头文件"reg51.h"的作用是将单片机的特殊功能寄存器定义包含在其中，便于用户直接使用。例如，程序中的 P1 不是普通变量名，而是 51 单片机中的寄存器，它的地址是 0x90。

读一读

< reg51. h > 和"reg51. h"的区别及作用。

在 C51 源程序编写中，头文件引用常见有两种形式，即 < reg51. h > 和 "reg51. h"。如果用 < > 把文件括起来，编译时先从编译器的库文件中查找。如果用"" 把头文件括起来，编译时先从用户自定义的库文件中查找，如果在自己定义的库文件中找不到，再到编译器的库文件中查找。

在 C51 源程序设计中，把 reg51. h 头文件包含在程序中，此文件定义了单片机的特殊功能寄存器名称和位名称，相关寄存器名称或位名称即可直接使用。

任务 3.1 中应用的 P1 端口的锁存器即为特殊功能寄存器之一，它已在 reg51. h 头文件中定义，可以直接应用。

第 2 行：函数声明

```
2    void delay(unsigned int ms);    //延时函数声明
```

在 C 语言中，若主函数在前，其他函数要遵循先声明、后调用的原则。有关函数相关知识，本项目后续部分将详细介绍。

第 3 ~ 12 行：主函数 main（）

```
3    void main()                //主函数
4    {                          //程序开始
5      while(1)                 //循环控制
6      {                        //循环体部分开始
7        P1 = 0x00;             //P1 口输出 0x00,即 00000000B,点亮 8 位 LED 灯
8        delay(1000);           //调用延时函数
9        P1 = 0xff;             // P1 口输出 0xff,即 11111111B,熄灭 8 位 LED 灯
10       delay(1000);           //调用延时函数
11     }                        //循环控制结束
12   }                          //主函数的结束
```

main（）为主函数，程序执行时，先执行 main（）函数，在 main（）函数中调用其他函数。本例中调用了延时函数 delay（）。

第 13~17 行：延时函数 delay ( )

```
13        void delay(unsigned int ms)          //定义延时函数
14        {                                     //延时函数体开始
15           unsigned int   i;
16           for(i = 0;i < ms;i ++);
17        }
```

该函数的功能为延时，延时时间的长短，决定 P1 端口 8 位 LED 灯亮、灭持续的时间，即决定着 LED 灯的闪烁频率。

通过对上述程序的分析，可以了解到 C51 源程序采用的是一种结构化的设计思想，它以函数形式组织程序的基本结构。

3.2.2 C51 源程序的基本结构

1. 源程序的构成

一个 C51 源程序由一个或几个函数组成，每一个函数功能相对独立。每个 C51 源程序有且仅有一个主函数 main ( )，程序的执行总是从主函数开始并在主函数结束。C51 源程序的结构示意图如图 3-11 所示。

一个函数由两部分组成：函数定义和函数体。函数定义部分包含函数类型、函数名、函数的参数及参数的类型。函数后面的一对大括号 " {} " 内的部分为函数体，它包括变量的定义和函数功能部分。

函数名称前的 void 为函数类型，void 表示空类型，无返回值。

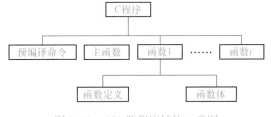

图 3-11　C51 源程序结构示意图

任务 3.1 的源程序由两个函数构成：主函数 main ( ) 和延时函数 delay ( )。主函数名是由编译系统决定的，必须用 main 表示，其他函数名由用户命名。延时函数 delay ( ) 的定义为第 13 行。该行定义了延时函数的函数名为 delay，函数类型为 void，形式参数为无符号整型（unsigned int）变量 ms。

第 14~17 行是 delay ( ) 函数的函数体。

关于函数的更多介绍参见本项目 3.6 节。

2. 语句结束标志

C 语言语句必须以 ";" 结束，一条语句可以多行书写，也可以一行书写多条语句。

3. 注释

为提高程序的可读性，便于理解程序代码的含义，按照程序书写的规范要求在代码后面要添加一些注释，说明程序在 "做什么"，解释代码的目的、功能和采用的方法。注释语言必须准确、易懂且简洁。

注释的方式有两种：一种是采用 "/ * …… */" 的格式；另外一种是采用 "//……" 格式。前者可以注释多行，后者只能注释一行。

（1）文件注释　文件注释必须说明文件名、功能等相关信息。重要文件，还常要加上文件创建人、创建日期和版本信息等。

文件注释放在文件的顶端，用 "/ * …… */" 格式包含；每个注释文本的分项名称应对齐。

建议：注释文本每行缩进4个空格⊖。如下所示。

```
/ *******************************************************
    文件名称：
    作者：
    版本：
    说明：
    *******************************************************/
```

（2）函数注释　C语言程序是由函数组成的，每一个函数功能是相对独立的。所以，常常在函数头部加注释说明函数名称、函数功能、入口参数和出口参数等内容。

函数头部注释在每个函数的顶端，用/ * …… */的格式包含。如下所示。

```
/ *******************************************************
    函数名称：
    函数功能：
    入口参数：
    出口参数：
    *******************************************************/
```

（3）代码注释　代码注释通常放在被注释行的右方，采用"// ……"格式。注释部分左对齐。

3.2.3　单片机C51语言的特点

51系列单片机支持汇编语言、C语言编程。C语言是一种编译型程序设计语言，它具备各种高级语言的特点，同时又具备汇编语言的功能。51系列单片机中应用的C语言简称为C51语言。

C51语言有很多优点，不需要了解单片机的指令系统，仅需要对单片机存储器结构有初步了解；不同存储器的寻址及数据类型等细节问题由编译器管理；程序结构化明显；系统提供了很多标准的库函数，应用方便；整个系统的开发便于维护与管理。

单片机的C51语言和标准C语言相比，又有不同的特点。

1）C51语言与C语言定义的库函数不同。

2）C51语言中的数据类型和C语言的数据类型有一定的区别。

3）C51语言中的变量与C语言中变量的存储模式不同。

4）C51语言与C语言的输入/输出处理不同。

5）C51语言与C语言在函数使用方面有一定的区别。

C51交叉编译器提供了51系列单片机用C语言编程的方法。它具备了C语言编程的特点，但它运行于单片机技术开发平台；它具有C语言结构清晰的优点，同时还具备汇编语言的硬件操作能力，这也是目前单片机开发系统中C51语言被广泛应用的原因。

3.2.4　C51语言的标识符与关键字

C51语言和任何高级语言一样，有规定的标识符、关键字和语法规则。

1. 标识符

标识符用于标识源程序中某一个对象的名称，对象可以是函数、变量、常量、数据类型、存储方式或语句等。

⊖ 考虑到版式设计，本书中的许多程序并未空4格，请读者编程时注意。

标识符可以由字母、数字和下划线组成，但必须由字母或者下划线开头（以数字开头的标识符是非法的）。

标识符的命名应遵循简洁、含义清晰、便于阅读和理解的原则，通常用相应功能的英文名称命名。例如，任务 3.1 中，延时函数的命名为 delay（）。

C51 源程序中标识符区分字母的大小写，字母大小写不同代表的对象不同。通常，将特殊功能寄存器名、常量等用大写字母表示；一般语句、函数用小写字母表示。

2. 关键字

用 C51 语言编程时，有一组特殊意义的字符串，即"关键字"。这些关键字是 C51 已经定义的具有固定名称和特定含义的特殊标识符，也称为保留字，源程序中用户自己命名的标识符不能和关键字重名。C51 语言的关键字可以分为以下两大类。

（1）由 ANSI（美国国家标准学会）标准定义的关键字

1）数据类型关键字。用于定义变量、函数或其他数据结构的类型，例如：int、unsigned char 等。

2）控制语句关键字。程序中起控制作用的语句，例如：while、if、case 等。

3）预处理关键字。表示预处理命令的关键字，例如：include、define 等。

4）存储类型关键字。表示存储类型的关键字，例如：auto、extern、static 等。

5）其他关键字。例如：sizeof、const 等。

读一读

由 ANSI 标准定义的关键字共有 32 个：char、double、enum、float、int、long、short、signed、struct、union、unsigned、void、break、case、continue、default、do、else、for、goto、if、return、switch、while、auto、extern、register、static、const、sizeof、typedef、volatile。

（2）C51 编译器扩充关键字

1）访问 51 系列单片机内部寄存器的关键字。C51 编译器扩充了关键字 sfr 和 sbit，用于定义单片机的特殊功能寄存器和能进行位寻址的某一位。

① 定义特殊功能寄存器。例如"sfr P1 = 0x90"，即定义地址为"0x90"的特殊功能寄存器的名称为 P1。

② 定义特殊功能寄存器中的某一位。例如"sbit LED2 = P1^2"，即定义了 P1.2（特殊功能寄存器 P1 的第 2 位）为 LED2。

2）51 系列单片机存储类型的关键字。常见的 C51 编译器支持的存储器类型关键字见表 3-2。

表 3-2 存储器类型关键字

存储器类型关键字	与 51 系列单片机存储空间的对应关系
data	默认存储类型，可直接寻址片内 RAM（00H～7FH），访问速度最快（128B）
bdata	可位寻址片内 RAM（00H～7FH），允许位与字节混合访问（16B）
idata	间接寻址片内 RAM，可访问片内全部 RAM 空间（256B）
pdata	分页寻址片外 RAM（00H～FFH）
xdata	可访问片外 RAM（64KB）
code	可访问 ROM 存储区，常用于存储程序和数据表，只能读取数据

【任务3.2】单向流水灯的控制

1. 任务要求

利用单片机控制8位LED灯，使其依次循环点亮，实现单向流水灯操作。在实现流水灯单向控制的基础上，举一反三地能实现流水灯双向移动，以及多样化流水灯的控制。

通过本单元的学习，初步熟悉C51语言编程的基本特点和方法。

2. 任务目的

（1）认识C51语言的常用关键字、基本数据类型和各类运算。

（2）熟悉C51语言的基本程序结构（顺序、选择和循环结构）。

（3）会编写、调试简单的C51语言程序。

3. 任务分析

本任务的原理图如图3-1所示。实现LED灯流水操作示意图如图3-12所示，P1端口输出位为"0"，点亮相应位LED灯；输出位为"1"熄灭相应LED灯。每一个状态延时一段时间输出下一个控制字。

4. 流程图

根据分析及控制逻辑，单向流水灯控制流程图如图3-13所示。

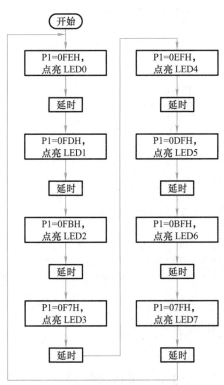

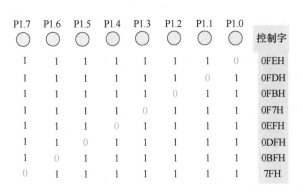

图3-12 流水灯控制示意图

图3-13 单向流水灯控制流程图

5. 源程序设计

单向流水灯控制系统的源程序如下。

```
/ ****************************************************************
程序名称:program3-2. c
程序功能:单向流水灯控制
程序结构:采用顺序结构实现的流水效果
**************************************************************** /
#include  <reg51. h>              //包含头文件 reg51. h
void delay( unsigned int ms) ;     //函数声明
void main( void)
{
    while(1)
    {
```

8 位 LED 流水灯的顺序控制

```
        P1 = 0xfe;                  //P1 口输出状态为 1111 1110B,控制 P1.0 连接的 LED 亮
        delay(500) ;                //延时
        P1 = 0xfd;                  //P1 口输出状态为 1111 1101B,控制 P1.1 连接的 LED 亮
        delay(500) ;                //延时
        P1 = 0xfb;                  //P1 口输出状态为 1111 1011B,控制 P1.2 连接的 LED 亮
        delay(500) ;                //延时
        P1 = 0xf7;                  //P1 口输出状态为 1111 0111B,控制 P1.3 连接的 LED 亮
        delay(500) ;                //延时
        P1 - 0xef;                  //P1 口输出状态为 1110 1111B,控制 P1.4 连接的 LED 亮
        delay(500) ;                //延时
        P1 = 0xdf;                  //P1 口输出状态为 1101 1111B,控制 P1.5 连接的 LED 亮
        delay(500) ;                //延时
        P1 = 0xbf;                  //P1 口输出状态为 1011 1111B,控制 P1.6 连接的 LED 亮
        delay(500) ;                //延时
        P1 = 0x7f;                  //P1 口输出状态为 0111 1111B,控制 P1.7 连接的 LED 亮
        delay(500) ;                //延时
    }
}
/ ****************************************************************
函数名称:delay
函数功能:延时函数
形式参数:unsigned int ms
参    数:1 ~65535(不可为 0)
返 回 值:无
**************************************************************** /
void delay( unsigned int ms)        //定义延时函数
{                                   //延时函数体开始
    unsigned int i;
    for( i =0;i < ms;i + + ) ;
}
```

3.3 C51 语言的数据类型及运算符

学	基本概念	1. 常量
习		2. 变量
指	变量的存储	1. 存储种类
南		2. 存储器类型

（续）

学习指南	运算符与表达式	1. 算术运算符及算术表达式 3. 关系运算符及关系表达式 5. 运算符优先级和结合方向	2. 赋值运算符及赋值表达式 4. 逻辑运算符及逻辑表达式
	实训任务	流水灯控制程序设计	
	学习方法	理实一体 结合实例中对表达式的应用，认识基本知识的重要性	

3.3.1　C51 语言的数据类型

数据类型即数据的格式。对数据类型的描述包括数据的表示形式、数据长度、数值范围和构造特点等。程序设计中的数据可分为常量和变量，各种变量必须先说明类型，然后才能使用。

C51 语言中使用的数据类型包括 C 语言中标准的数据类型和 C51 语言扩展的数据类型。C 语言中标准的数据类型有无符号字符型、有符号字符型、无符号整型、有符号整型、无符号长整型、有符号长整型、浮点型和指针型等。C51 语言扩展的数据类型有位类型、可位寻址的位类型、特殊功能寄存器型和 16 位特殊功能寄存器型等。

另外，C51 语言还支持由基本数据类型组成的数组、结构体、联合体和枚举类型等结构类型数据。C51 语言基本数据类型和扩展数据类型的数据长度和数值范围见表 3-3。

表 3-3　C51 编译器支持的数据类型

数 据 类 型	名　　称	长　　度	值　　域
unsigned char	无符号字符型	1B	0 ~ 255
signed char	有符号字符型	1B	- 128 ~ +127
unsigned int	无符号整型	2B	0 ~ 65535
signed int	有符号整型	2B	- 32768 ~ +32767
unsigned long	无符号长整型	4B	0 ~ 4294967295
signed long	有符号长整型	4B	- 2147483648 ~ +2147483647
float	浮点型	4B	$- 3.4 \times 10^{38} ~ + 3.4 \times 10^{38}$
*	指针型	1 ~ 3B	对象的地址
bit	位类型	1bit	0 或 1
sbit	可寻址位	1bit	0 或 1
sfr	特殊功能寄存器	1B	0 ~ 255
sfr16	16 位特殊功能寄存器	2B	0 ~ 65535

注：数据类型中加底色的部分为 C51 语言扩展的数据类型。

读一读

实际使用时，应尽量避免使用有符号的数据类型，因为单片机处理单元无符号数更容易一些，生成的指令代码更简洁。另外，还要尽量避免使用浮点数据类型，因为使用浮点数时，C 语言编译器要调用库函数，程序会变得庞杂，运算速度会变慢。常用的数据类型有"bit"和"unsigned char"，这两种数据类型可以直接支持机器指令，运算速度很快。

1. 字符型（char）

字符型数据包括无符号字符型和有符号字符型，即 unsigned char 型和 signed char 型，它们的数据长度均为 1B（字节），系统默认为 signed char 型。

unsigned char 型数据表示的数值范围为 0 ~ 255；signed char 型数据，最高位代表符号位，"0" 表示正数，"1" 表示负数，数据以补码的形式表示，数值范围为 − 128 ~ + 127。

2. 整型（int）

整型数据包括无符号整型和有符号整型，即 unsigned int 型和 signed int 型，其数据长度为 2B，系统默认为 signed int 型。

unsigned int 型数据表示的数值范围是 0 ~ 65535；signed int 型数据表示的数值范围是 − 32768 ~ + 32767。

> 💡 **小提示：数据类型的应用**
>
> 前面应用的延时函数中
>
> ```
> void delay( unsigned int ms )          //定义延时函数
> {                                      //延时函数体开始
>    unsigned int  i;
>    for( i = 0; i < ms; i ++ );
> }
> ```
>
> 函数 delay（）的形式参数 ms 和函数中定义的变量 i 均为 unsigned int 型。这就决定了其取值范围是 0 ~ 65535。调用函数 delay（）时，实际参数为 1000，变量 i 的取值由 ms 决定，它们的取值均在限定的数值范围内。
>
> 如果将 ms 和 i 定义为 unsigned char 型，则其取值范围为 0 ~ 255。

在编写源程序时，为了书写方便，在源程序开始部分使用#define 宏定义，以缩写定义变量的数据类型。例如，在 program3-2. c 的延时函数中，将 unsigned int 定义为 uint。

```
#define uint unsigned int
```

应用在延时函数中，延时函数改写如下。

```
void delay( uint ms )          //定义延时函数
{                              //延时函数体开始
uint  i;
for( i = 0; i < ms; i ++ );
}
```

这是实际应用中常见的方式。

3. 长整型（long）

长整型数据包括无符号长整型和有符号长整型，即 unsigned long 型和 signed long 型，其数据长度为 4B，系统默认为 signed long 型。

unsigned long 型数据表示的数值范围为 0 ~ 4294967295；signed long 型数据表示的数值范围是 − 2147483648 ~ + 2147483647。

4. 浮点型（float）

浮点型的数据长度为 4B，包括指数和尾数两部分，最高位为符号位，"0" 表示正数，"1" 表示负数；接下来是 8 位阶码，用补码表示；后 23 位为尾数的有效位数。

浮点型数据在C51程序中较少用到。

💡 小提示：数据类型的转换

　　C51编译器允许任何标准数据类型的隐式转换。例如，当定义的char类型数据与int类型数据进行运算时，先自动将char数据类型扩展为int数据类型，然后与int数据类型进行运算，运算结果为int数据类型。

　　数据类型隐式转换的优先级如下：

bit→char→int→long→float→signed→unsigned

5. 指针型

　　指针型变量中存放的内容是指向存储器单元地址的一种特殊变量。

　　有关指针的应用将在项目8中介绍。

6. 特殊功能寄存器（sfr）

　　特殊功能寄存器（sfr）是C51语言扩展的一种数据类型，占用1B，数值范围为0～255。利用它可以访问单片机内部的特殊功能寄存器。

　　sfr定义特殊功能寄存器的格式为

sfr　特殊功能寄存器名称＝特殊功能寄存器地址；

　　其中，特殊功能寄存器名称一般用大写字母表示，如P0、TCON、TL0、TH0等。

　　例如：

```
sfr  P1 = 0x90;          //定义P1为P1端口在片内的寄存器,其地址为0x90
sfr  TCON = 0x88;        //定义TCON为单片机内部的寄存器,其地址为0x88
sfr  TL0 = 0x8a;         //定义TL0为单片机内部的寄存器,其地址为0x8a
sfr  TH0 = 0x8c;         //定义TH0为单片机内部的寄存器,其地址为0x8c
```

💡 小提示：头文件与sfr

　　C51编译器对51系列单片机的特殊功能寄存器和常用特殊位进行了定义，存放在"reg51.h"或"reg52.h"的头文件中。使用时，通过编译预处理命令"#include <reg51.h>"引用。

　　任务3源程序中并行端口P1的应用没有使用sfr定义，是因为引用了reg51.h头文件，否则P1必须进行定义才能使用。

7. 16位特殊功能寄存器（sfr16）

　　16位特殊功能寄存器（sfr16）用于定义16位特殊功能寄存器，是C51编译器扩展的数据类型，占用2B，数值范围为0～65535。

　　例如，51系列单片机中16位寄存器DPTR的定义如下：

```
sfr16  DPTR = 0x82;        //其中,DPL = 0x82   DPH = 0x83
```

　　16位寄存器的定义，两个字节地址必须是连续的，并且低字节地址在前，低字节地址赋给sfr16。

8. 位类型（bit）

位类型（bit）可以定义一般的可位处理的位变量，为C51编译器的扩展数据类型。它的值是一位二进制位"0"或者"1"。

9. 可位寻址（sbit）

可位寻址（sbit）类型，是C51编译器扩展的数据类型，定义可位寻址的对象。比如，单片机内部可以进行位寻址的位（RAM中20H～2FH存储单元）或特殊功能寄存器中可位寻址的各位（sfr中字节地址能被8整除，即十六进制数表示的字节地址的末位为0或8）。

3.3.2 常量与变量

1. 常量

常量是指在程序执行过程中，其值不变的量。常量可以有不同的数据类型，其中包括整型、浮点型、字符型、字符串型和位类型。

（1）整型常量 整型常量即整型常数，可以表示为十进制数、十六进制数等。十进制数常量直接书写，如12、–12；十六进制数常量在数值前面加"0x"，如0x90。

（2）浮点型常量 在C语言中可以用两种形式表示一个浮点型常量。一种是小数形式，如23.14。**注意**：小数形式表示的实型常量必须要有小数点。另一种是指数形式，如2.314e2。C语言语法规定，字母e或E之前必须要有数字，且e或E后面的指数必须为整数。

（3）字符型常量 字符型常量是用单引号括起来的单一字符，如'A'、'B'、'6'等。

（4）字符串型常量 字符串是由多个字符连接起来，并用双引号括起来的一串字符，如"china"、"good"等。C语言存储字符串时，一个字符串常量在存放时一个字符占一个字节，并且系统会自动在字符串尾部加上"\0"转义字符作为该字符串的结束符。

（5）位类型常量 位类型的值是一位二进制数"0"或"1"。

常量可以是数值型常量，也可以是符号常量。数值型常量可以直接使用，符号常量在使用之前必须在程序开头，使用编译预处理命令"#define"进行定义（宏定义），其格式如下：

> #define 符号常量 常量

符号常量通常用大写字母表示，以区别程序中的变量。在编写程序时，使用符号常量代替程序中多次出现的常量，便于修改程序。例如，

> #define PI 3.14159   //符号常量PI的数值定义为3.14159

定义了符号常量以后，在程序中凡是用到3.14159时，均用符号常量PI代替。又如，表示逻辑表达式值的符号常量TURE、FALSE，其定义如下：

> #define TURE 1   //符号常量TURE的数值定义为1
> #define FALSE 0   //符号常量FALSE的数值定义为0

2. 变量

变量是在程序运行中，其值可以改变的量。每个变量都有一个变量名，在内存中占据一定的存储空间，并在该存储单元中存放该变量的值。

变量由变量名和变量值组成，变量名是存储单元地址的符号表示，而变量值就是该单元存

放的内容。

变量必须先定义、后使用，用标识符作为变量名，并指出所用的数据类型和存储模式，这样编译系统才能为变量分配相应的存储空间。变量的定义格式如下：

[存储种类] 数据类型 [存储器类型] 变量名表；

其中，数据类型和变量名表是必要的，存储种类和存储器类型是可选项。

例如，在program3-1. c的延时函数中，变量ms、i均定义为unsigned int型。

变 量 名

为区分不同的变量，给变量分别命名。变量名可以由字母、数字和下划线组成，但第一个字符必须是字母或者下划线，不能以数字开头。

如果同时定义多个变量，则多个变量名之间要用逗号"，"隔开。例如：

unsigned int i,k;   //定义了两个无符号整型变量i和k

如果在定义变量时同时给变量赋值，则在变量名后加上赋值语句即可。例如：

unsigned int i = 255,k = 200;

下面对与变量存储有关的存储种类和存储器类型做一介绍。

（1）存储种类 存储种类是指变量在程序执行过程中的作用范围。C51变量的存储种类有4种，分别是动态（auto）、外部（extern）、静态（static）和寄存器（register）。

1）动态变量。使用auto定义的变量为动态变量，动态变量是在函数内部定义的变量。只有在函数被调用时，系统才给动态变量分配存储单元，函数执行结束时释放存储空间。

定义变量时，如果省略存储种类，则系统默认为动态变量。

2）外部变量。使用extern定义的变量为外部变量，外部变量是在函数外部定义的变量，也称为全局变量。

如果在函数体内，要使用一个该函数体外定义过的变量或使用一个其他文件中定义的变量，该变量在函数体外要用说明。

例如，在文件ex1. c中定义了变量unsigned char i，在另一文件ex2. c中需要使用变量i，则需要在函数体外先进行外部变量说明。

extern unsigned char i;

3）静态变量。使用static定义的变量为静态变量。静态变量可分为内部静态变量和外部静态变量，静态变量在程序运行过程中，始终占用存储单元。

内部静态变量：在函数体内部定义的静态变量为内部静态变量，只能在函数体内部使用。

外部静态变量：在函数体外部定义的静态变量为外部静态变量，在整个程序运行中一直存在，可以被当前文件中的多个函数使用。

4）寄存器变量。使用register定义的变量称为寄存器变量。用register定义的变量放置于CPU内部RAM的寄存器中，其处理速度快。但是，可以定义变量的数目有限。

（2）存储器类型 C51中通过存储器类型指定变量的存储区域，存储器类型可以由关键字直接指定。

定义变量时可以省略存储器类型，C51 编译器按默认模式确定存储器类型为 data。

1) bit 位变量。是 C51 语言扩展数据类型。bit 位变量定义的变量，存放在内部 RAM 可以位寻址的区域。存储器类型可以是 data、bdata、idata。bit 位变量定义的格式如下：

　　　　　bit [存储器类型] 位变量名；　　　　　　//位变量只能赋予"0"或"1"

例如：

　　　　　bit idata x；　　　　　　　　　　　//定义了位变量 x

C51 编译时，位地址是变化的。

2) sbit 可位寻址的位变量。sbit 可位寻址的位变量定义的格式如下：

　　　　　sbit 位变量名 = 位地址；

在 C51 编译时，sbit 可位寻址的位变量对应的位地址是不变的，可以通过三种方式定义。

例如，对 P1 端口的 P1.1 位的定义，有三种方法。

方法一：sbit 位变量名 = 位地址

　sbit P1_1 = 0x91；　　　　　　　//把 P1.1 的位地址赋给位变量

方法二：sbit 位变量名 = 特殊功能寄存器名^位位置

　sbit P1_1 = P1^1；　　　　　　　//可寻址位位于 sfr 中时可采用这种方法

方法三：sbit 位变量名 = 字节地址^位位置

　sbit P1_1 = 0x90^1；　　　　　　//P1 字节地址为 0x90,P1.1 的位地址表示为 0x90 ^1

C51 中，用符号"^"标识特殊功能寄存器中的位。例如：

　sbit LED = P1^1；　　　　　　　//等号左边是变量,可以为不同名字

这种方法和方法二本质上是一致的。

3.3.3　运算符与表达式

C 语言提供了丰富的运算符，包括：算术运算符、关系运算符、逻辑运算符、位运算符、赋值运算符及逗号运算符等。由运算符及运算对象构成表达式，每个表达式都有一个取值和相应的类型。

根据参加运算的对象个数不同，运算符也可以分为三种类型：单目、双目和三目。

1. 算术运算符与算术表达式

算术运算符有 8 种，如表 3-4 所示。

除法运算时，若两个整数相除，结果为整数（取整）。例如：

```
i = 7/5;              //i = 1
j = 5/7;              //j = 0
```

取余运算时，要求两侧的操作数均为整型数据。例如：

```
i = 20 % 8;           //i = 4
```

表 3-4　算术运算符

算术运算符	功　能	算术运算符	功　能
+	加法：求两个数的和	/	除法：求两个数的商
-	减法：求两个数的差	%	取余：求两个数的余数
*	乘法：求两个数的积	^	乘幂：求变量的幂
--	自减1：变量自动减1	++	自增1：变量自动加1

由算术运算符和括号将操作数连接起来的式子称为算术表达式。

C51 语言中有两个很实用的运算符，它们分别是自增1"++"和自减1"--"运算符，其作用是使变量值自动加1或减1。表 3-5 为自增1和自减1运算符的含义。

表 3-5　自增1和自减1运算符

运　算　符	功　能	运　算　符	功　能
i++	先使用i的值，再执行i=i+1	++i	先执行i=i+1，再使用i的值
i--	先使用i的值，再执行i=i-1	--i	先执行i=i-1，再使用i的值

"++""--"运算符只能用于变量，而不能用于常量或表达式。例如：

```
main()
{
    int  i = 10, sum;
    sum = i++;            //sum = 10, i = 11
    sum = ++i;            //sum = 12, i = 12
}
```

2. 关系运算符与关系表达式

关系运算符有6种，如表 3-6 所示。在关系运算符中，<、>、<=、>=的优先级相同，==和!=优先级相同；前四个运算符的优先级高于后两个。

表 3-6　关系运算符

关系运算符	<	>	<=	>=	==	!=
功　能	小于	大于	小于或等于	大于或等于	等于	不等于

用关系运算符将两个表达式连接起来的表达式称为关系表达式。关系表达式的值为逻辑值："真"或"假"。"1"代表真，"0"代表假。例如：

如果 a=5、b=4，则 a>b 为真，其值为1；a<b 为假，其值为0。

3. 逻辑运算符与逻辑表达式

逻辑运算符有3种，如表 3-7 所示。其中，"&&"和"||"是双目运算符，要求有两个操作数，结合方向是从左向右。"!"是单目运算符，操作数只有一个，结合方向是从右向左。

表 3-7　逻辑运算符

逻辑运算符	&&	||	!
功　能	逻辑与	逻辑或	逻辑非

逻辑运算符的优先级是："!"最高、"&&"次之、"||"最低。

逻辑表达式是由逻辑运算符连接起来的表达式。逻辑表达式的值为逻辑值，即"真"或"假"，分别用"1"或"0"表示。例如：

若 a = 0，则 a&&b&&c 为假，其值为 0；若 a = 1，则 a‖b‖c 为真，其值为 1。

4. 位运算符与位运算表达式

单片机通常通过 I/O 端口控制外部设备完成相应的操作，例如，单片机控制电动机转动、信号灯的亮灭、蜂鸣器的发声及继电器的通断等。这些控制均需要使用 I/O 端口某一位或几位。因此，单片机应用中位操作运算符是很重要的运算分支，C51 语言支持各种位运算，位运算符有 6种，如表 3-8 所示。

表 3-8　位运算符

位 运 算 符	&	‖	~	^	<<	>>
功　　能	与	或	取反	异或	左移	右移

位运算符是对二进制数按位进行运算的。位运算的结果与数字逻辑运算结果是一致的，位运算的真值表见表 3-9。

表 3-9　位运算的真值表

位 变 量	位 变 量	位 运 算				
a	b	~a	~b	a&b	a‖b	a^b
0	0	1	1	0	0	0
0	1	1	0	0	1	1
1	0	0	1	0	1	1
1	1	0	0	1	1	0

（1）位"与"运算"&"　　"&"运算的功能是对两个二进制数按位进行"与"运算。例如，若 X = 00011001B，Y = 01001101B，则 X&Y 的运算如图 3-14 所示。

"与"运算的特点：具有清零功能。要使某些位清零，令其与 0 按位"与"运算即可。

（2）位"或"运算"‖"　　"‖"运算的功能是对两个二进制数按位进行"或"运算。例如，若 X = 00011001B，Y = 01001101B，则 X‖Y 的运算如图 3-15 所示。

```
    X  0001 1001              X  0001 1001
&   Y  0100 1101         ‖    Y  0100 1101
       0000 1001                 0101 1101
```

图 3-14　按位与运算　　　　图 3-15　按位或运算

"或"运算的特点：具有置 1 功能。要使某些位置 1，令其与 1 按位"或"运算即可。

（3）位"异或"运算"^"　　"^"运算的功能是对两个二进制数按位进行"异或"运算。例如，若 X = 00011001B，Y = 01001101B，则 X^Y 的运算如图 3-16 所示。

"异或"运算的特点：具有取反功能。要使某些位取反（翻转），令其与 1 按位"异或"运算即可。

（4）按位"取反"运算"~"　　"~"运算的功能是对两个二进制数按位进行取反运算。例如，若 X = 01001101B，则 ~X 的运算如图 3-17 所示。

（5）左移运算"<<"　　"<<"运算的功能是将一个二进制数的各位依次左移 n 位。左移

运算中，高位移出舍弃，低位补0。例如，若 X = 11001101B，左移一位的运算 X << 1 如图 3-18 所示。

	X 0001 1001		
∧	Y 0100 1101	～ X 0100 1101	X<<1 1100 1101
	0101 0100	1011 0010	1001 1010

图 3-16　按位异或运算　　　　图 3-17　按位取反运算　　　　图 3-18　左移运算

（6）右移运算"＞＞"　"＞＞"运算的功能是将一个二进制数的各位依次右移 n 位。右移运算中，低位移出舍弃，高位补0。例如，X = 01001101B，右移两位的运算：X ＞＞ 2，如图 3-19 所示。

X>>2 0100	1101
0001	0011

图 3-19　右移运算

5. 赋值运算符与赋值表达式

（1）赋值运算符　赋值运算符的功能是对变量赋值。

用赋值运算符将一个变量与一个表达式连接起来的式子称为赋值表达式。其格式如下：

变量名 = 表达式

在赋值表达式的后面加";"构成赋值语句。其格式如下：

变量名 = 表达式;

例如：

```
i = 3;               //把 3 赋给变量 i
sum = i + 10;        //把表达式 i + 10 的值赋给变量 sum
```

由此可见，赋值表达式的功能是把赋值运算符右边表达式的值计算出来赋给左边的变量。

赋值运算符的优先级较低，具有右结合性。例如：

X = Y = Z = 5;   //把 5 分别赋给变量 X、Y、Z

可以理解为：

X = (Y = (Z = 5));

在赋值运算中，当"="两侧数据类型不一致时，系统自动将右边表达式的值转换为与左侧变量一致的数据类型，再赋值给变量。

小提示：赋值运算与赋值语句

单片机控制程序中，赋值语句是最常用的，也是应用最灵活的一条语句。

任务 3.2 源程序中流水灯的控制，就是通过对 P1 端口赋予不同数据实现其控制的。

```
P1 = 0xfe;      //P1 口输出状态为 1111 1110B,控制 P1.0 连接的 LED 亮
P1 = 0xfd;      //P1 口输出状态为 1111 1101B,控制 P1.1 连接的 LED 亮
P1 = 0xfb;      //P1 口输出状态为 1111 1011B,控制 P1.2 连接的 LED 亮
P1 = 0xf7;      //P1 口输出状态为 1111 0111B,控制 P1.3 连接的 LED 亮
P1 = 0xef;      //P1 口输出状态为 1110 1111B,控制 P1.4 连接的 LED 亮
P1 = 0xdf;      //P1 口输出状态为 1101 1111B,控制 P1.5 连接的 LED 亮
P1 = 0xbf;      //P1 口输出状态为 1011 1111B,控制 P1.6 连接的 LED 亮
P1 = 0x7f;      //P1 口输出状态为 0111 1111B,控制 P1.7 连接的 LED 亮
```

由此可见，单片机控制实质就是对数据处理的过程。所以，有关数据类型、运算符的使用要精准，在以后学习中要认真体会。

（2）复合赋值运算符 复合赋值运算符是在赋值运算符"＝"的前面加上其他的运算符。C51 编译器提供了十个复合赋值运算符，如表 3-10 所示。

表 3-10 复合赋值运算符

运 算 符	功 能	运 算 符	功 能
+=	加法赋值	<<=	左移位赋值
-=	减法赋值	>>=	右移位赋值
*=	乘法赋值	&=	逻辑与赋值
/=	除法赋值	|=	逻辑或赋值
%=	取模赋值	^=	逻辑异或赋值

复合赋值运算的一般形式为：

变量 复合赋值运算符 表达式

复合赋值运算的功能是变量与表达式先进行运算符所要求的运算，再把运算结果赋值给左边的变量。

复合赋值运算是 C51 语言中一种简化程序的数据处理方法，凡是双目运算（对两个运算数进行运算）均可以用复合赋值运算符去简化表达式。例如：

a += 16;   //等价于 a = a + 16;

C51 语言运算类型、运算符、优先级及其运算结合性如表 3-11 所示。

表 3-11 C51 语言运算类型、运算符、优先级及其运算结合性

运 算 类 型	运 算 符	优 先 级	结 合 性
括号运算	( )	1	从左至右
逻辑非、按位取反	!、~	2	从右至左
算术运算	*、/、%	3	从左至右
	+、-	4	从左至右
左移、右移运算	<<、>>	5	从左至右
关系运算	<、<=、>、>=	6	从左至右
	==、!=	7	从左至右
位运算	&	8	从左至右
	^	9	从左至右
	|	10	从左至右
逻辑与运算	&&	11	从左至右
逻辑或运算	||	12	从左至右
赋值运算、复合赋值运算	=、+=、-=、*=、/=、%=、&=、|=、^=、<<=、>>=	13	从右至左

【实训3.1】 利用位运算取反、左移运算实现单向流水灯控制程序设计。

分析如下：

① 假设流水灯初始状态控制字的初始值为" ctr = 0000 0001B"，取反" ~ ctr = 1111 1110B"送 P1 端口输出，将 LED0 点亮。

② 延时一段时间。

③ ctr <<= 1。

④ 循环执行2)、3) 操作。

流程图如图3-20 所示。

源程序如下：

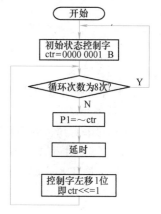

图 3-20 利用位运算取反、左移实现单向流水灯控制流程图

```
/*********************************************************************
   程序名称:program3-3.c
   程序功能:单向流水灯控制
   程序结构:采用位运算取反、左移实现单向流水灯控制
*********************************************************************/
   #include <reg51.h>               //包含头文件 reg51.h
   #define uchar unsigned char
   #define uint unsigned int
   void delay(uint ms);             //延时函数声明          利用宏定义简化数据类型的书写
   void main(void)
   {
     uchar ctr, nuber;
     while(1)
       {
         ctr = 0x01;                //设控制字的初始值为 0000 0001B
         for(nuber = 0; nuber < 8; nuber ++)      控制字初始值
         {
         P1 = ~ ctr;               //控制字取反为 1111 1110B,P1 端口输出
         delay(500);               //调用延时函数,产生 0.5s 延时
         ctr <<= 1;                //控制字左移一位          变量ctr各位取反送P1端口
         }
       }
   }
   void delay(uint ms)              //延时函数参见 program3-1.c
   {略}
```

想一想

1. 流水灯单向右移的控制程序如何实现？

2. 流水灯的控制方式还有哪些类型？如何实现？

参照左移流水灯的控制程序设计思路完成以上两种控制。

【任务3.3】 模拟汽车转向灯的控制

1. 任务要求

采用单片机完成模拟汽车转向灯的控制系统。

2. 任务目的

（1）熟悉 C 语言的基本语句的使用方法。

（2）了解顺序结构及模块化程序设计方法。

（3）掌握在 Keil μVision 环境中调试程序的方法。

（4）掌握利用 Proteus 软件进行仿真操作。

3. 任务分析

汽车转向灯的控制是汽车驾驶员驾驶汽车时，向他人传递汽车行驶状况的基本操作。汽车转向灯的状态如表 3-12 所示。

表 3-12　汽车转向灯状态表

汽车转向灯状态		驾驶员操作
左转向灯	右转向灯	
灭	灭	未操作
灭	闪烁	右转弯（合上右转弯开关）
闪烁	灭	左转弯（合上左转弯开关）
闪烁	闪烁	警示信号

本任务中，采用两位 LED 灯模拟汽车左转向灯、右转向灯，利用单片机的 P1.0、P1.1 引脚分别控制两灯的亮、灭状态；用两个连接到单片机 P2.0 和 P2.1 引脚的拨动开关 S_1、S_2，模拟驾驶员发出的左转、右转命令。模拟汽车转向灯的控制原理图如图 3-21 所示。

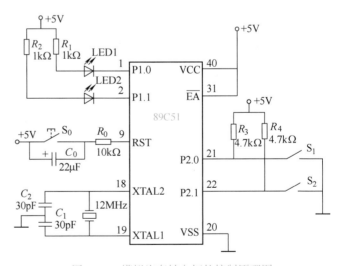

图 3-21　模拟汽车转向灯的控制原理图

P1.0 和 P1.1 控制两位 LED 灯，当引脚输出为 0 时，相应的 LED 灯被点亮；P2.0 和 P2.1 分别连接一个拨动开关，拨动开关的一端通过一个 4.7kΩ 电阻连接到电源，另一端接地。

当拨动开关 S_1 拨至接地端时，P2.0 引脚为低电平，即 P2.0 = 0；当 S_1 断开时，P2.0 引脚为高电平，P2.0 = 1。拨动开关 S_2 亦然。

拨 动 开 关

拨动开关实物图如图 3-22 所示。

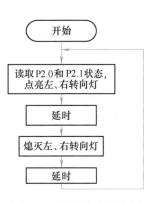

图 3-22 拨动开关实物

拨动开关通过拨动其执行机构（开关柄），接通或断开电路。它具有滑块动作灵活、性能稳定可靠等特点，广泛应用于电器、机械、通信等其他电子产品领域。

根据模拟汽车转向灯的控制原理图和表 3-12，驾驶员操作与两个控制开关（即 P2.0、P2.1 引脚）状态、模拟汽车转向灯（即 P1.0、P1.1 引脚）状态之间的对应关系见表 3-13。

P2.0 引脚的开关状态与 P1.0 控制的左转向灯的亮灭状态相对应。当 P2.0 == 1 时，P1.0 = 1（转向灯熄灭）；当 P2.0 = = 0 时，P1.0 = 0（左转向灯点亮）。同样，P2.1 引脚的状态与右转向灯的亮灭状态相对应。

4. 流程图

模拟汽车转向灯控制系统的流程图如图 3-23 所示。

表 3-13 驾驶员操作与 P1、P2 端口状态关系表

P2 端口状态		P1 端口状态		驾驶员操作
P2.0（左转控制）	**P2.1**（右转控制）	**P1.0**（左转向灯）	**P1.1**（右转向灯）	
1	1	1	1	未操作
1	0	1	0	右转弯（合上右转弯开关）
0	1	0	1	左转弯（合上左转弯开关）
0	0	0	0	警示信号

```
开始
  ↓
读取 P2.0 和 P2.1 状态,
点亮左、右转向灯
  ↓
延时
  ↓
熄灭左、右转向灯
  ↓
延时
```

图 3-23 模拟汽车转向灯
控制系统流程图

5. 源程序设计

模拟汽车转向灯控制系统源程序如下。

```c
/*********************************************************************
程序名称:program3-4. c
程序功能:模拟汽车转向灯的控制
程序结构:顺序结构汽车转向灯的控制
*********************************************************************/
#include  <reg51. h>
```

```
sbit P1_0 = P1^0;                    //定义 P1.0 引脚位名称为 P1_0
sbit P1_1 = P1^1;                    //定义 P1.1 引脚位名称为 P1_1
sbit P2_0 = P2^0;                    //定义 P2.0 引脚位名称为 P2_0
sbit P2_1 = P2^1;                    //定义 P2.1 引脚位名称为 P2_1
void delay(unsigned int i);          //延时函数声明
void main( )                         //主函数
{
    bit left,right;                  //定义位变量 left、right 表示左、右状态
    while(1)                         //while 语句控制循环操作
    {
```
表达式语句及函数调用语句构成循环体实现汽车转向灯控制
```
    left = P2_0;                     //读取 P2.0 引脚(左转向灯)的状态并赋值给变量 left
    right = P2_1;                    //读取 P2.1 引脚(右转向灯)的状态并赋值给变量 right
    P1_0 = left;                     //将 left 的值送至 P1.0 引脚
    P1_1 = right;                    //将 right 的值送至 P1.1 引脚
    delay(500);                      //调用延时函数
    P1_0 = 1;                        //熄灭左转向灯
    P1_1 = 1;                        //熄灭右转向灯
    delay(500);                      //调用延时函数
    }
}
/ *********************************************************************
函数名称: delay
函数功能:延时函数
形式参数:unsigned char i,1~255(参数不可为 0)
返回值:  无
*********************************************************************/
void   delay(unsigned int i)         //延时函数
{
    unsigned int j,k;
    for(k = 0;k < i;k ++ )
    for(j = 0;j < 500;j ++ );
}
```

6. Keil μVision 仿真实现

在 Keil μVision 环境下完成源程序的编辑和设置,然后进行以下操作。

1) 打开菜单"Peripherals",在下拉菜单中选择"I/O-ports",并在其子菜单中选择"ports1"。重复前面的操作,选择"ports2"。

2) 在 Keil μVision 中按下 F5 或单击工具栏图标 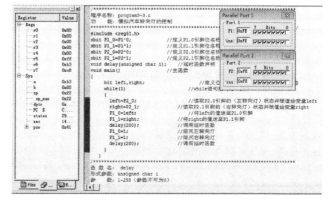 运行程序,观察弹出的"Paralle Port1"、"Paralle Port2"窗口中端口的状态变化情况,如图 3-24所示。

单击"Paralle Port2"窗口中的 P2.0(左转向灯控制开关),使 P2.0 = 0,则

图 3-24 模拟汽车转向灯 Keil μVision 仿真图

相应的P1.0 = 0，表示左转向灯控制开关接通，P1.0 连接的 LED 灯亮。P2.1 控制 P1.0 的状态也是如此。

当 P2.0 = = 0、P2.1 = = 0 时，P1.0 = 0、P1.1 = 0，表示左、右转向灯均亮。

7. Proteus 设计与仿真

模拟汽车转向灯 Proteus 仿真图如图 3-25 所示。

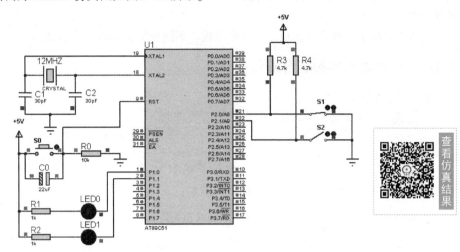

图 3-25　模拟汽车转向灯 Proteus 仿真图

用单片机模拟汽车转向灯的控制系统所需的元器件清单见表 3-14。

表 3-14　模拟汽车转向灯元器件清单

元器件名称	参　数	数　量	元器件名称	参　数	数　量
IC 插座	DIP40	1	弹性按键		1
单片机	AT89C51	1	电阻	10kΩ	1
晶体振荡器	12MHz	1	电阻	4.7kΩ	2
瓷片电容	30pF	2	电解电容	22μF	1
发光二极管		2	拨动开关		2
电阻	1kΩ	2			

3.4　C51 语言的基本语句

学习指南	程序结构	1. 顺序结构　　　　　　2. 选择（分支）结构 3. 循环结构
	基本语句	1. 表达式语句　　　　　2. 复合语句 3. if 类语句　　　　　　4. switch 语句 5. while 类语句　　　　6. for 语句 7. break/continue 语句
	实训任务	模拟汽车转向灯控制的不同结构程序设计
	学习方法	"教、学、做"一体，多练习多实践 理论知识指导实践，实践中提升对知识的理解

C 语言的程序是由语句构成的，若干条语句有序地组织起来实现一定的功能。C 语言程序有三种基本结构，即顺序结构、选择（分支）结构和循环结构。

（1）顺序结构　程序自上向下逐条顺序执行。

（2）选择（分支）结构　根据表达式的值选择执行不同分支的程序。

（3）循环结构　程序执行中根据某一条件的设置重复执行某一部分，直到条件不满足时终止循环操作。

C 语言提供了多种语句实现这些程序结构。下面介绍常用的 C 语言语句。

3.4.1　表达式语句和复合语句

1. 表达式语句

表达式语句是最基本的语句，语句中没有关键词。

表达式语句由一个表达式和一个分号";"构成，其一般格式如下：

表达式；

执行表达式语句即是计算表达式的值。例如：

sum = i + 10;　　　　　　　　//将 i + 10 的值赋给变量 sum

（1）空语句　C 语言程序中有一条特殊的表达式语句，称为空语句。空语句只有一个";"，它的功能是什么也不做，但执行它和执行其他语句一样，需要占用 CPU 一定的时间，因此它常用于延时。

（2）函数调用　函数调用是调用已经定义的函数（或内置的库函数），由函数名、实际参数表加上分号";"组成。其一般形式为：

函数名(实际参数表)；

执行函数调用语句就是调用函数体并把实际参数赋予函数定义中的形式参数。例如，前面程序中延时函数 delay（）的调用。

delay(1000);　　　　　　　　//delay 为函数名,1000 为实际参数

2. 复合语句

用"｛｝"将一组语句括起来就构成了复合语句。例如：

```
{
    sum = sum + i;
    y = sum;
}
```

是一条复合语句。复合语句内的各条语句都必须以分号";"结束，但在括号"｝"外不能加分号。

3.4.2　选择语句

选择（分支）语句是判定所给定的条件是否满足，根据判定的结果（真或假）选择执行两项操作之一。

1. 基本 if 语句

基本 if 语句的一般格式如下：

```
              if(表达式)
                 {
                    语句组;
                 }
```

if语句的功能是：如果"表达式"的结果为"真"，则执行花括号内的语句组。否则，跳过语句组继续执行其下面的语句。

基本if语句的执行流程图如图3-26所示。

if语句中的"表达式"可以是任何形式的表达式，常用的是逻辑表达式或关系表达式。只要表达式的值"非0"，即"真"，选择执行花括号内的语句组。例如，以下语句都是合法的。

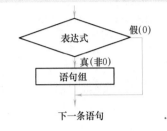

图3-26　基本if语句执行流程图

```
if(1){……}
if(x=5){……}
if(P2_0==0){……}
```

 读一读

if语句中的"表达式"必须用"( )"括起来。

if语句中的语句组如果只有一条语句，"{}"可以省略；若语句组有多条语句，则必须用"{}"括起来。这一点，初学者在使用中容易出错。

例如，模拟汽车转向灯的控制，可以通过下面操作实现。

```
if(P2_0==0) P1_0=0;      //若P2.0==0,即左转向开关接通,则P1.0=0,点亮左转向灯
if(P2_1==0) P1_1=0;      //若P2.1==0,即右转向开关接通,则P1.1=0,点亮右转向灯
```

【实训3.2】　用if语句实现对模拟汽车转向灯的控制。

参考程序如下。

```
/*************************************************************
程序名称:program3-5.c
程序功能:采用if语句实现的模拟汽车转向灯的控制程序
程序结构:采用if语句实现的选择结构程序
*************************************************************/
#include <reg51.h>
sbit lled = P1^0;              //定义P1.0引脚位名称为lled
sbit rled = P1^1;              //定义P1.1引脚位名称为rled
sbit left = P2^0;              //定义P2.0引脚位名称为left
sbit right = P2^1;             //定义P2.1引脚位名称为right
void delay(unsigned int i);    //延时函数声明
void main()                    //主函数
{
   while(1)
      {                        //while循环
```

利用 if 语句实现模拟汽车转向灯的控制

```
    if (left == 0) lled = 0;        //如果左转向控制开关接通,即 left = 0,则点亮左转向灯
    if (right == 0) rled = 0;       //如果右转向控制开关接通,即 right = 0,则点亮右转向灯
    delay(200);                     //延时
    lled = 1;                       //左转向灯回到熄灭状态
    rled = 1;                       //右转向灯回到熄灭状态
    delay(200);                     //延时
    }
}
void delay(unsigned int i);         //延时函数,参见 program3-1. c
(略)
```

💡 小提示:

等号 " == " 与赋值号 " = " 的区别

程序中 left == 0 或 right == 0, 本质上是个判断。即判断等式左边的变量 left 或 right 的值是否等于右边的值 0。如果相等, if 语句的条件即为 "真", 即可执行紧随其后的语句(组);如果不相等, if 语句的条件即为 "假", 不执行紧随其后的语句(组)。

程序中 lled = 0 或 rled = 0, 是赋值语句。其作用是将 0 赋值给位变量 lled 或 rled, 等效于将单片机 P1.0 或 P1.1 的输出状态设置为低电平, 从而点亮左或右转向灯。

```
    if (P2_0 == 0) P1_0 = 0;        //若 P2.0 == 0,即左转向开关接通,则 P1.0 = 0,点亮左转向灯
    if (P2_1 == 0) P1_1 = 0;        //若 P2.1 == 0,即右转向开关接通,则 P1.1 = 0,点亮左转向灯
```

2. if-else 语句

if-else 语句的一般格式如下:

```
                        if(表达式)
                            {
                                语句组 1;
                            }
                        else
                            {
                                语句组 2;
                            }
```

if-else 语句的功能是:如果 "表达式" 的值为 "真", 则执行语句组 1;如果 "表达式" 的值为 "假", 则执行语句组 2。if-else 语句的流程图如图 3-27 所示。

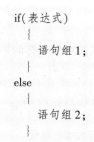

图 3-27   if-else 语句的流程图

3. if-else-if 语句

if-else-if 语句是多分支语句，它的一般格式如下：

```
if (表达式 1)
{
    语句组 1;
}
else if (表达式 2)
{
    语句组 2;
}
……
else if (表达式 n)
{
    语句组 n;
}
else                    //以上所有条件均不成立,则执行语句组 n+1
{
    语句组 n+1;
}
```

从 if-else-if 语句格式中可以看出，它是 if-else 语句的嵌套，构成多分支的选择结构，其流程图如图 3-28 所示。

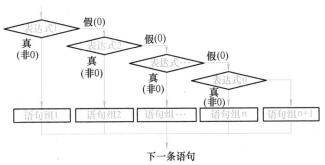

图 3-28　if-else-if 语句的流程图

 【实训3.3】　利用 if-else-if 语句实现对模拟汽车转向灯的控制。

参考程序如下。

```
/*************************************************************
程序名称:program3-6. c
程序功能:采用 if-else-if 语句实现的模拟汽车转向灯控制程序
程序结构:采用 if-else-if 语句实现选择结构
*************************************************************/
#include <reg51. h>
sbit lled = P1^0;           //定义 P1.0 引脚位名称为 lled
sbit rled = P1^1;           //定义 P1.1 引脚位名称为 rled
sbit left = P2^0;           //定义 P2.0 引脚位名称为 left
sbit right = P2^1;          //定义 P2.1 引脚位名称为 right
void delay( unsigned int i);    //延时函数声明
```

```
void main( )                        //主函数
{
  while( 1 )
    {                               //while 循环
                                    利用 if-else-if 语句实现模拟汽车转向灯的控制
      if ( left = =0&& right = =0)  //如果左转向、右转向开关均接通,即 left = =0 和 right = =0
        {
          lled = 0;                 //点亮左转向灯
          rled = 0;                 //点亮右转向灯
          delay( 500 );             //延时
        }
      else if ( left = =0 )         //如果左转向开关接通,即 left = =0
        {
          lled = 0;                 //点亮左转向灯
          delay( 500 );             //延时
        }
      else if ( right = =0 )        //如果右转向灯开关接通,即 right = =0
        {
          rled = 0;                 //点亮右转向灯
          delay( 200 );
        }
      else
        {
          ;                         //空语句
        }
      lled_0 = 1;                   //左转向灯回到熄灭状态
      rled_1 = 1;                   //右转向灯回到熄灭状态
      delay( 500 );
    }
}
void delay( unsigned int i );       //延时函数,参见 program3-1,c
（略）
```

4. switch 语句

if 语句一般用于条件判断或分支数目较少的场合，如果 if 语句嵌套层数过多，就会降低程序的可读性。C 语言提供了一种专门用于完成多分支选择的语句 switch，其一般格式如下。

```
switch( 表达式 )
  {
    case 常量表达式 1:语句组 1;break;
    case 常量表达式 2:语句组 2;break;
    ……
    case 常量表达式 n:语句组 n;break;
    default:语句组 n + 1;
  }
```

该语句执行过程如下：计算"表达式"的值，并逐个与 case 语句后的"常量表达式"的值相比较，当"表达式"的值与某个"常量表达式"的值相等时，则执行相应"常量表达式"后的语句组，然后，执行 break 语句，退出 switch 语句，继续执行其后面的语句。如果"表达式"的值与所有 case 语句后的常量表达式的值均不相同，则执行 default 后面的语句组 n + 1。

> **小提示：switch语句**
>
> switch 语句中的 case 语句后面必须是一个常量表达式，注意不能将 break 语句省略。否则，程序将会继续顺序往下执行，使程序出现逻辑错误。此外，switch 语句后面的括号不能省略。

【实训 3.4】 利用 switch 语句控制 P1 端口的 8 位 LED 灯，通过检测按键按下的次数，选择点亮不同位置的 LED 灯（通过一位按键控制 8 位 LED 灯流水运行）。

实训 3.4 电路原理图是在图 3-1 的基础上增加了一位按键。P1 端口连接 8 位 LED 灯，P3.0 端口连接一位按键。

设置按键次数计数变量为 keynum，当 keynum = 1 时，P1 = 0xfe，点亮 P1.0 连接的 LED 灯；当 keynum = 2 时，P1 = 0xfd，点亮 P1.1 连接的 LED 灯……当 keynum = 8 时，P1 = 0x7f，点亮 P1.7 连接的 LED 灯。否则，P1 = 0xff，8 位 LED 灯灭。其流程图如图 3-29 所示。

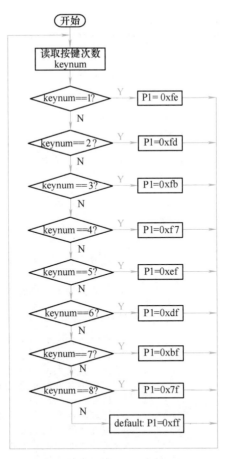

图 3-29 一位按键控制 8 位 LED 流水灯运行流程图

源程序如下。

```
/********************************************************************
程序名称:program3-7.c
程序功能:利用 switch 语句控制 P1 端口的 8 位 LED 灯
程序结构:利用 switch 语句实现选择结构
********************************************************************/
#include <reg51.h>
sbit key = P3^0;                              //位定义,定义 P3.0 为按键控制
/********************************************************************
函数名称:delay
函数功能:延时函数
形式参数:unsigned int ms
参    数:1~65535(不可为0)
返 回 值:无
********************************************************************/
void delay(unsigned int ms)                   //延时函数
{
    unsigned int i;
    for(i = 0;i < ms;i ++);
}
/********************************************************************
函数名称:主函数 main
函数功能:利用 switch 语句控制 P1 端口 8 位 LED 灯的不同状态
********************************************************************/
void main()
{
    unsigned char keynum = 0;                 //存储按键次数的变量,初值为 0
    while(1)                                   //无限循环
    {
        if(key == 0)
        {
            delay(10000);
        }
        if(key == 0)
        {   keynum ++;                         //如果按键按下,按键次数变量加 1
        }
        if(keynum == 9)                        //判断按键次数是否等于 9 次
        {
            keynum = 1;                        //按键次数超过 8 次,则重新给按键次数赋值为 1
        }
        switch(keynum)                         //根据按键次数控制 P1 端口不同位置的灯亮
        {
            利用 switch 语句实现 P1 端口 8 位 LED 灯的状态控制

            case 1: P1 = 0xfe; break;          //按键次数为 1,则点亮 P1.0 连接的 LED 灯
            case 2: P1 = 0xfd; break;          //按键次数为 2,则点亮 P1.1 连接的 LED 灯
            case 3: P1 = 0xfb; break;          //按键次数为 3,则点亮 P1.2 连接的 LED 灯
            case 4: P1 = 0xf7; break;          //按键次数为 4,则点亮 P1.3 连接的 LED 灯
            case 5: P1 = 0xef; break;          //按键次数为 5,则点亮 P1.4 连接的 LED 灯
            case 6: P1 = 0xdf; break;          //按键次数为 6,则点亮 P1.5 连接的 LED 灯
            case 7: P1 = 0xbf; break;          //按键次数为 7,则点亮 P1.6 连接的 LED 灯
            case 8: P1 = 0x7f; break;          //按键次数为 8,则点亮 P1.7 连接的 LED 灯
            default:P1 = 0xff;                 //按键次数不等于 case 后的值,则熄灭所有的 LED
        }
    }
}
```

switch 语句应用的关键是根据控制要求设计 case 表达式。

扩展训练:

在实训 3.4 原理图的基础上, 改变控制效果: 检测到按键第一次按下, 让 8 位 LED 灯自左向右流水移动一次; 检测到按键第二次按下, 让 8 位 LED 灯自右向左流水移动; 检测到按键第三次按下, 让 8 位 LED 灯同时闪烁 5 次; 检测到按键第四次按下, 让 8 位 LED 灯自中间两位向两边移动; 按键按下第五~八次的效果, 读者可自行设置。

参考源程序如下。

```c
#include  <reg51.h>
sbit key = P3^0;                   //位定义,定义 P3.0 为按键控制
void delay(unsigned char ms)       //延时函数声明
void main()
{
  unsigned char i,w;
  unsigned char keynum = 0;        //存储按键次数的变量,初值为 0
  while(1)                         //无限循环
    {
      if(key == 0)
      { delay();
      }
        if(key = = 0)
      { keynum ++ ;                //如果按键按下,按键次数变量加 1
      }
      if(keynum == 9)              //判断按键次数是否等于 9 次
      {
        keynum = 1;                //按键次数超过 8 次,则重新给按键次数赋值为 1
      }
switch(keynum)                     //根据按键次数控制 LED 灯产生不同的效果
    {
    case 1:
    w = 0x01;
      for(i = 0;i < 8;i ++ )
        {
          P1 = ~ w;
          delay(200)
          w < <= 1;
        }
    break;
    ......
      (其他控制状态略)
      (延时函数略)
```

3.4.3 循环语句

循环语句用于需要反复执行多次的操作。利用循环语句控制需要重复多次完成的操作, 使程序结构清晰明了, 而且编译的效率大大提高。在 C 语言中构成循环控制的语句有 while 语句、

do while 语句和 for 语句等。

1. while 语句

while 语句的一般格式如下：

while(表达式)
{
语句组；   //循环体
}

while 语句执行时首先判断表达式，当表达式为"真"（非 0）时，则执行循环体中的语句组；否则，跳过循环体，执行下一条语句。所以，while 语句常常被称为"当型"循环。while 语句执行的流程图如图 3-30 所示。

前面的任务和实训项目中均用到了 while 语句，这些应用中表达式均为"真"，即由 while（1）语句构成的循环是无限次循环。

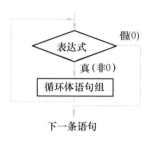

图 3-30　while 语句执行流程图

想一想

分析下列程序实现了什么功能？

```
main( )
{
  int i,sum = 0;
  while(i < = 10)          //当i>10时,表达式为"假",退出循环体操作
  {
    sum = sum + i;        //实现1~10十个数的累加和
    i ++ ;               //每循环一次变量i自增1
  }
}
```

2. do while 语句

do while 语句的一般格式如下：

do
{
语句组；   //循环体
}
while(表达式)

do while 语句首先执行一次循环体中的语句组，然后判断 while 语句表达式是否为"真"，若为"真"，则继续执行循环体中的语句组，直到表达式为"假"，跳出循环体，执行 do while 语句的下一条语句。do while 语句执行的流程图如图 3-31 所示。

它与前面的 while 语句的区别是首先执行一次循环体中的语句组，然后再判断表达式是否为"真"。

3. for 语句

for 语句可以使程序按照指定的次数重复执行循环体语句组。其格式如下：

```
for(循环变量赋初值;循环条件;修改循环变量)
{
    语句组;
}
```

for 语句执行过程如下：首先，循环变量赋初值；然后，判断循环条件，如果其值为"真"，则执行循环体语句组；修改循环变量，再与循环条件进行比较，若为"真"，继续执行循环体语句组。否则，执行 for 循环语句的下一条语句。for 语句执行的流程图如图 3-32所示。

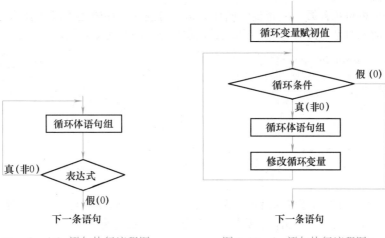

图 3-31 do while 语句执行流程图   图 3-32 for 语句执行流程图

for 语句常用在循环次数确定的情况下。循环变量赋初值只执行一次；循环体语句组要执行若干次，具体执行次数由循环条件决定。当 for 语句中的循环体语句组只有一条语句时，"｛｝"可以省略。

前面多次应用到的 delay（）函数就是由 for 语句构成的，例如，

```
void delay (unsigned int ms)
{
    unsigned int i;
    for (i = 0;i < ms;i ++);              //循环体为空语句
}
```

延时函数在调用时，若实际参数取值200，则 for 语句及其后面的空语句";"循环体执行 200 次。每条语句的执行都需要一定的时间（μs 级），延时函数的延时时间是通过 for 语句多次重复执行实现的。若希望延时时间更长，在定义的数据类型表示范围内，实际参数取值大些即可。

读一读

省略表达式的 for 语句

```
for( ; ;)
{
    语句组;
}
```

其中，for 语句中只有两个分号，三个表达式全部为空语句。没有设置循环变量，不判断循环条件，不修改循环变量，无休止地执行循环体。它的功能相当于 while（1）语句。

```
while(1)
  {
    语句组；
  }
```

只有一条循环语句构成的循环称为单重循环。上面的延时函数是由 for 语句构成的单重循环。

4. 循环的嵌套

一个循环体内可包含另一个完整的循环结构，内嵌的循环中还可以嵌套循环，这就是多层循环。以下延时函数是由两条 for 语句构成的两层循环，也称为双重循环。

```
void delay (unsigned int ms)
{
    unsigned int j;
    unsigned char i;
    for (j = 0;j < ms;j ++ )        // 外循环控制语句
    {
        for (i = 0;i < 125;i ++ );      //内循环控制语句
    }
}
```

前一条 for 语句为外循环控制语句，后一条 for 语句为内循环控制语句。外循环每执行一次，内循环都要执行 125 次。若外循环参数 ms 取值为 1000，则内循环执行 1000 × 125 次，双重循环可以使延时时间更长。

实际应用中，while、do while 和 for 语句可以处理相同的问题，它们功能可以互相替代，三种循环语句可以互相嵌套。实训 3.1 中，使用是在 while 语句构成循环中包含了 for 语句构成的循环，构成了双重循环。

凡用 while 循环能完成的操作，用 for 循环都能实现，for 语句的功能更强。用 while 和 do while 循环时，循环变量初始化的操作应在 while 和 do while 语句之前完成。

while 循环、do while 循环和 for 循环，都可以用 break 语句跳出循环，用 continue 语句结束本次循环。

5. break 语句和 continue 语句

（1）break 语句　循环体中使用 break 语句可以使程序从循环体内跳出，执行循环体的下一条语句。

一般格式如下：

```
break;
```

break 语句不能用于循环语句和 switch 语句之外的任何其他语句中。例如，下列程序段的执行。

```
main( )
{
    unsigned char i, j = 50;
    for(i = 0;i < 100;i ++ )
    {
        if(i > j) break;
    }
    j = i;
}
```

当程序循环到 i = 51 时，执行 break 语句，跳出 for 循环，执行 j = i 操作。

（2）continue 语句　continue 语句的作用为结束本次循环，即跳过循环体中尚未执行的语句，进行下一次是否执行循环的判定。一般格式如下：

continue;

例如，下列程序段的执行。

```
main( )
{
    unsigned char i, j = 50;
    for(i = 0;i < 100;i ++ )
      {
          if(i > j) continue;
          j = i;
      }
}
```

当程序循环到 i = 51 时，执行 continue 语句，结束本次循环，即不执行下面的 j = i 语句，而是执行 i++，即 i = 52，故 i < 100，循环的条件成立，循环继续执行，直到 i < 100 的条件不成立时，for 循环才终止。

小提示：

continue 语句和 break 语句的区别：continue 语句只结束本次循环，而不是终止整个循环的执行。break 语句则是结束整个循环过程，不再判断执行循环的条件是否成立。

【实训3.5】　P1 端口连接 8 位 LED 灯，要求其控制状态：8 位 LED 灯先流水运行 5 次，然后转换为 8 位灯闪烁 10 次，两种状态依次循环运行。原理图参照任务 3.1 的图 3-1。

分析： 实训要求将 8 位 LED 灯流水控制和闪烁控制包含在一个控制程序中，并实现指定控制次数。循环控制可以使用 while、do while 和 for 语句，但限定循环次数的控制利用 for 语句更为方便。

1）流水循环的 5 次控制，利用 for 语句循环变量 Loop1 控制。

2）8 位流水灯移动控制，利用 for 语句循环变量 shift 控制。

3）8 位 LED 灯闪烁 10 次控制，利用 for 语句循环变量 Loop2 控制。

4）两种状态的循环进行是无限次的，通过 while（1）控制。

源程序如下。

```
/ *********************************************************************
程序名称:program3-8. c
程序功能:单向流水灯控制 5 次 + 闪烁控制 10 次
程序结构:采用 for 语句实现的循环结构
 *********************************************************************/
#include  < reg51. h >              //包含头文件 reg51. h
#define uchar unsigned char
```

```
#define uint unsigned int
void delay(uint ms);                    //延时函数声明
void main(void)
{
    uchar init, Loop1, shift, Loop2;
    while(1)
    {
                                        //设控制字的初始值为0000 0001B         流水灯循环5次控制
        for(Loop1 = 0; Loop1 < 5; Loop1 ++)
        {
        init = 0x01;
            for(shift = 0; shift < 8; shift ++)
            {
                                                                            8位LED灯流水控制
                P1 = ~ init;            //控制字取反为1111 1110B,P1端口输出
                delay(500);             //调用延时函数
                init <<= 1;             //控制字左移一位
            }
        }
                                                                            8位LED灯闪烁10次控制
        for(Loop2 = 0; Loop2 < 10; Loop2 ++)
        {
            P1 = 0x00;                  //8位LED灯点亮
            delay(500);                 //调用延时函数
            P1 = 0xff;                  //8位LED灯熄灭
            delay(500);                 //调用延时函数
        }
    }
}
void delay(uint ms)                     //延时函数,参见program3-1.c
(略)
```

【任务3.4】霓虹灯控制

1. 任务要求

用51单片机控制发光二极管实现多样化动作:一位亮点左移流水;一位亮点右移流水;中间两位亮点向边移动;两边亮点向中间移动;8位灯闪烁一次等。如此循环,多种控制状态的变化实现霓虹灯效果。

2. 任务目的

(1)掌握C51语言数组的应用。

(2)熟练使用Keil μVision,完成程序的编写、调试和运行。

(3)熟练使用Proteus完成仿真调试。

3. 任务分析

本任务所需的硬件资源与任务3.1相同,原理图可参照图3-1此处不再赘述。

程序设计的思路:创建一个ROM数据组,将要实现的流水花样的数据存放在数组中,从数组中将数据依次取出,由P1端口输出,8位LED灯按照控制字的输出实现相应控制效果。调用延时函数控制流水闪烁的速度。

4. 源程序设计

```
/ *******************************************************************
程序名称:program3-9. c
程序功能:霓虹灯控制
程序结构:采用数组和循环结构实现的霓虹灯控制
 ******************************************************************* /
#include " reg51. h"          //包含头文件 reg51. h
#define uint unsigned int
#define uchar unsigned char
```

利用数组定义的控制字

```
uchar code tab[ ] = {0xfe,0xfd,0xfb,0xf7,0xef,0xdf,0xbf,0x7f,0x7f,0xbf,0xdf,0xef,0xf7,0xfb,
0xfd,0xfe,0xe7,0xdb,0xbd,0x7e,0x7e,0xbd,0xdb,0xef,0xf0,0x0f,0x0f,0xf0,0x00,0xff ,0x01};
                              //8 位 LED 灯各状态控制字数组
uchar i = 0;
void delay( uint ms) ;
void main( )
{
   while( 1)
      {
        if( tab[ i]！ = 0x01)
          {
```

数组应用

```
             P1 = tab[ i] ;      //数组元素引用
             i ++ ;
           delay( 1000) ;
          }
        else
          {
           i = 0;               //数组元素为 0x01,重新开始下一轮显示
          }
       }
}

/ *******************************************************************
函数名称:delay
函数功能:延时函数
形式参数:uint ms
参    数:1 ~ 65535( 不可为 0)
返 回 值:无
 ******************************************************************* /
void delay( uint ms)          //延时函数
{
   uchar k;
   uint j;
   for( j = 0;j < ms;j ++ )
     {
        for( k = 0;k < 125;k ++ );
     }
}
```

项目 3

3.5 数组

学习指南	基本概念	1. 数组	2. 数组的引用
	分类及定义	1. 一维数组 3. 字符型数组	2. 二维数组
	数组赋值	1. 初始化赋值	2. 数组元素赋值
	数组应用	数组元素的引用	
	学习方法	理实一体 结合控制程序掌握数组应用的特点	

在实际应用中，往往会遇到一组数据类型相同的同一性质的数据，在使用过程中，需要保留其原始数据。比如，某班级某门课程的成绩、一个数据矩阵、一行文字等。C 语言为这些数据提供了一种构造数据类型：数组。

数组就是一组具有相同数据类型的数据的有序集合。数组中每一个元素用统一的数组名和下标唯一地确定。

数组按照数据的维数分为一维、二维和多维数组，常用的是一维数组和二维数组；按照数据类型可以分为整型数组、字符型数组及指针型数组等。在 C51 语言的应用中常用的是整型数组和字符型数组。

3.5.1 一维数组

1. 一维数组的定义

一维数组的定义格式如下：

> 类型说明符 数组名[常量表达式]；

方括号中的常量表达式称为数组元素的个数。例如：

> unsigned int array[5]；

它定义了一个无符号整型数组，数组名为 array，此数组有 5 个元素。数组元素用下标形式表示，下标从 0 开始。数组 array [5] 包含有 array [0] ~ array [4] 共 5 个元素，每 1 个元素的数据类型均为无符号整型。

读 一 读

1. 数组名与变量名一样，必须遵循标识符命名规则，数组名不能与其他变量名相同。

2. 数据类型是指数组元素的数据类型，同一数组其各元素的数据类型都是相同的。

3. 常量表达式必须用方括号括起来，它代表数组元素的个数（又称数组长度），是一个整型值。其可以包含常数和符号常量，但不能是变量。C 语言不允许对数组做动态定义，即数组的大小不依赖于程序运行过程中变量的值。

2. 一维数组元素的引用

一维数组元素引用的方式为:

数组名[下标表达式]

下标表达式可以是整型常量或整型表达式。例如:

```
array[0] = 10;
array[2 + 1] = 7;
```

读 一 读

1. 定义数组时用到的"数组名 [常量表达式]"和引用数组元素时用到的数组名 [下标表达式] 是有区别的。例如,

```
int num[10];
dispay = num[5];
```

2. 数组元素在引用时其下标不能超界。例如,"int num [10];"定义了数组 num [10],该数组包含10个元素,分别是num [0] ~ num [9],若引用数组元素 num [10] (即引用数组第11个元素,下标超界) 是非法引用,即是错误的。

3. 一维数组的初始化

一维数组初始化的一般格式为:

数据类型 数组名[常量表达式] = {初值表}

初始化有以下几种形式。

1) 定义数组时赋初值。例如:

```
int score[10] = {1,2,3,4,5,6,7,8,9,10};
```

将数组元素的初值依次写在一对花括号中,经过定义和初始化之后,数组 score[0] = 1、score[1] = 2、score[2] = 3、score[3] = 4、score[4] = 5、score[5] = 6、score[6] = 7、score [7] = 8、score[8] = 9、score[9] = 10。

2) 给部分元素赋初值。例如:

```
int score [10] = {1,2,3,4,5};
```

定义 score 数组有 10 个元素,但括号中只提供了 5 个初值,表示只给前 5 个元素赋初值,后5 个元素的初值为 0。

3) 数组中所有元素均为 0,可以写成:

```
int score[10] = {0,0,0,0,0,0,0,0,0,0};
```

或者

```
int score[10] = {0};
```

4) 给全部数组元素赋初值时,可以不指定数组长度。例如:

```
int score[] = {1,2,3,4,5};
```

该数组方括号中没有指定数组长度或元素个数，但给全部数组元素赋了初值，说明数组 score 只有 5 个元素。若方括号中指定了数组长度，则数组的含义不同。

```
int score[10] = {1,2,3,4,5};
```

该数组有 10 个元素，初始化前 5 个元素的值分别是 1、2、3、4、5，后 5 个元素分别为 0。

4. 数组的应用

任务 3.4 中霓虹灯的控制是通过数组的应用来实现的，该任务中数组把所有的控制字按一定次序排列起来，通过对数组元素的循环引用实现指定的霓虹灯控制效果。

【实训 3.6】 如图 3-1 所示，P1 端口连接 8 位 LED 信号灯，用数组方式实现对 P1 端口流水灯的控制。

分析：8 位流水灯的控制，是 8 位信号灯分别以不同控制状态实现，参见任务 3.1，8 位 LED 灯的每一个控制状态是确定的，即控制字是已知的，因此可以利用数组的方式完成其控制。

源程序代码如下。

```
/****************************************************************
程序名称:program3-10.c
程序功能:单向流水灯控制
程序结构:采用数组和循环结构实现流水效果
****************************************************************/
#include <reg51.h>                                          //包含头文件 reg51.h
void delay(unsigned int ms);                                //函数声明
void main()                                                 //主函数
{
    unsigned char i;
                                                  用数组定义流水灯控制字
    unsigned char display[] = {0xfe,0xfd,0xfb,0xf7,0xef,0xdf,0xbf,0x7f};  //数组的定义
    while(1)
    {
        for(i=0;i<8;i++)
        {
                                                           数组的应用
            P1 = display[i];                                // 显示字送 P1 口
            delay(200);                                     //延时函数调用
        }
    }
}
void delay(unsigned int ms)                                 //延时函数,具体参见
{略}
```

本实训中，如果把数组元素的次序改变一下，流水灯控制的方向就会改变；如果改变控制字，控制效果就可以改变。

可见，当数据是确定的情况下，利用数组使得控制易于实现。

3.5.2 二维数组

1. 二维数组的定义

二维数组的定义格式如下：

类型说明符 数组名[常量表达式1][常量表达式2]

二维数组中常量表达式1代表行，常量表达式2代表列。例如，定义array1为3×4（即3行4列）的数组、array2为5×8（即5行8列）的数组，如下所示：

```
unsigned char array1[3] [4];        //定义了一个无符号字符型二维数组,共有 3×4 = 12 个元素。
unsigned char array2[5] [8];        //定义了一个无符号字符型二维数组,共有 5×8 = 40 个元素。
```

💡 小提示：

二维数组在书写时，行、列表达式要分别用不同的中括号括起来，不能把行和列放在一个中括号中。例如，下面的二维数组是错误的。

```
unsigned char    array1[3,4];        //错误的二维数组定义
```

C语言中，二维数组元素排列的顺序是按行存放的，即在内存中先顺序存放第一行的元素，再存放第二行的元素。数组array [3] [4] 存放的顺序如图3-33所示。

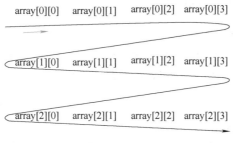

图3-33 二维数组的存放顺序示意图

2. 二维数组元素的引用

二维数组元素的表示形式为：

数组名[下标表达式1][下标表达式2]

下标表达式可以是整型常量或整型表达式。例如，array1 [2][3]，array1 [2-1][2]、array2 [2×3-1][] 等。但是，在使用数组元素时，应该注意下标值必须在已定义数组的范围内。

3. 二维数组的初始化

二维数组的初始化可以采用以下四种方法。

1）按存储顺序整体赋初值。例如，为二维数组array1 [3][4] 赋初值，可将所有数据写在一个花括弧内，按数组排列的顺序对各元素赋初值。

```
unsigned int array1[3] [4] = {0,1,2,3,4,5,6,7,8,10,11,12};
```

2）分行赋初值。例如，分行给二维数组array1 [3][4] 赋初值。

```
unsigned int array1[3] [4] = { {0,1,2,3},{4,5,6,7} {8,9,10,11}};
```

3）部分元素赋初值。和一维数组赋初值一样，二维数组也可以部分元素赋初值，其他没有赋初值的元素均为0，例如，

```
unsigned int array1[3] [4] = {{1},{5},{9}};
```

二维数组array1中各元素的值分别为：

1 0 0 0
5 0 0 0
9 0 0 0

4）全部元素赋初值。如果对全部元素都赋初值，则定义数组时第一维的长度可以不指定，但第二维的长度不能省。

例如，对于数组 array1 的赋值：

unsigned int array1[3][4]＝{0,1,2,3,4,5,6,7,8,9,10,11};

可以等价于以下形式：

unsigned int array1[ ][4]＝{0,1,2,3,4,5,6,7,8,9,10,11};

3.5.3 字符型数组

字符型数组是用于存放字符的数组，每一个数组元素是一个字符。与整型数组一样，字符型数组也可以在定义时进行初始化赋值。例如：

char c[5]＝{'h','e','l','l','o'};

该语句逐个把字符赋给数组中各元素，数组共有 5 个元素，每个元素均为字符型常量。

当对全体数组元素赋初值时，也可以省略数组长度说明，例如：

char c[ ]＝{'h','e','l','l','o'};

这时数组长度将自动定义为5。

如果初值个数小于数组长度，则只将这些字符赋给数组中前面那些元素，其余的元素自动定义为空字符。例如：

char c[10]＝{'c',' ','p','r','o','g','r','a','m'};

该数组的存储如图 3-34 所示。

c[0]	c[1]	c[2]	c[3]	c[4]	c[5]	c[6]	c[7]	c[8]	c[9]
c	⌴	p	r	o	g	r	a	m	\0

图 3-34　二维数组的初值小于数组长度时的存储

若要在数组中存放一个字符串，可采用如下两种方法。

```
char str[ ]＝{'h','e','l','l','o',' \0'};        //"\0"为字符串的结束符
char str[ ]＝"hello ' ';                         //以字符串形式赋值
```

3.6 函数

学习指南	基本概念	函数		
	函数分类	1. 库函数	2. 自定义函数	3. 无参数函数　　　　4. 有参数函数
	函数应用	1. 函数的调用	2. 函数的返回值	
	学习方法	理实一体 分析已完成的程序设计，掌握函数的应用		

一个C语言源程序可以由一个主函数 main（）和若干个其他函数构成。主函数可以调用其他函数，其他函数也可以相互调用，同一个函数可以被一个或多个函数调用任意次。但是，main（）函数是系统调用的，不能被其他函数调用。

3.6.1 函数的分类与定义

1. 函数的分类

（1）从用户使用的角度分类 从用户使用的角度分，函数有两种：标准函数和用户自定义函数。

1）标准函数（库函数）。标准函数是由系统提供的，用户不必自己定义这些函数，可以直接使用。不同的C语言系统提供的库函数的数量和功能会有所不同，但基本的函数是相同的。标准函数参见附录B。

【实训3.7】 如图3-1所示，P1端口连接8位LED信号灯，利用标准库函数实现流水灯的控制。

分析：在标准库函数中提供了循环移位和延时等操作函数，这些函数的原型声明包含在头文件 intrins. h 中。利用将字符型数据按照二进制循环左移的库函数实现 P1 端口连接的 8 位 LED 信号灯的流水控制。

a) 循环左移前　　　　　　b) 循环左移后

图3-35　循环左移操作示意图

库函数_crol_（a，n）的功能：变量a循环左移n位操作。n=1时即向左移动一位，最高位数据移至最低位，如图3-35所示。使用循环移位函数可以更简洁地完成LED灯流水操作。

利用标准库函数实现流水灯控制的源程序如下。

```
/*********************************************************************
程序名称:program3-11. c
程序功能:单向流水灯控制
程序结构:采用标准库函数循环移位实现的流水控制
*********************************************************************/
#include  < reg51. h >              //包含头文件 reg51. h
#include  < intrins. h >           //包含循环移位和延时操作函数的头文件
#define uint unsigned int
void delay( uint ms );             //延时函数声明
void main( )                       //主函数
{
  P1 = 0xfe;                       //P1 口输出状态为 1111 1110
  while( 1 )
  {
  delay( 500 );                    //调用延时函数
  P1 = _crol_ ( P1,1 );            //调用循环移位函数    P1 循环左移 1 位
  }
}
/*********************************************************************
函数名称: delay
形式参数:uint ms
参    数:1 ~65535(参数不可为 0)
返回值:无
```

```
****************************************************************************/
void delay( uint ms )                    //延时函数
{
  uint i;
  for( i = 0 ; i < ms ; i ++ )
  {
    _nop_( );                            //空操作函数
    _nop_( );
    _nop_( );
  }
}
```

空操作延时函数的应用

想 一 想

流水灯的控制

前面讲述了多种方式进行流水灯控制的程序编写。各种控制方法的实现具有不同的特点，请大家仔细分析对比一下它们的优缺点。

通过这一实例的不同实现方法，说明单片机控制的特点如下：

1. 单片机控制是数字控制。

2. 控制对象不变（硬件结构不变）的情况下，可以有多种控制方案，应选择最优的控制方案。

2）自定义函数。自定义函数是用以解决用户的特殊需要而编写的。前文使用过多次的延时函数 delay（ ）就是自定义函数。

（2）从函数的形式上分类　从函数的形式上分，函数可以分为无参数函数和有参数函数。前者在被调用时没有参数的传递，后者在被调用时有参数的传递。

2. 函数的定义

C 语言规定，程序中所有函数，必须遵循"先定义，后使用"的原则。C 语言编译系统提供的库函数是由编译系统事先定义好的，程序设计者不必自己定义，只需利用#include 命令把有关的头文件包含到本文件中即可。例如，在程序中若用到数学函数，如 sqrt（ ），fabs（ ），sin（ ），cos（ ）等，就必须在本文件的开始部分写上如下命令：

```
#include  < math. h >
```

函数的定义包括以下几个内容：

① 命名函数的名字，以便按名调用。

② 指定函数返回值的类型。

③ 指定函数参数的名称和类型，以便在调用函数时传递数据。无参数函数不需要此项。

④ 指定函数应当执行什么操作，也就是函数是做什么的，即函数的功能。这是函数中最重要的。

（1）无参数函数定义　无参数函数定义格式如下：

```
类型说明符 函数名( )
{
  声明部分
  语句部分
}
```

类型说明符定义了函数返回值的类型。如果函数没有返回值，应当用"void"定义函数为"无类型"（或称"空类型"）。如果没有类型说明符，则函数返回值默认为整型值。

例如，无返回值、无参数传递的延时函数。

```
viod delay ( )
{
  unsigned char n;
  for ( n = 0;n < 125;n + + );
}
```

（2）有参数函数定义　有参数函数定义格式如下：

```
类型说明符 函数名(形式参数表)
{
声明部分;
语句部分;
}
```

形式参数：函数名后面括弧中的变量名称为形式参数（简称形参）；形式参数超过一个时，参数之间用","隔开；在被定义的函数中，必须指定形式参数的数据类型。

例如，前面多次使用过的带形式参数的延时函数：

```
void delay( unsigned int ms)
{
  unsigned int i;
  for( i = 0;i < ms;i + + );
}
```

其中，形式参数 ms 被定义为 unsigned int 型。main ( ) 主函数调用延时函数时，形式参数必须换成实际参数以确定延时函数具体的延时时间。

3.6.2　函数调用

函数调用就是在一个函数主体中调用另外一个已经定义的函数，前者为主调函数，后者为被调函数。

函数调用的格式如下：

函数名();　　或　　函数名(实际参数表);

如果调用无参数函数，直接在调用处写明函数名即可。

实际参数：主调函数中调用带有形参的函数时，函数名后面括号中的参数（可以是一个表达式）称为实际参数（简称实参）；如果有多个实参，要用","间隔开；实际参数与形式参数顺序对应，个数相同，类型应匹配。例如：

```
delay(200);    //延时函数的调用
```

实际参数 200 在形式参数 unsigned int 的值域范围内。

调用函数时，被调函数必须是已经存在的函数（是库函数或用户自定义的函数）。函数调用要注意以下几种情况。

1）如果被调函数的函数定义在主调函数之后，则需要在主调函数前面对被调函数进行声明。函数声明是一条说明语句，必须在结尾加分号。函数声明的一般格式如下：

$$类型标识符\ 函数名\ (形式参数表);　　　　　　//函数声明$$

函数声明是向编译系统说明函数的相关信息，包括函数名、函数返回值类型、形式参数类型、形式参数个数及排列顺序，以便编译系统对函数进行检查。

例如，前面源程序中的函数声明：

$$void\ delay\ (uint\ ms);　　　　　　//延时函数声明$$

2）如果程序要使用 C51 标准函数库，则在程序的开始处要用#include 预处理命令声明被调函数所在函数库。例如，源程序中要调用左移函数_crol_（）时，须添加如下预处理命令：

$$\#include < intrins. h >　　　　　　//声明标准函数库$$

3）如果被调用的函数不是标准库函数，在本文件中也没有定义，而是在其他文件中定义的，调用时需要使用关键字"extern"进行函数原型说明。如任务 3.4 的延时函数的定义若在另外一个文件中，则函数声明时需要进行如下说明：

$$extern\ void\ delay\ (uint\ ms);　　　　　　//\ 函数声明$$

小提示：函数的"定义"和"声明"

1. 函数的定义是指对函数功能的确立，包括指定函数名、函数值类型、形参及其类型、函数体等，它是一个完整的、独立的函数单位。

2. 函数的声明的作用则是把函数的名字，函数类型以及形参的类型、个数和顺序通知编译系统，以便在调用该函数时系统按此进行对照检查。它不包含函数体。

3. 如果被调函数的定义出现在主调函数之前，可以不必加声明。

3.6.3　函数的返回值

函数的返回值是通过函数调用使主调函数得到的确定值。函数的返回值只能在函数体中，通过 return 语句返回给主调函数。

return 语句的一般形式为：

$$return\ 表达式;$$

或者为：

$$return\ (表达式);$$

对于不带返回值的函数，在函数体中不得出现 return 语句。

读一读

函数的返回值属于某一个确定的类型，在函数定义时指定函数返回值的类型。

该语句有以下用途：

1. 它能立即从所在的函数中退出，返回到调用它的函数中去。

2. 返回一个值给调用它的函数。

项目小结

本项目讲述了 51 系列单片机并行 I/O 端口的结构、功能和操作方法。通过 4 个并行 I/O 端口的应用介绍了 C51 语言的基础知识、基本程序结构、相应的编程语句及模块化程序设计方法，主要内容包括：

1. 4 个并行 I/O 端口 P0、P1、P2 和 P3 的应用。
2. C51 的数据类型及其应用；各种运算符及其应用；变量、常量的定义及其应用；C 语言的基本语句、基本程序结构及其应用。
3. 数组的分类、定义及其应用。
4. 函数的分类、定义、函数的声明、调用等。

练习与提高 3

1. 填空题

（1）51 系列单片机的 4 个并行 I/O 端口中，只具有基本 I/O 功能的端口是_____；具有第二功能的端口分别是_____、_____和_____。

（2）用 C51 语言编程访问 51 单片机的并行 I/O 端口时，可以按 _____寻址操作，还可以按_____操作。

（3）C51 语言中定义一个可位寻址的变量使用的扩展数据类型是_____；用变量 LED30 访问 P3 端口的 P3.0 引脚的方法是_____。

（4）用 C51 语言扩充数据类型_____可访问 51 系列单片机内部的所有特殊功能寄存器。

（5）C 语言基本程序结构有三种，分别是_____、_____和_____。

（6）表达式语句由_____组成；空语句由_____构成。

（7）_____语句一般用作单一条件或分支数目较少的场合，如果编写超过 3 个以上分支的程序，可用多分支选择的_____语句。

（8）while 语句和 do while 语句的区别在于：_____语句是先执行、后判断，而_____语句是先判断、后执行。

（9）下面的 while 语句执行了_____次空语句。

i = 1;

while（i! =0）;

（10）下面的延时函数 delay（）执行了_____次空语句。

viod delay（）

｛

　int i;

　for（i =0；i <100；i ++）;

｝

2. 选择题

（1）51 系列单片机的 4 个并行 I/O 端口作为通用 I/O 端口使用，在输出数据时，必须外接上拉电阻的是（　　）。

　　A. P0 端口　　　　　　B. P1 端口　　　　　　C. P2 端口　　　　　　D. P3 端口

（2）51 系列单片机应用系统需要扩展外部存储器或其他接口芯片时，（　　）可作为低 8 位地址总线使用。

  A. P0 端口　　　　　　B. P1 端口　　　　　　C. P2 端口　　　　　　D. P0 端口和 P2 端口

（3）当 51 系列单片机应用系统需要扩展外部存储器或其他接口芯片时，（　　）可作为高 8 位地址总线使用。

  A. P0 端口　　　　　　B. P1 端口　　　　　　C. P2 端口　　　　　　D. P0 端口和 P2 端口

（4）下面叙述不正确的是（　　）。

  A. 一个 C 语言源程序可以由一个或多个函数组成

  B. 一个 C 语言源程序必须包含一个函数 main（）

  C. 在 C 语言程序中，注释说明只能位于一条语句的后面

  D. C 语言程序的基本组成单位是函数

（5）C 语言程序总是从（　　）开始执行的。

  A. 主函数　　　　　　B. 主程序　　　　　　C. 子程序　　　　　　D. 主过程

3. 综合练习题

（1）P1 端口连接 8 位 LED 灯，按表 3-15 所要求的状态实现循环控制。

表 3-15　LED 灯控制状态表

P1 端口引脚	P1.7	P1.6	P1.5	P1.4	P1.3	P1.2	P1.1	P1.0
状态 1	亮	灭	亮	灭	亮	灭	亮	灭
状态 2	灭	亮	灭	亮	灭	亮	灭	亮

（2）P1 端口连接 8 位 LED 灯，按表 3-16 所要求的状态实现循环控制。

表 3-16　LED 灯控制状态表

P1 端口引脚	P1.7	P1.6	P1.5	P1.4	P1.3	P1.2	P1.1	P1.0
状态 1	灭	灭	灭	亮	亮	灭	灭	灭
状态 2	灭	灭	亮	灭	灭	亮	灭	灭
状态 3	灭	亮	灭	灭	灭	灭	亮	灭
状态 4	亮	灭	灭	灭	灭	灭	灭	亮
状态 5	灭	亮	灭	灭	灭	灭	亮	灭
状态 6	灭	灭	亮	灭	灭	亮	灭	灭
状态 7	灭	灭	灭	亮	亮	灭	灭	灭

项目4
定时器/计数器与中断系统的应用

引 言

　　本项目以音乐盒的设计引入定时器/计数器的工作原理及应用；以交通信号灯紧急情况处理导入中断系统及其应用。以模拟交通信号灯控制系统完成本单元的综合训练，教学过程"做、教、学、做"相融合，达到理论与实践的统一。

教学导航 ➔

教	重点知识	1. 定时器/计数器的结构与原理	2. 定时器/计数器的4种工作模式及其设计应用
		3. 中断系统的结构及原理	4. 中断系统的设计应用
	难点知识	1. 定时器/计数器的编程应用	2. 中断系统的设计应用
	教学方法	任务驱动 + 仿真训练	
		以简单工作任务——音乐盒的设计为实例，分析定时器/计数器的作用；以模拟交通信号灯紧急情况控制为载体，讨论中断系统的应用；熟练应用单片机常用仿真软件及C语言函数。	
	参考学时	16	
学	学习方法	通过完成具体的工作任务，掌握重点知识及编程技巧；理解基本理论知识及应用特点；注重学习过程中分析问题、解决问题能力的培养与提高	
	理论知识	1. 定时器/计数器的基本功能及其应用	2. 中断系统的基本知识及其应用
	技能训练	1. 定时器/计数器的应用设计、调试及仿真	2. 中断系统的应用设计、调试及仿真
做	制作要求	分组完成模拟交通信号灯控制系统的制作	
	建议措施	3~5人组成制作团队，业余时间完成制作并提交老师验收和评价	

职业素养 ➔

　　培养具有时间观念、珍惜时间的良好习惯；青年时期，不断从知识的"海绵"中汲取养分，快速、茁壮成长为社会主义的建设者！

【任务4.1】音乐盒的设计

1. 任务要求
利用单片机定时器/计数器设计一个音乐盒。

2. 任务目的

(1) 通过音乐盒的设计，了解单片机定时器/计数器的结构、工作方式、工作模式的设定、计数器初始值的设置等基本技能。

(2) 掌握定时器/计数器的使用和编程方法。

(3) 掌握在 Keil μVision 环境中调试定时器/计数器程序的方法。

(4) 掌握在 Proteus 环境中，实现定时器/计数器仿真应用。

3. 任务分析

单片机演奏音乐基本都是单音频率，它不包含相应幅度的谐波频率，也就是说不能像电子琴那样奏出多种音色的声音。因此，单片机奏乐只需要清楚两个概念，音调和节拍。音调表示一个音符唱多高的频率，节拍表示一个音符唱多长的时间。音乐盒实物图如图4-1所示。

图4-1 音乐盒实物图

(1) 音调的确定 声音频率的高低为音调，本任务通过单片机 I/O 端口输出高低不同的频率脉冲信号（即音频信号）控制蜂鸣器发音产生音乐。若要产生音频脉冲，则需要计算出某一音频的周期（1/频率），将此周期除以2即为半周期。利用单片机内部定时器实现音频信号半周期的定时，每当计时到将输出脉冲的 I/O 端口取反，即可获得音频信号。

利用单片机内部的 T1，工作模式1，改变计数器 TH1 和 TL1 的初始值以产生不同的频率值。

计数脉冲值 N 与要产生的频率 f_i 之间的关系如下：

$$N = f_c/2/f_i$$

式中，f_c 为计数脉冲频率，为1MHz。

计数器初始值：$T = 65536 - N = 65536 - (f_c/2/f_i)$

例如，中音 DO（523Hz）的初始值为

$$T = 65536 - (f_c/2/f_i) = 65536 - (1000000/2/523) = 64580$$

(2) 音乐节拍的产生 在音乐中，节拍就是有强有弱的相同的时间段。一首乐曲是由若干种节拍组成的。节拍的时值以音符的时值表示，一拍的时值可以是四分音符（即四分音符为一拍）称为1/4拍，也可以是二分音符（以二分音符为一拍）称为1/2拍等。节拍的时值是一个相对的时间概念，比如当乐曲的规定速度为每分钟60拍时，每拍占用的时间是一秒，半拍是二分之一秒，依此类推。节拍的基本时值确定之后，各种时值的音符就与节拍联系在了一起。

每个音符使用1个字节表示，字节的高4位代表音符的高低（频率），低4位代表音符的节拍（时间）。

4. 控制蜂鸣器硬件电路

单片机与蜂鸣器连接的原理图如图4-2所示。

5. 源程序设计

(1) 音乐代码库的建立方法

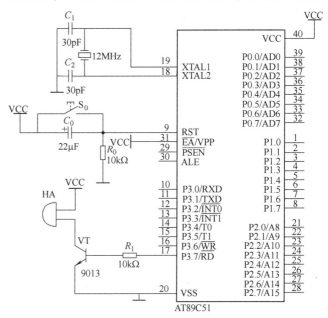

图4-2 单片机与蜂鸣器连接的原理图

音乐代码库的建立方法可以通过以下4步完成。

1）找出乐曲的最高音和最低音，确定音符表计数器初始值T的顺序。

2）把构成音符的计数器初始值T放在数组（music［］）中。

3）简谱码（音符）为高4位，节拍码（节拍数）为低4位，简谱码和节拍码组成的音符代码放在程序的音符数组（2tiger［］）中。

4）音符节拍码的结束符为0x00。

（2）歌曲的设计　下面通过单片机来实现一首简单儿童歌曲《两只老虎》的播放。《两只老虎》的简谱如下所示。

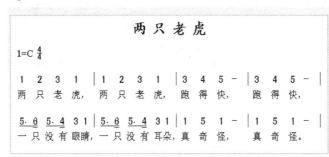

歌曲中最低音为1 DO，最高音为6 LA。《两只老虎》简谱码与T值关系见表4-1。

表4-1　简谱码与T值关系表

音　符	发　音	简 谱 码	T　值	HEX
1	DO	1	64580	FC44
2	RE	2	64684	FCAC
3	MI	3	64777	FD09
4	FA	4	64820	FD34
5	SO	5	64898	FD82
6	LA	6	64968	FDC8

节拍码与节拍数关系见表4-2。

表4-2　节拍码与节拍数

节 拍 码	节拍数/拍
1	1/4
2	2/4
3	3/4
4	1
5	$1\frac{1}{4}$
6	$1\frac{1}{2}$
8	2

由简谱码和节拍码组成的音符代码如下，音符代码中的高4位为简谱码，低4位为节拍码。

0x14、0x24、0x34、0x14、0x14、0x24、0x34、0x14、0x34、0x44、0x58、0x34、0x44、0x58、0x53、0x61、0x53、0x41、0x34、0x14、0x53、0x61、0x53、0x41、0x34、0x14、0x14、0x54、0x18、0x14、0x54、0x18、0x00。

　　4/4 曲调延时时间为 125ms。若系统时钟信号频率为 12MHz，利用 T0 的工作模式 1 编写 125ms 的延时程序。通过 T0 的模式 1 定时 25ms，循环 5 次实现 125ms。

　　源程序如下。

```
/****************************************************************
程序名称:program4-1.c
程序功能:单片机控制的音乐盒
****************************************************************/
#include "reg51.h"                    //包含头文件 reg51.h
#define   uchar unsigned char
#define   uint unsigned int
sbit    BEEP = P3^7;                  //蜂鸣器控制接口
uchar note;                           //音符下标
uchar code music[] = {0xFC,0x44,0xFC,0xAC, 0xFD,0x09, 0xFD,0x34, 0xFD,0x82, 0xFD,0xC8};
                                      //T 值
uchar code tiger[] =                  //两只老虎音符数组
{
  0x14,0x24,0x34,0x14,0x14,0x24,0x34,0x14,0x34,0x44,0x58,0x34,0x44,
  0x58,0x53,0x61,0x53,0x41,0x34,0x14,0x53,0x61,0x53,0x41,0x34,
  0x14,0x14,0x54,0x18,0x14,0x54,0x18,0x00
};
/****************************************************************
函数名称:delay_125ms
函数功能:实现125ms延时函数
形式参数:无
返回值:无
****************************************************************/
void delay_125ms()
{
  uchar counter = 0;                  //计数器初始化
  TR0 = 1;                            //启动 T0
  for(;counter! =5;)                  //判断计数器值是否等于5
{
  if(TF0 == 1)                        //T0 溢出判断
    {
    TF0 = 0;                          //T0 溢出位清零
    TH0 = 0xa6;                       //恢复计数器初值(初值可由 stc-isp 软件求得)
    TL0 = 0x00;
    counter ++;                       //循环次数标志位加1
    }
  }
  counter = 0;                        //计数 5 次,计数器清零
}
/****************************************************************
函数名称:palay_music
函数功能:单片机控制蜂鸣器播放音乐
****************************************************************/
void paly_music()                     //音乐播放函数
{
  uchar i,j,k;
```

```
    j = 0;
    while(tiger[j]! = 0x00)              //一直播放到停止符 0x00 为止
    {
        k = tiger[j]&0x0F;              //从音符数组中得到节拍
        note = tiger[j]>>4;            //从音符数组中得到音符
        TH1 = music[2 * note];         //T1 赋初值
        TL1 = music[2 * note + 1];
        TR1 = 1;                        // 启动 T1
        if((music[2 * note] ==0x00)&&(music[2 * note + 1] ==0x00))//判断是否为停止符
        {
            TR1 = 0;                    //当播放到停止符时关闭 T1
            BEEP = 1;                   //关闭蜂鸣器
        }
        for(i = k;i >0;--i)            //延时,产生相应的节拍
        {
            delay_125ms();
        }
        TR1 = 0;
        j ++;                           //取数组中的下一个数据
    }
}
/ *************************************************************************
函数名称:init
函数功能:定时器 T0、T1 初始化
*************************************************************************/
void   init()
{
    TMOD = 0x01;                       //T0 工作于定时工作方式
    TH0 = 0xa6;                         //为 T0 计数器赋初值(25ms)
    TL0 = 0x00;
    ET1 = 1;                           //允许 T1 中断
    EA = 1;                            //中断允许
}
```

定时器与中断的应用

```
/ *************************************************************************
函数名称:main
函数功能:单片机控制蜂鸣器播放音乐
*************************************************************************/
void main()                           //主函数
{
    init();
    while(1)
    {
        paly_music();                  //播放音乐
    }
}
/ *************************************************************************
函数名称:timer1
函数功能:T1 产生音符脉冲
*************************************************************************/
void timer1() interrupt 3
```

```
{
    TH1 = music[2 * note];          //恢复计数器初始值
    TL1 = music[2 * note + 1];
    BEEP = ~ BEEP;
}
```

6. Keil μVision 仿真实现

在 Keil μVision 仿真环境中，打开菜单"Peripherals"选择仿真端口 P3 和 Timer0、Timer1；运行源程序如图 4-3 所示。

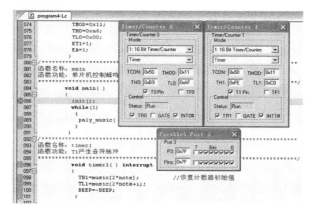

图 4-3 音乐盒 Keil μVision 仿真图

观察 Parallel Port 3 窗口，P3.7 位值的变化，使得 P3 端口的值在 0xFF 与 0x7F 之间跳转，代表着 P3.7 输出音频信号，如果 P3.7 端连接蜂鸣器即可播放出音乐。

观察 Timer/Counter 0、Timer/Counter 1 窗口，计数器 TH0、TL0 和 TH1、TL1 中的数据随着程序的运行而变化，Status 框中为 Run 状态，说明 T0、T1 运行正常。

7. Proteus 仿真

Proteus 仿真结果如图 4-4 所示。在 Proteus 仿真环境下运行控制程序，可以听到音乐声。

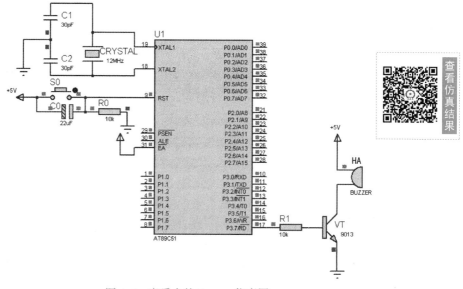

图 4-4 音乐盒的 Proteus 仿真图

4.1 定时器/计数器

学习指南	基本概念	1. 定时	2. 计数
	基本结构	1. 定时器/计数器基本结构 3. 定时器/计数器控制寄存器 TMOD、TCON	2. 定时器/计数器工作原理
	工作模式	1. 工作模式 0：13 位计数器 3. 工作模式 2：能恢复计数器初始值的 8 位计数器 4. 工作模式 3：8 位计数器	2. 工作模式 1：16 位计数器
	基本技能	1. 定时器/计数器初始化设置 3. 利用 Keil μVision、Proteus 仿真调试	2. 定时、计数查询方式编程
	学习方法	理实一体、讲练结合 通过任务的实现和实例训练，掌握定时器/计数器初始化编程及其应用	

4.1.1 定时器/计数器概述

单片机用于控制系统及智能仪器等领域时，常需要处理定时和计数事件。我们身边使用的很多设备具有定时功能，学校的打铃器、电视机的定时关机、空调的定时开关、运动场上的秒表等。计数器的应用有：电度表、汽车或摩托车上的里程表等。

51 系列单片机内集成有两个可编程控制的 16 位定时器/计数器：T0 和 T1。定时器/计数器的逻辑结构图如图 4-5 所示。

由图 4-5 可知，51 系列单片机内的定时器/计数器由 T0、T1、定时器/计数器的工作方式控制寄存器 TMOD 和控制寄存器 TCON 组成。T0 由 TH0（地址为 8CH）和 TL0（地址为 8AH）组成；T1 由 TH1（地址为 8DH）和 TL1（地址为 8BH）组成。对定时器/计数器实现运行控制的是特殊功能寄存器中另外两个专用寄存器，即定时器/计数器的工作方式控制寄存器 TMOD（地址为 89H）和控制寄存器 TCON（地址为 88H）。

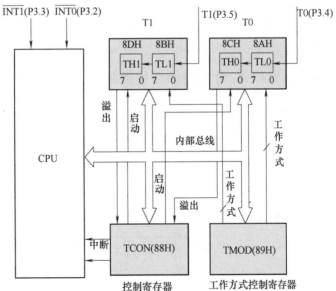

图 4-5 定时器/计数器的逻辑结构图

1. 计数功能

单片机系统中的计数是指对外部事件进行计数。51 系列单片机有 T0（P3.4）和 T1（P3.5）两个外部信号输入引脚，分别是两个计数器的脉冲输入端，计数功能的实现是通过加 1 方式完成的（加法计数）。

2. 定时功能

定时功能是通过对已知频率脉冲的计数实现的。计数脉冲源自于单片机的内部，是单片机系统中晶体振荡器产生的已知频率脉冲经过 12 分频后的标准信号（一个机器周期），也就是对每个机器周期加1计数。系统计数脉冲与机器周期之间的关系如图4-6所示。

若单片机振荡器输出的时钟脉冲频率 f_{osc} 为12MHz，则计数脉冲频率 f_c 就是1MHz（周期为1μs），即每1μs计数器加1；若单片机采用6MHz的振荡器，则计数脉冲频率就是0.5MHz（周期为2μs），即每2μs计数器加1。由于机器周期是确定值，当计数值确定时，定时时间也将随之确定。定时时间与计数脉冲之间的关系如图4-7所示。

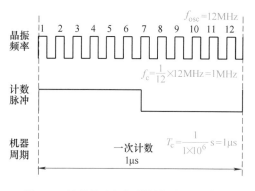

图4-6　计数脉冲与机器周期之间的关系

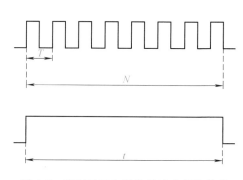

图4-7　定时时间与计数脉冲之间的关系

图4-7中，t 表示定时时间，T 表示计数脉冲周期，N 表示在定时时间 t 内对周期为 T 的脉冲计数的个数，则 $t = NT$。

定时时间是通过对已知脉冲的计数实现。若对时钟频率为1MHz（周期为1μs）的信号计数，计数100个脉冲，定时时间就是 $1μs \times 100 = 100μs$。16位计数器最大计数值是65536（2^{16}），若系统使用的时钟信号是12MHz，则最大定时时间为65.536ms；若系统使用的时钟脉冲信号是6MHz，最大定时时间则为131.072ms。

4.1.2　定时器/计数器的运行控制

51系列单片机内的定时器/计数器的工作方式及运行控制逻辑如图4-8所示。

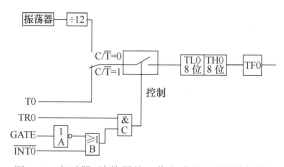

图4-8　定时器/计数器的工作方式及运行控制逻辑

1. 工作方式

定时器/计数器有两种工作方式：定时工作方式和计数工作方式。

这两种工作方式的选定由下面的特殊功能寄存器设定。

2. 工作方式控制寄存器 TMOD 和控制寄存器 TCON

定时器/计数器工作方式的确定及其运行控制逻辑，均与 TMOD 和 TCON 有关。

（1）工作方式控制寄存器 TMOD　工作方式控制寄存器 TMOD 用于控制 T0 和 T1 的工作方式

及工作模式，其字节地址为89H，各位的定义如图4-9所示。

其中，高4位用于控制T1，低4位用于控制T0，同名位的功能是相同的。

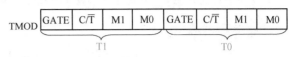

1）GATE：门控位。和其他条件一起通过逻辑电路控制定时器的运行和停止。

图4-9 工作方式控制寄存器TMOD示意图

2）C/$\overline{\text{T}}$：工作方式选择位。定时器/计数器既可工作于定时功能，亦可工作于计数功能。当C/$\overline{\text{T}}$=0时，设定为定时工作方式，振荡器产生的脉冲12分频后接入到计数器；当C/$\overline{\text{T}}$=1时，设定为计数工作方式，外部计数脉冲接入到计数器。可见，在图4-8中，C/$\overline{\text{T}}$是个软开关，它的状态由软件设置。

3）M1、M0：工作模式选择位。定时器/计数器无论工作在何种工作方式，均有四种工作模式，由M1、M0的状态确定，如表4-3所示。

表4-3 定时器/计数器的工作模式

M1	M0	工 作 模 式	功 能 描 述
0	0	模式0	13位计数器
0	1	模式1	16位计数器
1	0	模式2	初值自动重装的8位计数器
1	1	模式3	T0：分成两个8位计数器 T1：停止计数

寄存器TMOD不能进行位操作，只能用字节操作的形式设定定时器/计数器的工作方式和工作模式。

想一想

任务4.1中控制字的作用是什么？

答："TMOD=0x11；"此控制字设定T0、T1的工作方式均为定时方式（C/$\overline{\text{T}}$=0），工作模式均为1（M1M0=01），GATE=0。

此时TMOD=0x11；语句不单纯是给SFR赋值，它具有特定的物理意义。

（2）控制寄存器TCON 控制寄存器TCON的字节地址为88H，可以进行位寻址，各位的定义如图4-10所示。

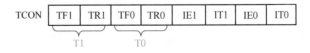

图4-10 控制寄存器TCON示意图

控制寄存器TCON只有高4位用于控制定时器/计数器。其中，TF0、TR0两位用于控制T0；TF1、TR1两位用于控制T1。TCON的低4位是中断系统的控制位，将在4.2节介绍。

1）TF0：T0 的溢出标志位。当 T0 的计数器 TL0、TH0 加 1 产生溢出时（寄存器各位由全 1 再加 1 变为全 0 的状态），由硬件自动置 TF0 = 1。

读一读

在生活中若将一个水盆放在一个没有关紧的水龙头下，水会一滴一滴地滴入盆中。水滴不断落下，盆中的水不断增加，但盆的容量是确定的，过段时间后，水盆就会装满水，这时如果再有一滴水落下，就会发生什么现象呢？水会溢出来，用专业术语讲就是"溢出"。

寄存器计数也是同样的，寄存器的容量是确定的，当计数值达到其所能计数的最大值时，再加 1，就会产生溢出。不同的是，计数器产生溢出后，寄存器的值清零，这是由二进制数的特点决定的。

2）TR0：T0 的运行控制位，由软件置位或清零。TR0 置 1（即 TR0 = 1）时，再在其他条件的配合下，通过逻辑电路，启动定时器/计数器工作；TR0 清零（即 TR0 = 0）时，则停止定时器/计数器工作。所以，通常将 TR0 作为 T0 的启动、停止的控制位。

3. 运行控制

定时器/计数器确定了工作方式后，是否投入运行，还要取决于它的运行控制逻辑。当控制端（即"与"门输出）为 1 时，接通控制开关，定时器/计数器开始工作，否则停止工作。对于定时器/计数器的运行控制，有下面两种形式可供选择（以 T0 为例说明）：

1）当 T0 的 GATE = 0 时，"或"门的输出恒为 1，则"与"门的输出完全由 TR0 确定。当 TR0 = 1 时，则"与"门的输出为 1，T0 启动运行；当 TR0 = 0 时，"与"门输出为 0，T0 停止运行。所以，当 GATE = 0 时，T0 的启动完全由 TR0 确定，而 TR0 可由软件进行置位（TR0 = 1;）或清零（TR0 = 0;）。因此，定时器/计数器的启动或停止是由软件控制的。这一形式是较常用的定时器/计数器的运行控制方式。

2）当 T0 的 GATE = 1 时，只有 $\overline{INT0}$ 引脚为高电平且由软件使 TR0 置 1 时，才能启动定时器工作。$\overline{INT0}$ 是与中断有关的一位控制信号，将在 4.2 节介绍。

4.1.3 定时器/计数器的四种工作模式及其应用

51 系列单片机的定时器/计数器 T0 和 T1 可由软件对特殊功能寄存器 TMOD 中的 $C/\overline{T}$ 位进行设置，以确定工作方式是定时还是计数。M1 和 M0 两位的状态对应四种工作模式，即模式 0、模式 1、模式 2 和模式 3，四种模式实际上是计数器单元的两组寄存器（TL0、TH0；TL1、TH1）对应的不同组合。当选择模式 0、模式 1、模式 2 时，T0 和 T1 的应用完全相同，下面以 T0 为例说明三种工作模式的应用；当选择模式 3 时，两个定时器/计数器的工作方式是不同的，下文将分别给予说明。

1. 模式 0 及其应用

T0 工作于模式 0 的原理图如图 4-11 所示。

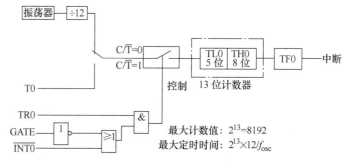

图 4-11　T0 工作于模式 0 的原理图

在这种模式下，T0 的 16 位寄存器 TH0、TL0 只使用了 13 位，即 TH0 的 8 位和 TL0 的低 5 位，TL0 高 3 位未用。当 TL0 的低 5 位溢出时，向 TH0 进位；当 13 位计数器溢出时，则置位溢出标志位 TF0 为 1。

在图 4-11 中，当 C/T = 0 时，内部计数脉冲接至计数器输入端，定时器/计数器工作于定时工作方式。其定时时间为：

$$t = (2^{13} - X) \times 12/f_{osc}$$

式中，t 为定时时间；X 为计数器的初值；$2^{13} - X$ 表示计数器最大值减去计数器初值，即为计数脉冲个数；f_{osc} 为晶体振荡器的频率（$12/f_{osc}$ 为计数脉冲周期即机器周期）。定时时间与计数器初值的关系如图 4-12 所示。其中，$N = 2^{13} - X$ 为计数脉冲个数。

图 4-12　定时时间与计数器初值之间的关系

若定时时间 t 确定，由上式可计算出计数器的初值，初值即为要写入 TL0 和 TH0 中的值。

假设，最大定时时间用 t_{max} 表示，则

$$t_{max} = 2^{13} \times 12/f_{osc}$$

当 $f_{osc} = 12\text{MHz}$ 时，$t_{max} = 8192\mu s$；当 $f_{osc} = 6\text{MHz}$ 时，$t_{max} = 16384\mu s$。

定时器/计数器工作在计数工作方式时，计数器计数值 N 与初值 X 的关系为 $N = 2^{13} - X$。假设，最大的计数值用 N_{max} 表示，则

$$N_{max} = 2^{13} = 8192$$

读一读

为什么计数器要从某一初值开始计数呢？从 0 计数不是更简单吗？

大家不要忘记，在定时器/计数器内有一个溢出标志位，计数器溢出标志位标志着定时时间到或计数完成，这样计算机可以通过检测溢出标志位判定计数工作的完成情况，从而实现指定时间的定时或指定计数次数。若从 0 计数，只有完成最大计数值才能利用溢出标志位。

【实训 4.1】 设定时器 T0 选择工作模式 0，定时时间为 5ms，$f_{ocs} = 12\text{MHz}$。试确定 T0 的初值，并计算最大定时时间 t_{max}。

解：T0 最大定时时间对应于 13 位计数器 TL0、TH0 的初值均为 0，即 $X = 0$。则

$$t_{max} = 2^{13} \times 12/(12 \times 10^6)\text{s} = 8.192\text{ms}$$

若要使 T0 工作于模式 0 实现 5ms 定时，计数器的初值设为 X，则

$$5 \times 10^{-3} = (2^{13} - X) \times 12/(12 \times 10^6)$$

$$X = 3192 = 0\text{C78H} = 0110001111000\text{B}$$

将低 5 位送 TL0（高 3 位未用，设为 000），即 TL0 = 11000B = 18H

将高 8 位送 TH0，即 TH0 = 01100011B = 63H

【实训 4.2】 若选用 T0 的工作模式 0，$f_{ocs} = 12\,MHz$，实现 5ms 的定时。编写其延时函数。

（1）题意分析

① 确定工作方式：对 TMOD 赋值。T0 工作于模式 0 的定时工作方式，则 TOMD 各位值，如图 4-13 所示。

TMOD 中的高 4 位与 T0 无关，全设为 0（也可以设为 1，因为不论设为何值，对 T0 均无影响，为了控制字的简单，常设为 0），低 4 位

0	0	0	0	0	0	0	0

图 4-13　T0 工作于模式 0 定时工作方式的设置

的状态分别表示：模式 0，M1、M0 分别为 00；工作在定时方式，C/T = 0；设 GATE = 0。因此，（TMOD）= 00H。

② 计算 T0 初值 X。计算方法见实训 4.1。结果为 TH0 = 63H，TL0 = 18H。

③ 启动定时器工作：将 TR0 置 1。因为 GATE = 0，直接由软件置位 TR0 启动定时器工作，即 TR0 = 1。

（2）延时函数

```
/********************************************************************
函数名称:delay5ms
函数功能:利用定时器模式 0 实现的 5ms 延时函数
********************************************************************/
void delay5ms( )
{
    TMOD = 0x00;        //设置 T0 为工作模式 0        ┌ T0 工作在模式 0 定时方式的初始化
    TH0 = 0x63;         //设置计数器初值
    TL0 = 0x18;
    TR0 = 1;            //启动 T0

                        ┌ 溢出标志 TF0 = 1 时，5ms 定时时间到，对 TF0 清零
    while( ! TF0);      //查询计数是否溢出，即定时 5ms 时间是否到
        TF0 = 0;        //5ms 定时时间到，将溢出标志位 TF0 清零
}
```

读 — 读

定时器/计数器工作于模式 0 的初始化步骤如下。

第一步：设置定时或计数工作方式，即设置寄存器 TMOD 的值。

T0 定时方式：TMOD = 0x00；//TMOD = 00000000B

T1 定时方式：TMOD = 0x00；//TMOD = 00000000B

T0 计数方式：TMOD = 0x04；//TMOD = 00000100B

T1 计数方式：TMOD = 0x40；//TMOD = 01000000B

第二步：计数器初始值设置，即设置 TL0、TH0，TL1、TH1 的初始值。

定时方式下，按定时时间 $t = (2^{13} - X) \times 12/f_{osc}$ 计算出的 X 值，转换为二进制数的低 5 位送 TL0 或 TL1，高 8 位送 TH0 或 TH1。

计数方式下，按计数值 $N = 2^{13} - X$ 计算出的 X 值，转换为二进制数的低 5 位送 TL0 或 TL1，高 8 位送 TH0 或 TH1。

第三步：启动定时器/计数器，即 TR0 = 1 或 TR1 = 1。

【实训 4.3】 若选用 T0 的工作模式 0，$f_{ocs} = 12\text{MHz}$，实现 1s 的定时。编写其延时函数。

(1) 题意分析

模式 0 采用 13 位计数器，最大定时时间为 8.192ms。因此，用 T0 的模式 0 不能直接实现 1s 的定时，可选用定时时间为 5ms，再循环 200 次实现。在实训 4.2 的基础上增加一个循环 200 次的控制即可实现 1s 定时，这是定时应用中常用的一种方案。

(2) 延时函数

```
/*******************************************************************
函数名称:delay1s
函数功能:利用定时器模式 0 实现的 1s 延时函数
*******************************************************************/
void delay1s( )
{
unsigned char i
TMOD = 0x00;              //设置 T0 为工作模式 0
TR0 = 1;                 //启动 T0
  for( i = 0;i < 0xc8;i + + )       5ms 定时时间的 200 次循环控制：5 × 200 = 1s
    {
    TH0 = 0x63;           //恢复计数器初始值
    TL0 = 0x18;
    While( ! TF0);        //查询计数器是否溢出,即定时 5ms 时间是否到
    TF0 = 0;             //5ms 定时时间到,将溢出标志位 TF0 清零
    }
}
```

(3) 说明 当计数器溢出时，计数器的值清零，为了使下次定时时间保持不变，需要在每次计数时重新给计数器赋初值。初学者要特别注意这一点。

练一练

1. 比较实训 4.3 与任务 4.1 中的延时函数，说明应用定时器/计数器可以实现需要的定时时间。

2. 将此程序代替任务 3.4 霓虹灯控制程序中的延时函数，观察运行效果。

2. 模式 1 及其应用

T0 工作于模式 1 的原理图如图 4-14 所示。

由图 4-14 可知，模式 1 和模式 0 几乎完全相同，唯一的区别在于计数器的使用，模式 1 中使用的计数器 TH0、TL0 为 16 位。

1）定时器/计数器工作在定时方式时，其定时时间为

$$t = (2^{16} - X) \times 12/f_{osc}$$

式中，t 为定时时间；X 为计数器的初值；f_{osc} 为振荡器的工作频率。

当 $f_{osc} = 12\,MHz$ 时，$t_{max} = 65536\,\mu s$；$f_{osc} = 6\,MHz$ 时，$t_{max} = 131072\,\mu s$。

最大定时时间 t_{max} 为：

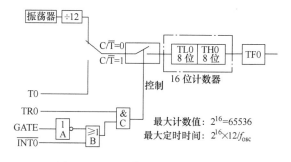

图 4-14 T0 工作于模式 1 的原理图

$$t_{max} = 2^{16} \times 12/f_{osc}$$

2）定时器/计数器工作在计数工作方式时，计数值 N 与初值 X 的关系为

$$N = 2^{16} - X$$

最大的计数值 N_{max} 为：

$$N_{max} = 2^{16} = 65536$$

因此，定时器/计数器工作于模式 1 时，在计数方式下可获得更大的计数值；在定时方式下可获得更长的定时时间。任务 4.1 中的延时函数就是应用了模式 1，定时了 125ms 的延时。其中，选择 125ms 定时是依据模式 1 最大定时时间（当 $f_{osc} = 12\,MHz$ 时，$t_{max} = 65536\,\mu s = 65.536\,ms$）选定的值。

读 一 读

定时器/计数器工作于模式 1 的初始化步骤如下。

第一步：设置定时或计数工作方式，即设置寄存器 TMOD 的值。

- T0 定时方式：TMOD = 0x01；//TMOD = 00000001B
- T1 定时方式：TMOD = 0x10；//TMOD = 00010000B
- T0 计数方式：TMOD = 0x05；//TMOD = 00000101B
- T1 计数方式：TMOD = 0x50；//TMOD = 01010000B

第二步：计数器初值设置，即设置 TL0、TH0、TL1、TH1 的初值。

定时方式下，把按定时时间 $t = (2^{16} - X) \times 12/f_{osc}$ 计算出的 X 值转换为二进制数的低 8 位送 TL0 或 TL1，高 8 位送 TH0 或 TH1。

计数方式下，把按计数值 $N = 2^{16} - X$ 计算出的 X 值转换为二进制数的低 8 位送 TL0 或 TL1，高 8 位送 TH0 或 TH1。

第三步：启动定时器/计数器，即 TR0 = 1 或 TR1 = 1。

 练一练

编程实现 8 位流水灯的控制，要求用 T1 模式 1 使每位 LED 灯间隔 1s 流水移动。

3. 模式 2 及其应用

T0 工作于模式 2 的原理图如图 4-15 所示。

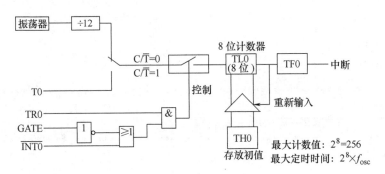

图 4-15　T0 工作于模式 2 的原理图

由图 4-15 可知，在模式 2 中，TH0 和 TL0 具有不同的功能。其中，TL0 为一个 8 位计数器，TH0 则为初值备份的寄存器。TL0 计数溢出时，一方面置位 TF0；另一方面，控制三态门打开，把 TH0 中的值装载到 TL0 中，即由硬件自动恢复计数器初值。

1）定时器/计数器工作在定时方式时，其定时时间为

$$t = (2^8 - X) \times 12/f_{osc}$$

式中，t 为定时时间；X 为计数器的初值；f_{osc} 为振荡器的频率。

最大定时时间 t_{max} 为：

$$t_{max} = 2^8 \times 12/f_{osc}$$

2）定时器/计数器工作在计数工作方式时，计数器计数值 N 与初值 X 的关系为

$$N = 2^8 - X$$

最大的计数值 N_{max} 为：

$$N_{max} = 2^8 = 256$$

【实训 4.4】　设定 T1 工作于工作模式 2，实现 10 ms 的延时，$f_{osc} = 6\text{MHz}$。编程实现其延时功能。

解：（1）题意分析　当 $f_{osc} = 6\text{MHz}$ 时，模式 2 的最大的定时时间为

$$t_{max} = 2^8 \times 12/f_{osc} = 2^8 \times 12/(6 \times 10^6)\,\text{s} = 512\mu\text{s} = 0.512\text{ms}$$

利用模式 2 定时 0.5ms，循环 20 次实现 10ms 定时。

① 计算 T1 定时 0.5ms 时的初值 X。

$$0.5 \times 10^{-3} = (2^8 - X) \times 12/(6 \times 10^6)$$

$$X = 2^8 - 250 = 6 = 06\text{H}$$

即 TL1 = 06H。

② 设定工作方式：对 TMOD 赋值。T1 工作于模式 2 的定时器工作方式时，TMOD 各位值如图 4-16 所示，即 TMOD = 20H。

③ 启动定时器工作：将 TR1 置 1。因为设 GATE = 0，所以，直接由软件置位 TR1 启动定时

0	0	1	0	0	0	0	0

图4-16　T1 工作于模式 2 定时工作方式的设置

器工作，即 TR1 = 1。

（2）延时函数

```
/ *********************************************************
函数名称:delay10ms
函数功能:利用定时器的模式 2 实现的 10ms 延时函数
********************************************************* /
void delay10ms( )
{
  unsigned char i;
  TMOD = 0x20;              //设置 T1 为工作模式 2 的定时工作方式

  TH1 = 0x06;              //设置计数器初值
  TL1 = 0x06;              //两个 8 位计数器值相同
  TR1 = 1;                 //启动 T1
  for( i = 0;i < 0x14;i ++ )       模式 2 计数器初值不需要重装
  {
    While(! TF1);          //查询计数是否溢出,即定时 0.5ms 时间是否到
    TF1 = 0;              //0.5ms 定时时间到,将溢出标志位 TF1 清零
  }
}
```

（3）说明　本实训中的程序在检测到溢出标志位 TF1 = 1 以后，不需要重置计数器初值，这是模式 2 与其他工作模式应用不同的地方，也是模式 2 的特点之一。

【实训 4.5】　选用 T1 工作于模式 2 计数方式，外部计数信号由 T1（P3.5）引脚输入，每出现一次负跳变计数器加 1，要求每计满 200 次，使 P1.0 端取反。

解：（1）题意分析

① 计算计数器 TH1、TL1 的初值 X。$X = 2^8 - 200 = 56 = 38H$

故 TH1 = TL1 = 38H。

② 设定工作方式：对 TMOD 赋值。T1 工作于模式 2 的计数器工作方式时，TMOD 各位值如图4-17所示，即（TMOD）= 60H。

③ 启动计数器工作：将 TR1 置 1。已设 GATE = 0，计数器直接由软件置位 TR1 启动，即 TR1 = 1。

0	1	1	0	0	0	0	0

图4-17　T1 工作于模式 2 计数工作方式的设置

（2）源程序

```
/ *********************************************************
程序名称:program4-2. c
程序功能:利用 T1 模式 2 实现 200 次计数
********************************************************* /
#include < reg51. h >              //头文件
sbit P1_0 = P1^0;              //位定义
```

```
void main( )
{
  TMOD = 0x60;                //设置 T1 为工作模式 2 的计数工作方式
  TH1 = 0x38;                 //设置计数器初值
  T L1 = 0x38;
  TR1 = 1;                    //启动 T1
  While( ! TF1);              //查询计数器是否溢出,即计数 200 次是否完成
  TF1 = 0;                    //计数完成,将溢出标志位 TF1 清零
  P1_0 = ~ P1_0;              //计数完成,P1.0 取反
}
```

（3）说明　定时器/计数器工作于计数工作方式和定时器工作方式时的初值计算方法不同。如果在 P1.0 端连接一位 LED 指示灯，则每完成 200 次计数，LED 指示灯的状态改变一次。

读一读

定时器/计数器工作于模式 2 的初始化步骤如下。

第一步：设置定时或计数工作方式，即设置寄存器 TMOD 的值。

T0 定时方式：TMOD = 0x02；　//TMOD = 00000010B

T1 定时方式：TMOD = 0x20；　//TMOD = 00100000B

T0 计数方式：TMOD = 0x06；　//TMOD = 00000110B

T1 计数方式：TMOD = 0x60；　//TMOD = 01100000B

第二步：计数器初值设置，即设置 TL0、TH0，TL1、TH1 的初值。

定时方式下，把按定时时间 $t = (2^8 - X) \times 12/f_{osc}$ 计算出的 X 值转换为二进制数分别送 TL0 和 TH0，或 TL1 和 TH1。

计数方式下，把按计数值 $N = 2^8 - X$ 计算出的 X 值转换为二进制数分别送 TL0 和 TH0，或 TL1 和 TH1。

第三步：启动定时器/计数器，即 TR0 = 1 或 TR1 = 1。

4. 模式 3 及其应用

T0 工作于模式 3 的原理图，如图 4-18 所示。

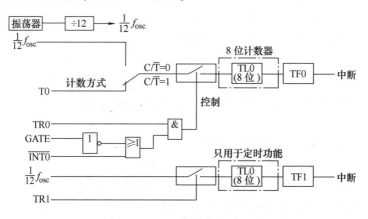

图 4-18　T0 工作模式 3 原理图

项目 4

113

工作于模式 3 的 T0 和 T1 是不相同的。T1 工作于模式 3 时，停止定时器/计数器工作。T0 工作于模式 3 时，将使 TH0 和 TL0 成为两个互为独立的 8 位计数器，如图 4-18 所示。该模式下，TL0 利用原定时器/计数器 T0 的全部控制位、引脚，即 C/$\overline{T}$、TR0、GATE、$\overline{INT0}$ 和 TF0。它的应用与模式 0、1 基本相同（既可以作为定时器工作，又可以作为计数器工作），只是作为一个 8 位计数器工作而已。而 TH0 固定为定时器工作方式，对机器周期进行计数，不能用于对外部脉冲的计数，运行控制位和溢出标志位则占用 T1 的 TR1 和 TF1。

模式 3 时，TH0 和 TL0 的定时时间分别用 t_1、t_2 表示，其表达式为

$$t_1 = t_2 = (2^8 - X) \times 12/f_{osc}$$

式中，t 为定时时间，X 为计数器的初值，f_{osc} 为晶体振荡器的频率。

TH0 和 TL0 的最大定时时间分别用 t_{1max}、t_{2max} 表示，其表达式为：

$$t_{1max} = t_{2max} = 2^8 \times 12/f_{osc}$$

TL0 工作在计数器工作方式时，计数器计数值 N 与初值 X 的关系为

$$N = 2^8 - X$$

TL0 的最大计数值 N_{max} 为

$$N_{max} = 2^8 = 256$$

【任务 4.2】 模拟交通信号灯的定时控制

1. 任务要求

交通信号灯在维持交通秩序中起着重要的作用，交通信号灯形式多种多样，常见的交通信号灯如图 4-19 所示。

设计单片机控制模拟交通信号灯的定时控制系统，实现十字路口交通信号灯的基本定时功能。

以绿、黄、红色三只共两组（东西方向信号灯的变化情况相同，用一组发光二极管表示；南北方向信号灯的变化相同，用一组发光二极管表示）发光二极管（LED）代表交通信号灯，实现交通信号灯的定时控制。

图 4-19　常见的交通信号灯实物图

假设交通信号灯基本变化规律：

1）放行线：绿灯亮放行 25s，黄灯亮警告 5s，然后红灯亮禁止。

2）禁行线：红灯亮禁止 30s，然后绿灯亮放行。

2. 任务目的

通过对模拟交通信号灯的定时控制，进一步熟悉定时器/计数器的工作方式、工作模式和计数器初值的设置等基本技能，进一步熟悉 C51 语言的基本编程语句。

3. 任务分析

1）A 线：设用 A 线代表东西方向信号灯的控制。当东西方向放行、南北方向禁行时，东西方向绿灯亮 25s；然后，黄灯亮 5s；南北方向红灯亮 30s。

2）B 线：设用 B 线代表南北方向信号灯的控制。当南北方向放行、东西方向禁行时，南北方向绿灯亮 25s；然后，黄灯亮 5s；东西方向红灯亮 30s。

当使两条线路交替地为放行线和禁行线时，就可以实现交通信号灯的定时控制。

本设计重点：东西、南北路口三色灯定时有规律地被点亮；通过定时器/计数器实现较长时

间的定时。

（1）模拟交通信号灯控制原理图　模拟交通信号灯定时控制系统电路原理图如图 4-20 所示。

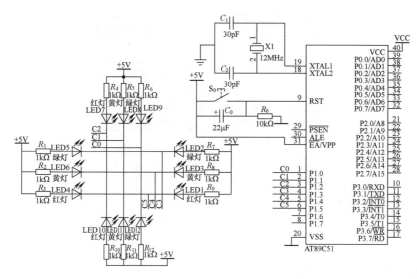

图 4-20　模拟交通信号灯定时控制系统电路原理图

在单片机最小系统的基础上，选用 P1 端口的低 6 位分别控制 A 线、B 线的红、黄、绿指示灯。

（2）端口分配　P1 端口分配、控制字及控制状态说明见表 4-4。

表 4-4　P1 端口分配、控制字及控制状态说明

P1.7	P1.6	P1.5	P1.4	P1.3	P1.2	P1.1	P1.0	控制字	控制状态说明
（空）	（空）	B 线绿灯	B 线黄灯	B 线红灯	A 线绿灯	A 线黄灯	A 线红灯		
0	0	1	1	0	0	1	1	33H	A 线放行，B 线禁行
0	0	1	1	0	1	0	1	35H	A 线警告，B 线禁行
0	0	0	1	1	1	1	0	1EH	A 线禁行，B 线放行
0	0	1	0	1	1	1	0	2EH	A 线禁行，B 线警告

（3）元器件选择　根据模拟交通信号灯定时控制系统电路原理图，所需元器件清单见表 4-5。

表 4-5　模拟交通信号灯定时控制系统电路元器件清单

元器件名称	参　　数	数　量	元器件名称	参　　数	数　量
IC 插座	DIP40	1	电阻	10kΩ	1
单片机芯片	AT89C51	1	电解电容	22μF	1
晶体振荡器	12MHz	1	瓷片电容	30pF	2
发光二极管		12	电阻	1kΩ	12
按键		1			

4. 流程图

模拟交通信号灯定时控制系统的流程图如图 4-21 所示。

项目

4

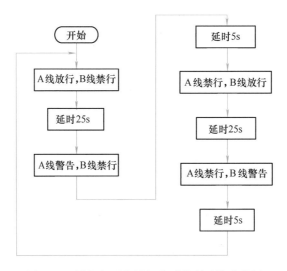

图 4-21　模拟交通信号灯定时控制系统流程图

5. 源程序设计

若系统时钟信号频率为 12MHz，利用 T0 的工作模式 1 编写 1s 的延时程序。通过 T0 的模式 1 定时 50ms，循环 20 次实现 1s 定时，源程序如下。

```
/******************************************************************
程序名称:program4-3.c
程序功能:模拟交通信号灯的定时控制
******************************************************************/
#include "reg51.h"              //包含头文件 reg51.h
unsigned char t,t1;             //全局变量
/******************************************************************
函数名称:delay1s
函数功能:用 T0 的模式 1 编写 1s 延时函数
形式参数:无
返回值:无
******************************************************************/
void delay1s()
{
    TR0 = 1;                    //启动 T0
    for(t = 0;t < 0x14;t ++ )   //变量 t 用作循环控制变量
    {
        TH0 = 0x3c;             //设置计数器初值          T0 实现 50ms 的定时
        TL0 = 0xb0;
        while(! TF0);           //查询计数器是否溢出,即定时 50ms 时间是否到
        TF0 = 0;               //50ms 定时时间到,溢出标志位 TF0 清零
    }
}
/******************************************************************
函数名称:delay_t1
函数功能:实现 1s ~256s 延时函数
形式参数:unsigned char t2,控制循环次数
返回值:无
```

```
****************************************************************/
void delay_t1(unsigned char t2)
{
for(t1 = 0;t1 < t2;t1 ++)                //采用全局变量 t1 作为循环控制变量
delay1s();                               //1s 延时函数调用
}
/****************************************************************
函数名称:main
函数功能:实现模拟交通信号灯的定时控制
****************************************************************/
void main()                              //主函数
{
  TMOD = 0x01;                           //T0 工作在模式 1
  while(1)
  {
    P1 = 0x33;                           //A 线放行,B 线禁行
    delay_t1(25);                        //延时 25s
    P1 = 0x35;                           //A 线警告,B 线禁行
    delay_t1(5);                         //延时 5s
    P1 = 0x1e;                           //A 线禁行,B 线放行
    delay_t1(25);                        //延时 25s
    P1 = 0x2e;                           //A 线禁行,B 线警告
    delay_t1(5);                         //延时 5s
  }
}
```

6. Proteus 设计与仿真

在 Proteus 环境中运行程序,仿真图如图 4-22 所示。

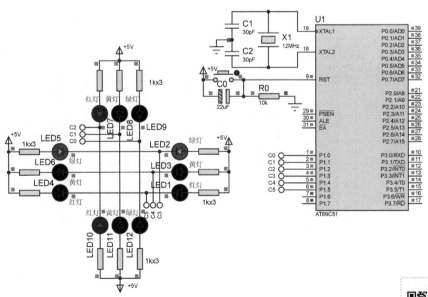

图 4-22　模拟交通信号灯定时控制系统仿真图

【任务4.3】有紧急情况的交通信号灯控制系统

1. 任务要求

在模拟交通信号灯定时控制的基础上，如果遇到有紧急车辆通过时，A 线、B 线两个路口均为禁行状态（红灯亮），优先让紧急车辆通过，假定紧急车辆通过时间为 10s，之后，交通灯恢复先前状态。

2. 任务目的

紧急车辆通过交通路口的实现，需要进一步学习新的知识体系——中断系统。通过本任务了解中断系统的应用，从而引导出新知识体系的学习。

3. 任务分析

设以按键 S1 代表紧急车辆的到来，并以中断方式进行处理。P3.2 引脚连接按键 S1，当按键 S1 按下时，表示紧急车辆的到来，此信号申请中断，各路口的状态均为红灯亮，时间为 10s。根据 P1 端口各位状态，控制字为 36H，见表 4-6。

表 4-6 紧急车辆状态控制码及控制状态说明

P1.7	P1.6	P1.5	P1.4	P1.3	P1.2	P1.1	P1.0	控制码	控制状态说明
（空）	（空）	B 线绿灯	B 线黄灯	B 线红灯	A 线绿灯	A 线黄灯	A 线红灯		
0	0	1	1	0	1	1	0	36H	A 线禁行，B 线禁行

有紧急车辆通过时的电路原理图如图 4-23 所示。

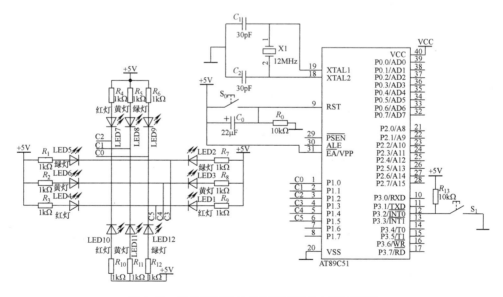

图 4-23 紧急车辆通过交通路口时的电路原理图

4. 源程序设计

在模拟交通信号灯定时控制程序基础上，增加了中断函数，实现紧急车辆通行控制。源程序如下。

```
/ ********************************************************************
程序名称:program4-4. c
程序功能:有紧急情况的模拟交通信号灯的控制
  ******************************************************************** /
#include " reg51. h"          //包含头文件 reg51. h
unsigned char t,t1;          //全局变量
void delay1s( )
{
略                           //参见 program 4-3. c
}
void delay_t1( unsigned char t2)
{
略                           //参见 program 4-3. c
}
/ *******************************************************************
函数名称:int_0
函数功能:处理紧急情况的中断函数
  ******************************************************************* /
void int_0( ) interrupt 0      //紧急情况中断函数
```

中断函数的应用

```
{
    unsigned char x,y,z,m,n;
    x = P1;                    //保护现场,暂存 P1 口、t、t1、TH0、TL0 的值
    y = t;
    z = t1;
    m = TH0;
    n = TL0;
    P1 = 0x36;                 //两个方向均为红灯亮
    delay_t1( 10);             //延时 10s
    P1 = x;                    //恢复现场,恢复 P1、t、t1、TH0、TL0 的值
    t = y;
    t1 = z;
    TH0 = m;
    TL0 = n;
}
/ *******************************************************************
函数名称:main
函数功能:具有紧急情况交通信号灯的控制
  ******************************************************************* /
void main( )                   //主函数
{
    TMOD = 0x01;               //T0 工作在模式 1
    while( 1)
    {
```

```
EA = 1;                    //开总中断允许
EX0 = 1;                   //允许INT0中断
IT0 = 1;                   //INT0中断极性为下降沿触发
P1 = 0x33;                 //A线放行,B线禁行,延时25s
delay_t1(25);
P1 = 0x35;                 //A线警告,B线禁行,延时5s
delay_t1(5);
P1 = 0x1e;                 //A线禁行,B线放行,延时25s
delay_t1(25);
P1 = 0x2e;                 //A线禁行,B线警告,延时5s
delay_t1(5);
  }
}
```

主函数中中断初始化部分

5. Proteus 设计与仿真

在 Proteus 环境中运行程序，仿真图如图4-24所示。

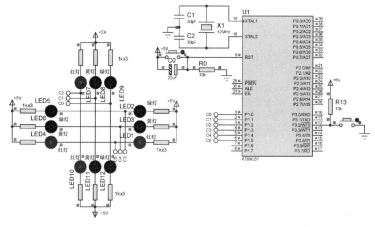

图 4-24　有紧急车辆通过交通路口仿真图

想一想

上面程序中的中断函数 int_0 () 与延时函数的应用是否有区别？有什么区别？（答案在中断系统的学习中找）

4.2　中断系统

学习指南	基本概念	1. 中断源　　　　　　2. 中断嵌套 3. 中断优先级
	中断系统组成	1. 中断系统组成　　　2. 5个中断源：$\overline{INT0}$、$\overline{INT1}$、TF0、TF1、RI/SI 3. 中断控制寄存器 IE、IP　　4. 外总中断源扩展
	中断过程	1. 中断请求　　　　　2. 中断响应 3. 中断服务（包括保护现场、恢复现场的处理） 4. 中断返回

（续）

学习指南	基本技能	1. 中断函数的编写 2. 模拟交通信号灯的控制系统设计 3. 利用 Keil μVision、Proteus 仿真调试
	学习方法	理实一体、讲练结合 结合任务和实例的实现，掌握中断的应用

4.2.1 中断系统概述

中断系统是为了使单片机具有外界异步事件处理能力而设置的。单片机系统中的中断是指单片机由于某突发事件的发生暂停主函数的执行，转而去处理中断服务；当中断服务执行完毕后，自动返回至主函数继续运行的过程，如图4-25所示。

中断是一个过程，实现这种功能的部件称为中断系统，向 CPU 申请中断请求的来源称为中断源。中断系统是单片机的重要组成部分。中断系统使单片机具有实时处理功能，可对外界突发事件做出及时的响应，提高了系统的可靠性。

中断源的优先级有两个：高优先级和低优先级，可实现两级嵌套。中断优先级可通过软件设置，中断嵌套，如图4-26所示。

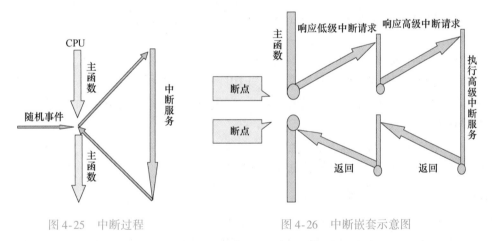

图 4-25　中断过程　　　　　图 4-26　中断嵌套示意图

高优先级中断可以嵌套到低优先级中断服务中，但低优先级不可以嵌套到高优先级中断服务中。

4.2.2 中断系统结构

51 系列单片机系统中断系统结构示意图如图 4-27 所示。

1. 中断源

51 单片机系统包含五个中断源，分别是两个外部中断源$\overline{INT0}$（P3.2）、$\overline{INT1}$（P3.3），两个片内定时器/计数器 T0、T1 和一个串行口中断源 RI/SI。

（1）外部中断源　输入/输出设备的中断请求及掉电、设备故障的中断请求等都可以作为外部中断源，$\overline{INT0}$（P3.2）、$\overline{INT1}$（P3.3）分别称之为外部中断源 0、外部中断源 1。外部中断源的类型标志位 IT0、IT1 和中断标志位 IE0、IE1，分别占用了定时器/计数器的控制寄存器 TCON

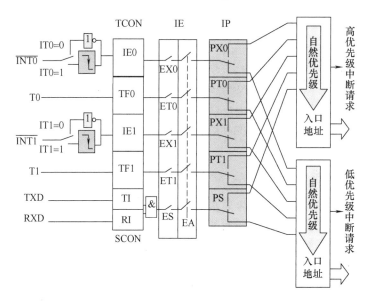

图4-27　中断系统结构示意图

的低4位，如图4-28所示。

由于两个外部中断源的两个控制位含义完全相同，故这里只详述外部中断源0（$\overline{INT0}$）的两个控制位。

TF1	TR1	TF0	TR0	IE1	IT1	IE0	IT0

图4-28　TCON寄存器示意图

1）IT0：外部中断源0类型控制位。由软件置位或清零，以控制外部中断的触发类型。当IT0 = 1时，选择外部中断0为下降沿触发申请中断，也就是说在$\overline{INT0}$由高电平变为低电平时，向CPU申请中断；当IT0 = 0时，选择外部中断0为低电平触发。

任务4.3中的$\overline{INT0}$外接按键为中断源，当按键没有按下为高平；按键按下，其状态由高平变为低电平，向系统申请中断，中断极性选择为下降沿触发。即：

　　IT0 = 1;　　　　　//$\overline{INT0}$中断极性为下降沿触发

2）IE0：外部中断源0中断请求标志。若外部中断源0向CPU申请中断，则IE0 = 1。

（2）定时器/计数器中断　定时器/计数器控制寄存器TCON的TF0、TF1分别是T0、T1的溢出标志位，同时，也是中断标志位。定时器/计数器启动后，从设定的初值加1计数，当产生溢出时，由内部硬件使标志位TF0或TF1置位，并向CPU提出中断申请。CPU响应后，内部硬件又自动使标志位TF0或TF1清零。这就是T0、T1作为中断源的应用。

该标志位也可由软件查询，并由软件清零（请参阅任务4.2的程序）。

（3）串行口中断　串行口控制寄存器SCON的低2位是串行口的接收中断标志RI和发送中断标志TI。它们的应用详见项目6。

2. 中断控制

与中断控制有关的有两个特殊功能寄存器为中断允许控制寄存器IE和中断优先级控制寄存器IP。

（1）中断允许控制寄存器IE　中断过程需要在中断系统对中断源开放（中断允许）的情况下实现。CPU对中断系统的所有中断源或某一个中断源的开放或屏蔽，是由单片机内中断允许

122

控制寄存器 IE 控制的。IE 是特殊功能寄存器（SFR）中的一个，它是 8 位寄存器，其字节地址为 0A8H，可位寻址。各位的定义如图 4-29 所示。

EA	/	/	ES	ET1	EX1	ET0	EX0

图 4-29 IE 寄存器示意图

1）EA：总中断允许控制位。若 EA = 0，禁止一切中断；若 EA = 1，允许中断系统的中断。

2）ES：串行口中断允许控制位。若 ES = 0，禁止串行口中断；若 ES = 1，允许串行口中断。

3）ET1：T1 中断允许控制位。若 ET1 = 0，禁止 T1 中断；若 ET1 = 1，允许 T1 中断。

4）EX1：外部 $\overline{INT1}$ 中断允许控制位。若 EX1 = 0，禁止 $\overline{INT1}$ 中断；若 EX1 = 1，允许 $\overline{INT1}$ 中断。

5）ET0：T0 中断允许控制位。若 ET0 = 0，禁止 T0 中断；若 ET1 = 1，允许 T0 中断。

6）EX0：外部 $\overline{INT0}$ 中断允许控制位。若 EX0 = 0，禁止 $\overline{INT0}$ 中断；若 EX1 = 1，允许 $\overline{INT0}$ 中断。

单片机上电后，IE 各位被清零，即屏蔽所有的中断。由用户通过软件置位或清除 IE 相应位的状态，实现允许或禁止各中断源的中断申请。只有中断源的中断申请被允许才能实现中断。

由上可见，中断允许控制寄存器 IE 对各中断源实现两级控制。所谓两级控制，就是有一个总的开、关中断控制位 EA。当 EA = 0 时，屏蔽所有的中断请求，即任何中断申请都不接受；当 EA = 1 时，CPU 开放中断。五个中断源的中断请求是否被允许就由 IE 寄存器的低五位的状态进行设置。

任务 4.3 中，$\overline{INT0}$ 以外接按键作为中断源，在主函数初始化部分对中断控制进行了设置，即：

```
EA = 1;          //开总中断
EX0 = 1;         //允许 INT0 中断
```

【实训 4.6】 假设允许 51 系列单片机片内定时器/计数器中断，禁止其他中断。试根据要求设置寄存器 IE。

（1）分析题意 根据题意要求，总中断允许控制位 EA = 1；被允许的中断源中断控制位为 1，即 ET0 = 1、ET1 = 1；其余位为 0；没有定义的两位（IE.6、IE.5）也设为 0。IE 寄存器各位的状态设置如图 4-30 所示，即（IE）= 8AH。

1	0	0	0	1	0	1	0

图 4-30 IE 寄存器值的设置

（2）IE 参数的设置方法

方法一：字节操作法

```
IE = 0x8A;
```

方法二：位操作法

```
EA = 1;          //开中断
ET0 = 1;         //允许 T0 中断
ET1 = 1;         //允许 T1 中断
```

（2）中断优先级控制寄存器 IP 51 系列单片机的中断源可分为高、低两个优先级。每个

123

中断源的优先级均可以通过中断优先级控制寄存器 IP 中相应位进行设定。若某位为 1，则该位对应的中断源设为高优先级；若某位为 0，则设为低优先级。将哪一个中断源设置为高优先级，哪一个中断源为低优先级，可由用户根据 CPU 所处理中断源的轻重缓急顺序进行确定。

中断优先级控制寄存器 IP 的字节地址为 0B8H，可位寻址。各位的定义如图 4-31 所示。

/	/	/	PS	PT1	PX1	PT0	PX0

图 4-31　IP 寄存器示意图

1）PS：串行口中断优先级设定位。
2）PT1：T1 中断优先级设定位。
3）PX1：外部中断$\overline{INT1}$中断优先级设定位。
4）PT0：T0 中断优先级设定位。
5）PX0：外部中断$\overline{INT0}$中断优先级设定位。

51 系列单片机复位后，IP 被清零，所有的中断源设定为低优先级。IP 的各位均由软件置位和清零，以改变各中断源的中断优先级。

【实训 4.7】　设 8051 芯片的外部中断源为高优先级，片内中断源为低优先级。试设置寄存器 IP 的值。

（1）分析题意　根据 IP 各位的定义，高优先级的中断源相应位设置为 1；低优先级的中断源相应位设置为 0；没有定义的三位（IP.7、IP.6、IP.5）也设为 0。

依题意可知 IP 寄存器的各位状态如图 4-32 所示，即（IP）= 05H。

0	0	0	0	0	1	0	1

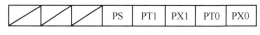

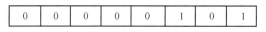

图 4-32　IP 寄存器值设置

（2）IP 参数的设置方法

方法一：字节操作法

```
IP = 0x05;
```

方法二：位操作法

```
PX0 = 1;                //外部中断 0 设定为高优先级
PX1 = 1;                //外部中断 1 设定为高优先级
```

读一读

只有一个中断源，就不必设置中断优先级了，任务 4.3 就是如此。

（3）优先级结构　通过中断优先级控制寄存器 IP 可以把各中断源分别设定为高、低两级，它们将遵循以下三条基本规则。

1）若 CPU 正在执行高优先级的中断服务，则不能被任何其他的中断源中断，即高优先级中断服务不能被低优先级的中断源所中断，也不能被同为高优先级的中断源中断。

2）一个正在被执行的低优先级中断服务可以被高优先级的中断源中断，此即中断的嵌套，但它不能被另一个同为低级优先级的中断源所中断。

3）当 CPU 同时接收到几个同一优先级的中断请求时，中断响应取决于中断源自然优先级排队次序。五个中断源自然优先级排序如下所示。

中断源	同级中断优先级
外部中断 0 （$\overline{INT0}$）	最高
定时器/计数器 0 溢出中断 （TF0）	
外部中断 1 （$\overline{INT1}$）	
定时器/计数器 1 溢出中断 （TF1）	
串行口中断	最低

读一读

如果程序中没有进行中断优先级的设置，则中断源按自然优先级进行排列。实际应用时，常把 IP 寄存器和自然优行级结合起来使用，既方便又灵活。

4.2.3　中断响应

一个完整的中断过程，一般可分为四个阶段：中断请求、中断响应、中断处理及中断返回。

CPU 在每个机器周期的固定时间内对所有中断源按序查询，若查到已申请的中断请求，则按照优先级别高低、同级优先级排队，在下一机器周期，只要不受阻断，CPU 将响应其中最高优先级的中断请求。

1. 中断响应的条件

中断响应是需要在一定条件下才能进行的，中断需要满足的条件有以下几点。

1）中断源发出中断请求。

2）中断总允许控制位 EA = 1，即 CPU 允许中断。

3）中断源的中断允许控制位为 1，即该中断没有被屏蔽。

若以上条件满足，则一般情况下 CPU 是会响应中断的，但若出现中断受阻的条件时，中断响应则会受到阻断。

2. 中断受阻的条件

中断源提出中断请求之后，并不能立即进入到中断响应，当遇到以下情况时，中断会受阻。

1）同级或高优先级的中断正在进行中。

2）现运行的机器周期非正在执行指令的最后一个机器周期（换言之，正在执行的指令完成前，任何中断请求均不被响应）。

3）正在执行访问专用寄存器 IE 或 IP 的指令（也就是说，在读写 IE 或 IP 之后，不会马上响应中断请求，而至少要在执行完一条其他指令以后才会响应）。

如果存在上述任何一种情况，CPU 将阻断响应。否则，在紧接着的下一个机器周期，CPU 将执行中断查询的结果，即进入中断响应过程。

3. 中断响应过程

CPU 响应中断，需要做的操作有以下几项。

1）置位相应的优先级状态触发器，指示开始处理中断的优先级别，以阻断同级和低级的中断，并清除中断源标志位状态（例如，清 TF0 为零）。

2）C51 编译器支持在 C 语言源程序中直接以函数形式编写中断函数，CPU 自动调用并执行。常用中断函数的定义如下：

void 函数名( )interrupt n

其中，interrupt 是中断函数必须使用的标识符；n 为中断类型号，在 51 系列单片机系统中，n 的取值范围为 0 ~ 4；中断函数的名称与其他函数的命名一样，由用户定义，函数名称前的 void 也是必需的，它表示中断函数不能使用参数传递变量，函数没有返回值。

51 系列单片机提供的五个中断源所对应的中断类型号和中断服务程序的入口地址如下。

中断源	中断类型号 n	中断入口地址
外部中断 0（$\overline{INT0}$）	0	0003H
定时器/计数器 0 溢出中断	1	000BH
外部中断 1（$\overline{INT1}$）	2	0013H
定时器/计数器 1 溢出中断	3	001BH
串行口中断	4	0023H

任务 4.3 中用到了$\overline{INT0}$，中断类型号为 0。因此，中断函数定义的结构如下：

void int_0( )interrupt 0   //紧急情况中断函数

💡 小提示：

处理中断要注意：在中断函数开始和结束部分，要考虑现场的保护和恢复。以便中断返回后，继续主调函数的执行。

任务 4.3 中的中断函数就利用了保护和恢复现场的操作。

```
x = P1;                //保护现场,暂存 P1、t、t1、TH0、TL0 的值
y = t;
z = t1;
m = TH0;
n = TL0;
……
P1 = x;                //恢复现场,恢复 P1、t、t1、TH0、TL0 的值
t = y;
t1 = z;
TH0 = m;
TL0 = n;
```

【实训 4.8】 选用 T1 模式 2 计数方式，外部计数信号由 T1（P3.5）引脚输入，每出现一次负跳变计数器加 1，要求每计满 200 次，使 P1.0 端取反。（采用中断方式编程）

源程序如下。

```
/ **********************************************************************
程序名称:program4-5.c
程序功能:中断方式计数功能的实现
********************************************************************** /
#include  < reg51. h >                //包含头文件 reg51. h
```

```
sbit P1_0 = P1^0;                    //位定义
void counter_1( ) interrupt 3        //T1 中断函数
{
  P1_0 = ~ P1_0;                     //计数完成,P1.0 取反
}
void main( )                         //主函数
{
  EA = 1;
  ET1 = 1;
  TMOD = 0x60;                       //设置 T1 为工作模式 2 的计数工作方式
  TH1 = 0x38;                        //设置计数器初始值
  TL1 = 0x38;
  TR1 = 1;                           //启动 T1
}
```

读一读

在有关定时器/计数器的中断应用中,当溢出标志位为 1 时自动向 CPU 申请中断,中断响应后,由硬件自动清零。这一点和查询方式是不同的,编程上也体现了这一层面。

主函数和中断函数如果没有资源利用上的冲突,就不必进行现场保护,实训 4.8 即是如此。

项目 4

【任务4.4】 可控信号灯的控制

1. 任务要求

在流水灯控制的基础上,设置一个外部中断源INT0——按键。当按键按下时,流水灯控制状态切换为 8 位 LED 灯闪烁状态,闪烁时间间隔为 0.5s。

2. 任务目的

通过外部中断源 0 的应用,进一步理解中断系统的构成、中断控制、中断函数及编程技巧。

3. 任务分析

流水灯控制 8 位 LED 灯闪烁控制是大家所熟悉的。在一个控制系统中要随时切换不同控制效果,即实现对信号的实时控制,就需要通过中断方式实现。所以,本任务中增加了一个中断函数实现对信号灯状态的切换。电路原理图如图 4-33 所示。

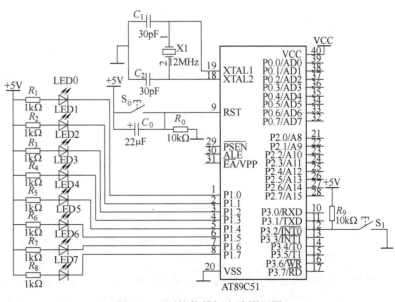

图 4-33　可控信号灯电路原理图

127

4. 源程序设计

源程序如下。

```
/*******************************************************************
程序名称:program4-6. c
程序功能:可控信号灯的控制
*******************************************************************/
#include <reg51. h>                    //包含头文件 reg51. h
/*******************************************************************
函数名称:delay0_5s( )
函数功能:延时 0.5s,T0、工作方式 1,定时初值 3cb0H
形式参数:无
返回值:无
*******************************************************************/

void delay0_5s( )
{
  unsigned char  i;
  for(i=0;i<0x0a;i++)                  //设置 10 次循环次数
    {
      TH0 =0x3c;                       //设置定时器初值
      TL0 =0xb0;
      TR0 =1;                          //启动 T0
      while(! TF0);                    //查询计数是否溢出,即定时 50ms 时间是否到
      TF0 =0;                          //50ms 定时时间到,将定时器溢出标志位 TF0 清零
    }
}
/*******************************************************************
函数名称:delay_t
函数功能:实现 0.5s~128s 延时
形式参数:unsigned char t;
延时时间:0.5s×t
*******************************************************************/
  void delay_t( unsigned char t)
  {
    unsigned char i;
    for( i =0;i<t;i++)
      {
        delay0_5s( );
      }
  }
/*******************************************************************
函数名称:int_0
函数功能:INT0 中断函数。当按键按下时,执行中断函数,实现 8 位 LED 灯闪烁控制
*******************************************************************/
```

通过中断方式改变 8 位 LED 灯的控制状态

```
void int_0( )interrupt 0        //INT0的中断类型号为 0
{
  P1 = 0x00;                    //点亮 8 位 LED 灯
  delay0_5s( );                 //调用 0.5s 延时函数
  P1 = 0xff;                    //熄灭 8 位信号灯
  delay0_5s( );                 //调用 0.5s 延时函数
}
/ *************************************************************
函数名称:main
函数功能:8 位 LED 流水灯控制
 ************************************************************ /
void main( )                    //主函数
{
  unsigned char i,w;
  EA = 1;                       //开总中断允许控制位
  EX0 = 1;                      //开INT0中断允许控制位
  IT0 = 1;                      //设置INT0为下降沿触发方式
  TMOD = 0x01;                  //设置 T0 为工作方式 1
  while(1)
{
    w = 0x01;                   //显示码初值为 01H
    for(i = 0;i < 8;i ++ )
    {
      P1 = ~ w;                 //w 取反后送 P1 口,点亮相应 LED 灯
      w << = 1;                 //点亮灯的位置移动
      delay_t(2);               //调用延时函数 delay_t( ),实际参数为 2,延时 1s
    }
  }
}
```

5. Proteus 设计与仿真

在 Proteus 环境中运行程序，可控信号灯仿真效果如图 4-34 所示。

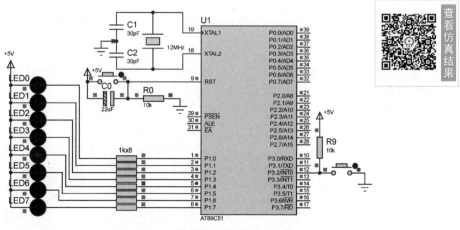

图 4-34　可控信号灯仿真图

想一想

上面程序中的中断函数与延时函数的应用是否有区别？有什么区别？

答：中断函数与延时函数是有区别的。中断函数定义时需要声明其类型号，延时函数没有类型号；延时函数调用是在主调函数指定位置设置的；中断函数在主调函数中没有调用设置，中断函数的调用没有确定的时间。

练一练

信号灯的状态如果由自左向右循环移动切换为由中间向两边循环移动的流水方式，试编写相关程序。

4.2.4　外部中断扩展

51 系列单片机只有两个外部中断源，即$\overline{\text{INT0}}$、$\overline{\text{INT1}}$。当系统需要有多个外部中断源时，可采用以下办法解决。

1. 将 T0、T1 改为外部中断源

将 T0、T1 设定为计数工作方式，计数器的初始值设为最大值（如，模式 2 时，计数器初始值设置为 0FFH），当 T0、T1 计数端 P3.2、P3.3 有下降沿电平变化时，计数器溢出，产生中断请求，实现两个外部中断源功能。

2. 通过一个外部中断源和 n 个 I/O 端口线扩展 $n-1$ 个外部中断源

将 n 个外部中断源通过门电路连接在同一个外部中断输入端。同时，利用 I/O 端口线查询正处在中断请求的中断源，如图 4-35 所示。

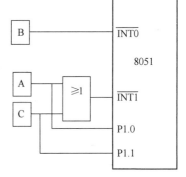

图 4-35　外部中断源扩展原理图

图 4-35 中，利用$\overline{\text{INT1}}$通过或门扩展了 1 个外部中断源，扩展中断的处理程序如下。

```
/********************************************************************
程序名称:program4-7. c
程序功能:外部中断扩展
********************************************************************/
#include < reg51. h >              //包含头文件 reg51. h
void main( )                       //主函数
{
  EA  = 1;                         //CPU 开中断
  EX1 = 1;                         //允许外部中断 1 中断
  IT1 = 1;                         //设置外部中断 1 下降沿触发
  ……
}
void int_AC( )interrupt  2         //中断函数
```

```
{
  unsigned char i;
  P1 = 0xff;
  i = P1;
  i& = 0x03;
  switch(i)
    {
      case 0x01; exintA(  ); break;
      case 0x02; exintC(  ); break;
      default: break;
    }
}
void exintA(  )                        //中断源 A 中断处理
{……}
void exintC(  )                        //中断源 C 中断处理
{……}
```

项 目 小 结

本项目从音乐盒的设计到比较复杂的模拟交通信号灯控制，把定时器/计数器、中断系统的基本知识融入任务中，通过任务的实现提升了定时器/计数器、中断的应用能力。单片机的控制任务的实现包括两部分：①以硬件为基础；②通过软件实现控制效果。本单元应掌握的主要知识点如下：

1. 定时、计数基本概念。

2. 51 系列单片机内部定时器/计数器的组成结构、工作原理。

3. 定时器/计数器四种工作模式、计数器初始值设置、初始化设置及编程方法。

4. 中断的基本概念。

5. 中断系统的构成。

6. 中断过程的四个阶段、中断函数的编写。

练习与提高4

1. 填空题

（1）51 系列单片机内部有两个_____位的定时器/计数器，它们分别是_____和_____。

（2）51 系列单片机内部的定时器/计数器对_____脉冲的计数，实现的是计数功能；对_____脉冲的计数，实现的是定时功能。

（3）若将定时器/计数器用于计数工作方式，则外部事件脉冲必须从_____引脚输入；若将定时器/计数器用于定时工作方式，则计数脉冲是_____产生的机器周期信号。

（4）51 系列单片机系统中有_____个中断源，能够实现_____级中断嵌套；中断允许实现的是_____级控制。

（5）一个完整的中断过程，一般可分为四个阶段：_____、_____、_____和_____。

2. 选择题

（1）当 M1、M0 为_____时，定时器/计数器被选为工作方式 0。

　　A. 01　　　　　　　　B. 10　　　　　　　　C. 00　　　　　　　　D. 11

（2）51 系列单片机 T0 的溢出标志 TF0，若计满数在 CPU 响应中断后，则_____。

A. 由硬件清零   B. 由软件清零   C. A 和 B 都可以   D. 随机状态

（3）_____是 51 单片机内部定时器/计数器 1 的启动控制位。

A. TR0   B. TR1   C. TF0   D. TF1

（4）CPU 响应中断后，不能自动清除中断请求标志位的是_____。

A. $\overline{INT0}/\overline{INT1}$采用电平触发方式   B. $\overline{INT0}/\overline{INT1}$采用边沿触发方式

C. 定时器/计数器 T0/T1 中断   D. 串行口中断 TI/RI

（5）下列中断优先级顺序排列，有可能实现的有_____。

A. T1、T0、$\overline{INT0}$、$\overline{INT1}$、串行口   B. $\overline{INT0}$、T0、$\overline{INT1}$、T1、串行口

C. $\overline{INT0}$、$\overline{INT1}$、串行口、T0、T1   D. $\overline{INT1}$、串行口、T0、$\overline{INT0}$、T1

3. 综合练习题

（1）按下列要求设置 TMOD

1）T0 计数器、方式 1，运行与 INT0 有关；T1 计数器、方式 2；运行与 INT1 无关。

2）T0 定时器、方式 3，运行与 INT0 无关；T1 计数器、方式 0；运行与 INT1 有关。

（2）按下列要求设置 T0 定时值，并设置 TH0、TL0 值

1）$f_{osc} = 6MHz$、T0 方式 1，定时 40ms。

2）$f_{osc} = 12MHz$、T0 方式 2，定时 180μs。

（3）已知 $f_{osc} = 12MHz$，试编写程序，利用 T1 模式 2 从 P1.7 输出周期为 240μs 的方波。

项目5
显示器和键盘接口技术的应用

　　本项目以简易秒表的设计引入 LED 数码管显示器；以 LED 点阵电子广告牌的设计引入 LED 点阵显示器；以字符型 LCD（液晶显示器）广告牌的设计介绍了 LCD 的使用；以具有控制功能的简易秒表的设计引入键盘及接口技术；通过对基本的输入、输出设备的使用，进一步学习 C 语言数组、函数的应用。具有时间显示的模拟交通信号灯控制系统为本单元的综合训练，教学过程"做、教、学、做"相融合，达到理论与实践的统一。

教学导航 ➔

教	重点知识	1. LED 数码管显示器的静态显示和动态显示原理及其编程应用 2. LED 点阵显示器结构、原理及编程应用 3. 独立式、矩阵式键盘及其编程应用
	难点知识	1. 动态显示的编程应用 2. 矩阵式键盘的编程应用
	教学方法	任务驱动 + 仿真训练 以简单工作任务简易秒表的设计为实例，分析单片机驱动 LED 数码管显示器的方法，LED 数码管显示器的结构、原理及动、静态显示原理；在动态显示的基础上延伸出 LED 点阵电子广告牌，进而介绍 LED 点阵显示器，再引申到 LCD；以具有控制功能的简易秒表的设计为载体，引入了键盘的应用；熟练应用单片机常用仿真软件、C 语言数组和函数
	参考学时	14
学	学习方法	通过完成具体的工作任务，认识学习的重点及编程技巧；理解基本理论知识及应用特点；注重学习过程中分析问题、解决问题能力的培养与提高
	理论知识	1. LED 数码管显示器的结构和原理，静态、动态显示原理及应用 2. LED 点阵显示器的结构、原理及其应用 3. 字符型 LCD 的结构、原理及其应用 4. 键盘及接口原理及其应用
	技能训练	1. 单片机驱动 LED 数码管的静态、动态显示编程、调试及仿真 2. 单片机驱动 LED 点阵显示器的编程、调试及仿真 3. 字符型 LCD 的编程、调试及仿真 4. 键盘的编程、调试及仿真
做	制作要求	分组完成具有时间显示的模拟交通信号灯控制系统制作
	建议措施	3 ~ 5 人组成制作团队，业余时间完成制作并提交老师验收和评价

职业素养 ➡

在理论的指导下，科学制定实践方案；善于实践，实践出真知。

【任务 5.1】 简易秒表的设计

1. 任务要求

单片机控制一位 LED 数码管，设计显示一位数字的简易秒表，即在一位数码管上依次显示 0 ~ 9 十个数，每秒变化 1 次，循环显示。

2. 任务目的

（1）通过对简易秒表的设计，了解 LED 数码管显示器的结构、原理和静态显示原理等基本知识。

（2）掌握 LED 数码管显示器的静态显示编程方法。

（3）掌握在 Keil μVision 环境中调试 LED 数码管显示器程序的方法。

（4）掌握在 Proteus 环境中，实现 LED 数码管显示器的仿真应用。

3. 任务分析

前面已经学习了单片机的软件延时和使用定时器延时的方法，熟悉了单片机驱动发光二极管的控制方式，本任务要求用一位 LED 数码管显示 0 ~ 9 十个数字，只要从并行 I/O 控制端口依次输出相应控制数据并延时 1s，就可以实现任务要求。简易秒表原理图如图 5-1 所示。

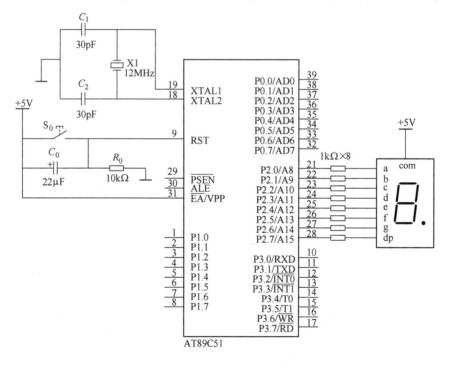

图 5-1　简易秒表原理图

4. 源程序设计

若系统时钟信号频率为12MHz，选择定时器/计数器T0工作在方式1，采用查询方式编写1s的延时函数。LED数码管采用共阳极方式连接，字型码选择共阳极并存放在数组中，从P2端口依次输出数组中的数据实现0~9十个数字的显示。源程序如下。

```c
/ *********************************************************************
程序名称:program5-1. c
程序功能:简易秒表
 ********************************************************************* /
#include "reg51. h"                         //包含头文件 reg51. h
void delay1s( );                            //延时1s函数声明
void main( )                                //主函数
{
  unsigned char i;
  unsigned char led[10] = {0xc0,0xf9,0xa4,0xb0,0x99,0x92,0x82,0xf8,0x80,0x90};
                                            //定义数组 led 存放数字 0~9 的字型码
  TMOD = 0x01;                              //设置 T0 为定时、工作模式 1
  TH0 = 0x3c;                               //设置计数器初值为 3CB0H
  TL0 = 0xb0;
  while(1)
  {
    for(i = 0;i < 10;i ++ )                 ┄┄ 1 位 LED 数码管显示 0~9 十个字符，每秒变化一次
    {
      P2 = led[i];                          //字型码送 P2 端口
      delay1s( );                           //延时 1s
    }
  }
}
/ *********************************************************************
函数名称:delay1s
函数功能:延时 1s,T0、工作方式 1
形式参数:无
返回值:无
 ********************************************************************* /
void delay1s( )
{
  unsigned char i;
  TR0 = 1;                                  //启动 T0
  for(i = 0;i < 20;i ++ )
  {
    while( ! TF0);                          //查询计数是否溢出,即定时 50ms 时间是否到
    TF0 = 0;                                //50ms 定时时间到,将 T0 溢出标志位 TF0 清零
    TH0 = 0x3c;                             //恢复计数器初值
    TL0 = 0xb0;
  }
}
```

5. Proteus 设计与仿真

在 Proteus 中运行程序，LED 数码管将按照程序设置的方式工作，每 1s 变化一次，依次循环

显示 0~9 十个数字。显示数字 7 时的 Proteus 仿真效果图如图 5-2 所示。

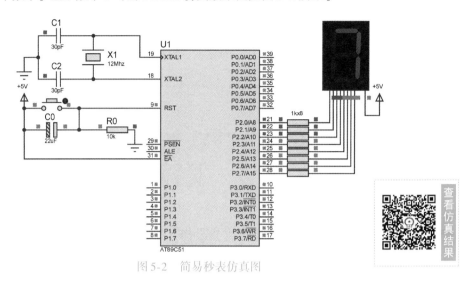

图 5-2　简易秒表仿真图

5.1　LED 数码管显示器

学习指南	基本概念	1. 静态显示 2. 动态显示
	基本结构	1. LED 数码管显示器基本结构 2. LED 数码管显示器工作原理 3. LED 数码管显示器字型码的编码方式
	基本技能	1. LED 数码管显示器静态显示的接线、编程及调试 2. LED 数码管显示器动态显示的接线、编程及调试 3. 利用 Keil μVision、Proteus 仿真调试
	学习方法	理实一体 结合显示程序掌握显示器应用的特点

5.1.1　LED 数码管显示器的结构与工作原理

1. LED 数码管显示器的结构

"LED" 是发光二极管的缩写。LED 数码管显示器是由发光二极管构成的，所以在显示器前面冠以 "LED"。LED 数码管显示器成本低廉、配置灵活、与单片机接口方便。

通常所说的 LED 数码管显示器由七段发光二极管组成，故称为七段 LED 数码管显示器。实际上七段 LED 数码管显示器共由八段发光二极管构成，其中，七段（用符号 a~g 表示）发光二极管组成 "8" 字，一段发光二极管构成小数点（用符号 dp 表示）。LED 数码管显示器外形图如图 5-3 所示。LED 数码管显示器引脚排列图如图 5-4 所示。图中 com 为显示器的公共端。

LED 数码管显示器结构简单，只能显示数字、字母等符号。在单片机应用系统中，常使用 LED 数码管显示器显示系统的工作状态、运算结果等信息。它是单片机人机交互中最常用的输出设备之一。

2. LED 数码管显示器的结构类型

LED 数码管显示器分共阴极和共阳极两种结构类型，其结构原理图如图 5-5 所示。

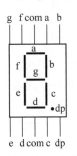

图 5-3　LED 数码管显示器外形图　　　图 5-4　LED 数码管显示器引脚排列图

（1）共阴极 LED 数码管显示器　把发光二极管的阴极连接在一起构成公共控制端，阳极作为"段"控制端，这种连接方法构成的七段 LED 显示器称为共阴极 LED 数码管显示器。使用时，公共阴极接地；控制端阳极（a ~ g）为高电平的被点亮，为低电平的发光二极管则不点亮。通过点亮不同的段，显示不同的字符。

（2）共阳极 LED 数码管显示器　把发光二极管的阳极连接在一起构成公共控制端，阴极作为"段"控制端，这种连接方法构成的七段 LED 显示器称为共阳极 LED 数码管显示器。使用时，公共阳极接 +5V；控制端阴极（a ~ g）

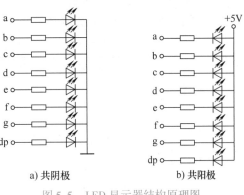

a) 共阴极　　　　　b) 共阳极

图 5-5　LED 显示器结构原理图

为低电平的发光二极管被点亮，若为高电平的发光二极管则不点亮。

使用 LED 数码管显示器时，要注意区分这两种不同的结构。

3. LED 数码管显示器的字型码

LED 数码管显示器显示原理很简单，只要控制 LED 段的亮与灭即可显示相应的字符。当 LED 数码管显示器的连接方式确定时，要显示某一字符，其控制字是不变的，控制字控制的是显示器上要显示的字符形状，所以，称为字型代码（简称：字型码）。

七段发光二极管再加上一位小数点，共计八段，与一个字节数的位数相同。LED 数码管显示器八段的各代码位与显示段的对应关系如表 5-1 所示。

表 5-1　代码位与显示段的关系

代 码 位	D7	D6	D5	D4	D3	D2	D1	D0
显 示 段	dp	g	f	e	d	c	b	a

下面以 LED 数码管显示器显示数字"0"说明字型码的确定方法。

数字"0"的显示图如图 5-6 所示。

1）LED 数码管显示器的共阳极连接中，要点亮的段为低电平，不点亮的段为高电平，则各段状态如下所示：

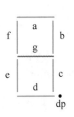

图 5-6　数字"0"的显示图

显 示 段	dp	g	f	e	d	c	b	a
各段的状态	1	1	0	0	0	0	0	0

所以，数字"0"的字型码为：0C0H。

2）LED 数码管显示器的共阴极连接中，要点亮的段为高电平，不点亮的段为低电平，则各段状态如下所示：

显 示 段	dp	g	f	e	d	c	b	a
各段的状态	0	0	1	1	1	1	1	1

所以，数字"0"的字型码为：3FH。

依次类推，可得到 LED 数码管显示器常用字符字型码，如表 5-2 所示。

表 5-2　LED 数码管显示器常用字符字型码

字符	共阴极数码管的字型码									共阳极数码管的字型码								
	dp	g	f	e	d	c	b	a	字型码	dp	g	f	e	d	c	b	a	字型码
0	0	0	1	1	1	1	1	1	3FH	1	1	0	0	0	0	0	0	0C0H
1	0	0	0	0	0	1	1	0	06H	1	1	1	1	1	0	0	1	0F9H
2	0	1	0	1	1	0	1	1	5BII	1	0	1	0	0	1	0	0	0A4H
3	0	1	0	0	1	1	1	1	4FH	1	0	1	1	0	0	0	0	0B0H
4	0	1	1	0	0	1	1	0	66H	1	0	0	1	1	0	0	1	99H
5	0	1	1	0	1	1	0	1	6DH	1	0	0	1	0	0	1	0	92H
6	0	1	1	1	1	1	0	1	7DH	1	0	0	0	0	0	1	0	82H
7	0	0	0	0	0	1	1	1	07H	1	1	1	1	1	0	0	0	0F8H
8	0	1	1	1	1	1	1	1	7FH	1	0	0	0	0	0	0	0	80H
9	0	1	1	0	1	1	1	1	6FH	1	0	0	1	0	0	0	0	90H
A	0	1	1	1	0	1	1	1	77H	1	0	0	0	1	0	0	0	88H
b	0	1	1	1	1	1	0	0	7CH	1	0	0	0	0	0	1	1	83H
C	0	0	1	1	1	0	0	1	39H	1	1	0	0	0	1	1	0	0C6H
d	0	1	0	1	1	1	1	0	5EH	1	0	1	0	0	0	0	1	0A1H
E	0	1	1	1	1	0	0	1	79H	1	0	0	0	0	1	1	0	86H
F	0	1	1	1	0	0	0	1	71H	1	0	0	0	1	1	1	0	8EH
r	0	0	1	1	0	0	0	1	31H	1	1	0	0	1	1	1	0	0CEH
U	0	0	1	1	1	1	1	0	3EH	1	1	0	0	0	0	0	1	0C1H
y	0	1	1	0	1	1	1	0	6EH	1	0	0	1	0	0	0	1	91H
H	0	1	1	1	0	1	1	0	76H	1	0	0	0	1	0	0	1	89H
L	0	0	1	1	1	0	0	0	38H	1	1	0	0	0	1	1	1	0C7H
–	0	1	0	0	0	0	0	0	40H	1	0	1	1	1	1	1	1	0BFH
.	1	0	0	0	0	0	0	0	80H	0	1	1	1	1	1	1	1	7FH

想一想

同一个字符对应的共阴极数码管字型码与共阳极数码管字型码有什么关系？

一个字符如果要加上点，应怎样对字型码进行处理？共阴极和共阳极的相同吗？

5.1.2　LED 数码管显示器的连接方式

要使 LED 数码管显示器显示某一字符，需要对显示器的两部分进行控制。每一位显示器的公共端（com）的控制，称为"位控"（控制 LED 显示器的状态）；每一位显示器中各段（a ~ g、dp）的控制，称为"段控"。

七段 LED 数码管显示器连接方式有两种，即静态显示连接方式和动态显示连接方式。

1. 静态显示连接方式

任务 5.1 中的显示电路属于静态显示连接方式，在图 5-1 中，单片机的 P1 端口与 LED 的段控端 a ~ dp 相连，显示器的公共端 "com" 接地。单片机将要显示的字型码送到显示器的段控端，就会显示出相应的字型。

程序开始先将 0 ~ 9 十个数字的字型码存入一维数组 led［10］中，即：

```
unsigned char led[10] = {0xc0,0xf9,0xa4,0xb0,0x99,0x92,0x82,0xf8,0x80,0x90};
```

然后，每隔 1s 将数组中的对应字符的字型码通过 P1 端口送到显示器的段控端，实现相应字符的显示。程序设计利用 for 语句循环 10 次，调用 1s 延时函数，依次将 0 ~ 9 十个数字的字型码送到显示器的段控端，实现简易秒表的功能，即：

```
for(i=0;i<10;i++)
{
  P1=led[i];          //字型显示码送段控制口 P1
  delay1s();          //延时 1s
}
```

多位 LED 数码管显示器的静态显示连接方式如图 5-7 所示。

LED 数码管显示器工作在静态显示连接方式时，共阴极或共阳极的公共端（com）连接在一起接地或接 +5V，构成位控端；每一位的段选线（a ~ dp）与 8 位并行输出端口相连，形成段控端。

LED 数码管的静态显示连接方式接线简单、易于编程控制；但缺点也很明显，每一位显示器均要占用一个并行 I/O 端口。所以，静态显示连接方式适合用于显示位数较少的场合。

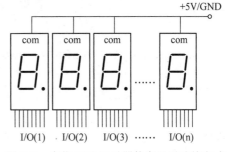

图 5-7　多位 LED 显示器静态显示连接方式

【实训 5.1】　设计两位 LED 数码管显示器，两位显示器分别为共阳极和共阴极，在两位显示器上同时依次循环显示 0 ~ 9 十个数字。

按题意要求，两位 LED 数码管显示器静态显示连接方式电路原理图，如图 5-8 所示。

分析：P2 端口和 P3 端口分别与两位 LED 数码管显示器的段控端相连，共阴极 LED 数码管显示器的公共端 com 接地，共阳极 LED 数码管显示器的公共端 com 接 +5V 电源。由表 5-2 可知，同一字符共阴极字型码和共阳极字型码之和为 0xff，用 0xff 减去共阳极字型码即为共阴极字型码，可以利用这种关系进行控制。

源程序如下。

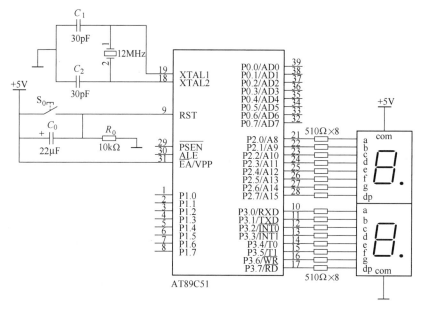

图 5-8　两位 LED 数码管显示器的静态显示连接方式电路原理图

```
/ **********************************************************************
程序名称:program5-2. c
程序功能:两位极性不同的 LED 数码管显示器的静态显示
********************************************************************** /
#include " reg51. h"                  //包含头文件 reg51. h
void delay1s( );                      //延时 1s 程序
void main( )                          //主函数
{
  unsigned char i;
  unsigned char led[ 10] = {0xc0,0xf9,0xa4,0xb0,0x99,0x92,0x82,0xf8,0x80,0x90};
                                       //定义数组 led 存放数字 0～9 的共阳极字型码
  TMOD = 0x01;                         //设置 T0 为定时、工作模式 1
  TH0 = 0x3c;                          //设置计数器初值为 3CB0H
  TL0 = 0xb0;
  while( 1)

                              两位 LED 数码管的字型码不同,因为它们分别
                                 使用了共阳极和共阴极 LED 数码管

    for( i = 0;i < 10;i ++ )
    {
      P2 = led[i];                     //共阳极字型码送段控制端 P2 端口
      P3 = 0xff- led[i];               //共阴极字型码送段控制端 P3 端口
      delay1s( );                      //延时 1s
    }

}
void delay1s( )                        //延时 1s 函数
{略}                                    //参见 program5-1. c
```

　　N 位 LED 显示器采用静态显示连接方式时,要求有 N×8 条 I/O 线,占用 I/O 资源较多。在位数较多时往往采用动态显示连接方式。

2. 动态显示连接方式

动态扫描显示是单片机应用系统中最常用的显示方式。它把所有显示器的同名段控端并接在一起，由同一个8位并行输出端口控制，输出的控制字称为段码；而各位显示器的公共端即位控端，则分别由不同输出口线控制，输出的控制字称为位码。这样，各显示位不能同时显示不同的数字或字符。因此要采用循环扫描的方法，即自左到右（或自右向左）依次轮流使每位显示器显示数字或字符并持续一段时间（通常为1ms），由于发光物体具有余辉特性以及人眼视觉的惰性，尽管各位显示器是分时断续地显示，只要适当选取扫描频率，显示效果就是连续稳定地显示，而察觉不到有闪烁现象。

【实训5.2】　设计8位LED数码管显示器，要求8位显示器依次显示0~7共八位数字，试设计电路并编写程序。

分析： 要实现8位LED显示，须采用动态显示连接方式。将8位LED数码管显示器的段控端（a~dp）并联接至单片机的P1端口，8位LED数码管显示器的公共端作为位控端分别接到P2端口，如图5-9所示，程序流程图如图5-10所示。

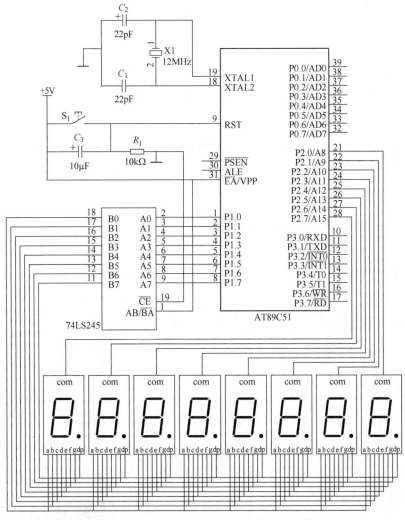

图5-9　8位LED显示器的动态显示连接方式电路原理图

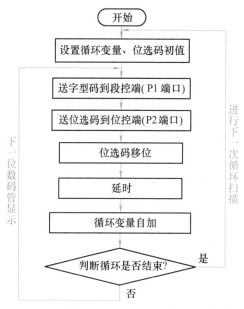

图5-10 动态显示连接方式的程序流程图

源程序如下。

```
/ ***************************************************************
程序名称:program5-3. c
程序功能:8 位 LED 数码管显示器的动态显示
  *************************************************************** /
#include    "REG51. H"
void delay50ms( );                    //延时 50ms 函数声明
void main( )                          //主函数
{
    unsigned char led[ ] = {0xc0,0xf9,0xa4,0xb0,0x99,0x92,0x82,0xf8};
                                      //设置数字 0~7 字型码
    unsigned char i,w;
    TMOD = 0x01;                      //设置定时器 0 工作于工作方式 1
    while(1)
{
    w = 0x01;                         //位选码初值为 01H


    for(i = 0;i < 8;i ++ )
      {
        P2 = w;                       //位选码送位控端 P2 端口
        w << = 1;                     //位选码左移,选中下一位
        P1 = led[ i ];                //字型码送段控端 P1 端口
       delay50ms( );                  //延时 50ms

        调用延时 50ms 的延时函数,每个数码管显示字符 50ms

      }

    }
}
```

i = 0,w = 0x01
P2 = 0x01 = 00000001
P2.0 控制的数码管亮
P1 = led[0] = 0xc0,
数码管显示"0";
i = 1,w = 0x02
P2 = 0x02 = 00000010
P2.1 控制的数码管亮
P1 = led[1] = 0xf9,
数码管显示"1";
……
i = 7,w = 0x80
P2 = 0x80 = 10000000
P2.7 控制的数码管亮
P1 = led[7] = 0xf8,
数码管显示"7"

```
/*********************************************************
函数名称:delay50ms
函数功能:延时 50ms,T0、工作方式 1
形式参数:无
返回值:无
********************************************************/
void delay50ms( )
{
    TH0 = 0x3c;                    //设置定时器初值
    TL0 = 0xb0;
    TR0 = 1;                       //启动定时器 0
    while( ! TF0);                 //查询计数是否溢出,定时时间到时,TF0 = 1
    TF0 = 0;                       //50ms 定时时间到,将定时器溢出标志位 TF0 清零
}
```

 练一练

1. 改变延时时间为 1ms, 运行程序, 观看显示效果, 分析原因。
2. 改变数组元素中字型码, 运行程序, 观看显示效果, 分析原因。

【任务5.2】 LED 点阵电子广告牌的设计

项目 5

1. 任务要求

在一块 8×8 的 LED 点阵上循环显示一预设的字符, 时间间隔为 1s。

2. 任务目的

通过 LED 点阵电子广告牌的设计, 了解点阵的结构、原理和点阵字型码的计算, 进一步理解 LED 动态显示原理并推广到点阵的显示中。

3. 任务分析

LED 点阵是由若干个发光二极管按照一定的排列方式组成的, 若要使 LED 点阵显示相应的字符, 需要将相应的发光二极管点亮以实现字符的显示, LED 点阵的发光二极管是以矩阵形式排列的, 有 4×4、4×8、5×7、5×8、8×8、16×16 等。本任务采用的是 8×8 的点阵, 首先应该计算出每个字符的 8 个字型码, 以数组形式存储; 然后利用 LED 动态显示原理将每个字符显示出来, 并延时一定的时间, 循环显示。LED 点阵显示器原理图如图 5-11 所示。

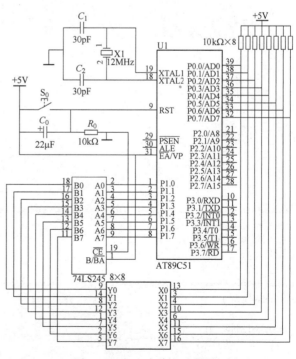

图 5-11 LED 点阵显示器原理图

4. 源程序设计

源程序如下。

```
/ ***********************************************************************
程序名称:program5-4.c
程序功能:LED 点阵电子广告牌
 ********************************************************************** /
#include  "REG51. H"
void delay1ms( );                              //延时 1ms 函数声明
void main( )
{
  unsigned char code led[  ] = {0x18,0x24,0x24,0x24,0x24,0x24,0x24,0x18,    //0
                     0x00,0x18,0x1c,0x18,0x18,0x18,0x18,0x18,    //1
                     0x00,0x1e,0x30,0x30,0x1c,0x06,0x06,0x3e,    //2
                     0x00,0x1e,0x30,0x30,0x1c,0x30,0x30,0x1e,    //3
                     0x00,0x30,0x38,0x34,0x32,0x3e,0x30,0x30,    //4
                     0x00,0x1e,0x02,0x1e,0x30,0x30,0x30,0x1e,    //5
                     0x00,0x1c,0x06,0x1e,0x36,0x36,0x36,0x1c,    //6
                     0x00,0x3f,0x30,0x18,0x18,0x0c,0x0c,0x0c,    //7
                     0x00,0x1c,0x36,0x36,0x1c,0x36,0x36,0x1c,    //8
                     0x00,0x1c,0x36,0x36,0x36,0x3c,0x30,0x1c} ;   //9
  unsigned char w;
  unsigned int i,j,k,m;
  while(1)
   {
    for( k =0;k <10;k ++ )                       //字符个数控制变量
     {
       for( m =0;m <400;m ++ )                    //每个字符扫描显示 400 次
        {
          w = 0x01;                          //行变量 w 指向第一行
          j = k * 8;                         //指向数组 led 的第 k 个字符第一个显示码下标
          for( i =0;i <8;i ++ )
           {
             P1 = w;                        //行数据送 P1 端口
             P0 = ~ led[j];                   //列数据送 P0 端口
             delay1ms( );
             w << =1;                       //行变量左移指向下一行
             j ++ ;                         //指向数组中下一个显示码
           }
        }
     }
   }
}
/ ***********************************************************************
函数名称:delay1ms
函数功能:软件延时约 1ms
形式参数:无
返回值:无
 ********************************************************************** /
void delay1ms( )
{
  unsigned char  i;
  for( i =0;i <0x10;i ++ );
}
```

5. Proteus 设计与仿真

在 Proteus 中运行程序，点阵将按照程序设置的方式工作，依次循环显示 0 ~ 9 十个数字，Proteus 仿真电路图如图 5-12 所示。

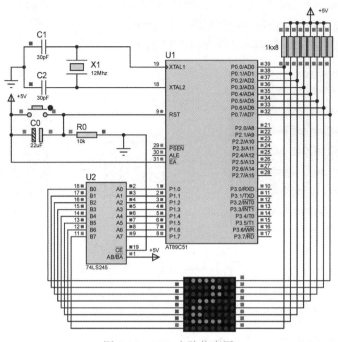

图 5-12　LED 点阵仿真图

5.2　LED 点阵显示器

学习指南	基本结构	1. LED 点阵的结构 2. LED 点阵的分类
	基本原理	1. 点阵的字型码的计算 2. 点阵的动态扫描方式 3. 点阵的显示原理
	基本技能	1. LED 点阵的编程及调试 2. 利用 Keil μVision、Proteus 仿真调试
	学习方法	理实一体 结合点阵显示器的应用，掌握点阵显示器控制原理及特点

5.2.1　LED 点阵显示器的结构

LED 点阵显示器是以发光二极管为像素组成阵列，用环氧树脂和塑模封装而成。这种封装的点阵 LED 显示器具有亮度高、引脚少、视角大、寿命长、耐湿、耐冷热且耐腐蚀等特点。

常见的 LED 点阵显示器按像素可分为：4×4、4×8、5×7、5×8、8×8、16×16、24×24、

145

40×40 等不同规格。按颜色基色可分为单基色、双基色和全彩色等。单基色点阵只能显示如红、绿、黄等固定的单色，双基色和三基色点阵的颜色由不同颜色发光二极管点亮的组合方式决定，如单红 LED 亮是红色，单绿 LED 亮是绿色，红绿 LED 都亮时可显示黄色。如按脉冲方式控制点亮时间，可实现 256 或更高级的灰度显示，即真彩色显示。

8×8 单色 LED 点阵显示器的实物图如图 5-13 所示。

8×8 单色 LED 点阵显示器内部结构如图 5-14 所示。

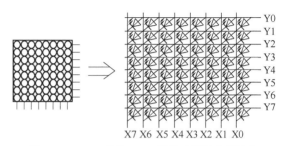

图 5-13　8×8 单色 LED 点阵显示器实物图　　　　图 5-14　8×8 单色 LED 点阵显示器内部结构

LED 点阵显示器可以实现数字、符号、中英文字及简单图形的显示。如 5×7 点阵显示器常用于显示英文字母，5×8 点阵显示器常用于显示中英文，8×8 点阵可用于显示简单中文文字和简单图形。此外，还可用多块点阵显示器组合成大屏幕显示器以显示更复杂的图形和图像。

5.2.2　LED 点阵显示器的显示方式

LED 点阵显示器有两种显示方式：静态显示和动态显示。

静态显示原理简单、控制方便，但硬件接线复杂、占用 I/O 口线较多。

在实际应用中一般采用动态显示方式，动态显示采用扫描的方式工作，从上到下逐行（列）选通（点亮），同时向各列（行）送出表示显示信息的数据代码，循环往复，利用人眼的视觉暂留特性，将连续的几帧画面高速循环显示，只要帧速率高于 24 帧/s，人眼看到的效果就是一个完整的、连续的画面。

现以 8×8 单色 LED 点阵显示器为例来介绍点阵显示器的工作原理，其内部结构如图 5-14 所示。水平方向的线 Y0、Y1、Y2、Y3、Y4、Y5、Y6、Y7 被称为行线，与 LED 的阳极相连，每一行上的 8 个 LED 的阳极均接在对应行的行线上，行线间彼此绝缘。垂直方向的线 X0、X1、X2、X3、X4、X5、X6、X7 称为列线，与 LED 的阴极相连，各列之间相互绝缘。若在某行线上加高电平（用"1"表示），同时在某列线上加低电平（用"0"表示），则对应行线和列线交叉点位置的 LED 将被点亮。如 Y0 为 1，X0 为 0，则右上角的 LED 点亮；若 Y3 为 1，X0 到 X7 均为 0，则 Y3 行的 8 个 LED 全亮。

用动态扫描显示的方式显示字符"工"的一次显示过程，如图 5-15 所示。

5.2.3　16×16 LED 点阵显示器的内部结构及工作原理

16×16 LED 点阵显示器的内部结构与 8×8 LED 点阵显示器的内部结构类似，是由 256 个 LED 所组成 16 行 16 列的阵列，有 16 根行线 Y0 ~ Y15 和 16 根列线 X0 ~ X15。下面以"王"字为例，介绍字型码的计算以及显示的过程。

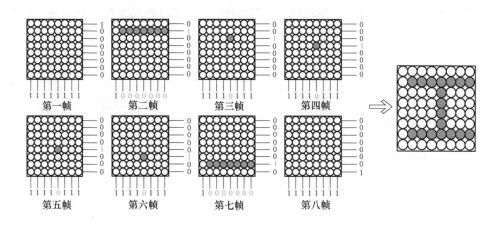

第一帧　第二帧　第三帧　第四帧

第五帧　第六帧　第七帧　第八帧

图 5-15　用动态扫描方式显示字符"工"的过程

16×16 LED 点阵显示器的汉字"王"显示如图 5-16 所示。每一个字均由 16×16 的 256 像素点阵以图像的形式显示，每一个像素对应一位 LED，每一个字的字型对应一幅图像。

AT89C51 单片机的字长为 8 位，每次最多能处理和传输 8 位二进制数据，无法一次输出一行对应的 16 位的二进制数据，因此该显示器一行由 2 个 8 位的二进制数据构成。首先输出 Y0 行的 2 个数据 0xff 和 0xff 并且点亮 Y0 行，延时一定时间后，输出 Y1 行的 2 个数据 0xff 和 0xff 并且点亮 Y1 行，延时一定时间后，再点亮下一行并延时，以此类推，直到实现所有行的显示再从头循环，与 LED 数码管的动态显示原理类似。一共扫描 16 行输出 32 个数据，根据点阵类型和接线方式可以得出汉字"王"的扫描代码为：0xff，0xff，0xff，0xff，0xc0，0x03，0xfe，0xff，0xfe，0xff，0xfe，0xff，0xfe，0xff，0xe0，0x0f，0xfe，0xff，0xfe，0xff，0xfe，0xff，0xfe，0xff，0xfe，0xff，0xfe，0xff，0x80，0x01，0xff，0xff，0xff，0xff。

	X0	X1	X2	X3	X4	X5	X6	X7	X8	X9	X10	X11	X12	X13	X14	X15		
Y0	1	1	1	1	1	1	1	1	1	1	1	1	1	1	1	1	0xff	0xff
Y1	1	1	1	1	1	1	1	1	1	1	1	1	1	1	1	1	0xff	0xff
Y2	1	1	0	0	0	0	0	0	0	0	0	0	0	0	1	1	0xc0	0x03
Y3	1	1	1	1	1	1	1	0	1	1	1	1	1	1	1	1	0xfe	0xff
Y4	1	1	1	1	1	1	1	0	1	1	1	1	1	1	1	1	0xfe	0xff
Y5	1	1	1	1	1	1	1	0	1	1	1	1	1	1	1	1	0xfe	0xff
Y6	1	1	1	1	1	1	1	0	1	1	1	1	1	1	1	1	0xfe	0xff
Y7	1	1	1	0	0	0	0	0	0	0	0	0	1	1	1	1	0xe0	0x0f
Y8	1	1	1	1	1	1	1	0	1	1	1	1	1	1	1	1	0xfe	0xff
Y9	1	1	1	1	1	1	1	0	1	1	1	1	1	1	1	1	0xfe	0xff
Y10	1	1	1	1	1	1	1	0	1	1	1	1	1	1	1	1	0xfe	0xff
Y11	1	1	1	1	1	1	1	0	1	1	1	1	1	1	1	1	0xfe	0xff
Y12	1	1	1	1	1	1	1	0	1	1	1	1	1	1	1	1	0xfe	0xff
Y13	1	0	0	0	0	0	0	0	0	0	0	0	0	0	0	1	0x80	0x01
Y14	1	1	1	1	1	1	1	1	1	1	1	1	1	1	1	1	0xff	0xff
Y15	1	1	1	1	1	1	1	1	1	1	1	1	1	1	1	1	0xff	0xff

图 5-16　16×16 LED 点阵显示器汉字"王"显示

由以上例子可以看出，无论显示何种字符或图像，都可以用以上方法分析出扫描代码并显示在屏幕上。现在有很多现成的汉字字模生成软件，因此可不必自己画表格算代码。

【实训 5.3】　试利用 Proteus 仿真 16×16 LED 点阵显示器显示"我来自电气 1201 班"。

分析：Proteus 中只有 5×7 和 8×8 等 LED 点阵显示器，没有 16×16 LED 点阵显示器，所以需使用 8×8 点阵显示器构建 16×16 点阵显示器进行汉字的显示。

首先，从 Proteus 的元器件库中找到"MATRIX-8X8-RED"元器件，并将四块该元器件放入 Proteus 文档区编辑窗口中。此时需要注意，如果点阵元器件保持原始放置的方式，则它的上面 8 个引脚是行线，下面的 8 个引脚是列线。然后分别连接各元器件对应的行线和列线，使同一行的行引脚接对应行的行线,同一列的列引脚接对应列的列线,并将行线和列线引出一定长度,然后用导线或网络标号将它们与单片机的相应 I/O 端口相连。连接好的 16×16 点阵原理图如图 5-17所示。

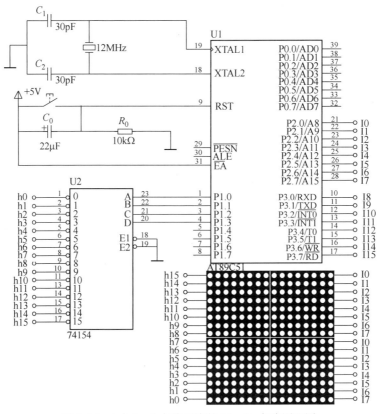

图 5-17 4 个 8×8 点阵组成的 16×16 点阵原理图

字型码的计算过程和设计思路前面已经做了说明,16×16 点阵显示器显示汉字的源程序如下:

```
/ ************************************************************
程序名称:program5-5. c
程序功能:16×16 点阵显示器显示汉字
 ************************************************************ /
#include   "REG51. H"
void delay1ms( );                      //延时 1ms 函数声明
void main( )
{
    unsigned char code led[ ] = {0xff,0xff,0xff,0xff,0xf2,0xff,0xf4,0xff,
                0xf8,0x8f,0x14,0xAf,0xf4,0x9f,0x1f,0xf8,
                0xf6,0x8f,0xf4,0x44,0xfc,0x5f,0x14,0x2f,
                0xf4,0x64,0xfc,0x98,0xf4,0x1f,0xff,0xff,      //我
                0xff,0xff,0xf1,0xff,0xf1,0xff,0xf0,0x0f,
                0xf1,0x2f,0xf5,0x4f,0xf3,0x8f,0x10,0x08,
```

```
                    0xf1,0xff,0xf3,0x8f,0xf5,0xf4,0x81,0x1f,
                    0x41,0xf8,0xf1,0xff,0xf1,0xff,0xff,0xff,          //来
                    0xff,0xff,0xf2,0xff,0xf4,0xff,0xf0,0x08,
                    0xf8,0xf8,0xf8,0xf8,0xf0,0x08,0xf8,0xf8,
                    0xf8,0xf8,0xf8,0xf8,0xf0,0x08,0xf8,0xf8,
                    0xf8,0xf8,0xf8,0xf8,0xff,0xff,0xff,0xff,          //自
                    0xff,0xff,0xf1,0xff,0xf1,0xff,0xf1,0xff,
                    0x80,0x08,0x81,0xf8,0x81,0xf8,0x80,0x08,
                    0x81,0xf8,0x81,0xf8,0x81,0xf8,0x80,0x08,
                    0xf1,0xff,0xf1,0xff,0xf1,0xf2,0xf1,0x0c,          //电
                    0xff,0xff,0xff,0xff,0xf4,0xff,0xf8,0xff,
                    0x10,0x0f,0x2f,0xff,0xff,0xff,0xf0,0x0f,
                    0xff,0xff,0xff,0xff,0xf0,0x0f,0xff,0x1f,
                    0xff,0x1f,0xff,0x1f,0xff,0x14,0xff,0x1c,          //气
                    0xff,0xff,0xff,0xff,0x4E,0x04,0x52,0x94,
                    0x42,0x94,0x42,0x94,0x42,0x94,0x42,0x94,
                    0x42,0x94,0x42,0x94,0x44,0x94,0x48,0x94,
                    0x5E,0x94,0xff,0xff,0xff,0xff,0xff,0xff,          //1201
                    0xff,0xff,0xff,0xff,0xff,0xff,0x3d,0x7c,
                    0xf9,0x1f,0xf9,0x1f,0xfb,0x1f,0xfb,0x1f,
                    0x10,0x3c,0xfb,0x1f,0xf9,0x1f,0xfd,0x1f,
                    0xf9,0x1f,0x12,0x1f,0x24,0x7c,0xff,0xff};         //班
unsigned char w;
unsigned int i,j,k,m;
while(1)
  {
    for(k=0;k<7;k++)                   //共7个字
      {
        for(m=0;m<400;m++)             //每个字循环若干次以实现一定时间的显示
          {
            w=0x00;
            j=k*32;
            for(i=0;i<16;i++)          //逐行扫描16次
              {
                P1=w;                  //送位控信号到点阵列线
                P0=led[j];             //送当前行左半区数据
                j++;
                P2=led[j];             //送当前行右半区数据
                delay1ms();
                w++;
                j++;
              }
          }
      }
  }
/********************************************************************
```
函数名称:delay1ms
函数功能:软件延时约1ms
形式参数:无

返回值:无
```
****************************************************************/
void delay1ms( )
{
    unsigned char i;
    for( i = 0;i < 16;i ++ );
}
```

【任务5.3】 字符型 LCD 广告牌的设计

1. 任务要求

在一块 LCD1602 液晶显示器的第一行上显示预设的字符串 "LCD1602 yejing"。

2. 任务目的

通过字符型 LCD（液晶显示器）广告牌的设计，了解液晶显示器的结构、与单片机的连接方法和控制原理。

3. 任务分析

LCD 可以分 2 行显示 32 个字符，只要按照其控制要求连接好电路，将其数据线 D0~D7、控制线（RS、R/$\overline{W}$、E）与单片机的 I/O 端口相连，编程时输入合适的控制命令即可完成控制要求，其电路原理图如图 5-18 所示。

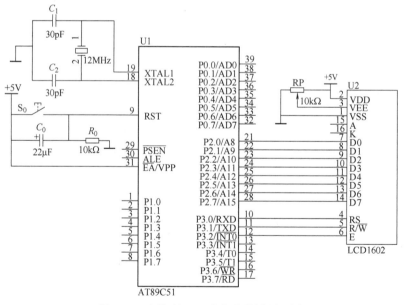

图 5-18 字符型 LCD 广告牌设计原理图

4. 源程序设计

源程序如下。

```
/****************************************************************
程序名称:program5-6. c
程序功能:字符型 LCD 广告牌程序
```

```
*******************************************************************/
#include < reg51. h >
#include < intrins. h >
sbit RS = P3^0;                              //数据/命令选择信号
sbit RW = P3^1;                              //读写控制信号
sbit E = P3^2;                               //使能信号
unsigned char code lcd[ ] = "LCD1602 yejing";   //LCD 要显示的字符串
void lcd_init( );                            //初始化子函数声明
unsigned char r_status( );                   //读状态子函数声明
void w_com(unsigned char com);               //写命令子函数声明
void w_data(unsigned char dat);              //写数据子函数声明
void delay(unsigned int k);                  //延时子函数1声明
void DL( );                                  //延时子函数2声明
// * * * * * * * * * 主函数开始 * * * * * * * * * * * *
void main( )
{
  unsigned char i;
  lcd_init( );                               //初始化
  w_com(0x01);                               //清屏
  w_com(0x80);                               //设置光标位置
  for(i = 0;i < 14;i + + )
  {
    w_data(lcd[i]);                          //显示字符
    DL( );
  }
    while(1);
}
/ *******************************************************************
函数名称:lcd_init
函数功能:LCD 初始化函数,设置液晶显示器工作方式
形式参数:无
返回值:无
*******************************************************************/
void lcd_init( )
{
  w_com(0x38);                               //设置显示状态
  w_com(0x0f);                               //开显示,设置光标显示方式
  w_com(0x01);                               //清屏
  w_com(0x06);                               //设置输入方式
  w_com(0x80);                               //设置光标初始位置
}
/ *******************************************************************
函数名称:r_status
函数功能:读 LCD 状态
形式参数:无
返回值:LCD 状态,类型为无符号字符型
*******************************************************************/
unsigned char r_status( )
{
  unsigned char s;
```

```
        RS = 0;
        RW = 1;                              //读状态功能
        E = 1;
        DL( );
        s = P2;                              //状态存入 s
        E = 0;
        RW = 0;
        return(s);                           //返回状态值
    }
/ ************************************************************
函数名称:w_com
函数功能:LCD 写命令函数,向 LCD 中写入命令
形式参数:命令字 com
返回值:无
 ************************************************************ /
void w_com( unsigned char com)
    {
        unsigned char m;
        do{
            m = r_status( );                 //读 LCD 状态
            m& = 0x80;                       //屏蔽无效位
            DL( );
            }while(m! = 0);                  //遇忙继续查询,不忙则结束
        RS = 0;                              //选择:命令/状态
        P2 = com;                            //写入命令
        DL( );                               //延时
        E = 1;                               //使能端置位,进行一次数据交换
        DL( );                               //延时
        E = 0;                               //使能端拉低
    }

/ ************************************************************
函数名称:w_data
函数功能:LCD 写数据函数,向 LCD 中写入数据
形式参数:dat
返回值:无
 ************************************************************ /
void w_data( unsigned char dat)
    {
        unsigned char m;
        do{
            m = r_status( );                 //读 LCD 状态
            m& = 0x80;                       //屏蔽无效位
            DL( );
            }while(m! = 0);                  //遇忙继续查询,不忙则结束
        RW = 0;
        RS = 1;                              //选择写数据功能
        P2 = dat;                            //写入数据
        DL( );
        E = 1;                               //使能端置位,进行一次数据交换
        DL( );
```

```
    E = 0;                           //使能端拉低
}
/ *******************************************************************
函数名称:delay
函数功能:延时时间可变的延时函数
形式参数:k,控制延时时间长短
返回值:无
 ******************************************************************* /
void delay( unsigned int k)
{
  unsigned int i,j;
  for( i = 0;i > k;i ++ )
    for( j = 0;j > 200;j ++ );
}
/ *******************************************************************
函数名称:DL
函数功能:延时函数
形式参数:延时约3个机器周期
返回值:无
 ******************************************************************* /
void DL( )
{
    _nop_( );
    _nop_( );
    _nop_( );
}
```

5. Proteus 设计与仿真

在 Proteus 中运行程序，LCD1602 液晶显示器将按照程序设置的方式工作，在第一行显示相应字符串，Proteus 仿真电路图如图 5-19 所示。

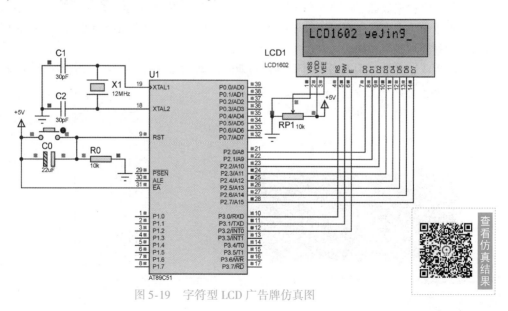

图 5-19　字符型 LCD 广告牌仿真图

5.3 字符型液晶显示器

	基本结构	1. 液晶显示器（LCD）的功能 2. 字符型 LCD 的结构
学习指南	基本原理	1. 字符型 LCD 的工作原理 2. 字符型 LCD 的控制方式 3. 字符型 LCD 的显示原理
	基本技能	1. 字符型 LCD 的编程及调试 2. 利用 Keil μVision、Proteus 仿真调试
	学习方法	理实一体 结合 LCD 广告牌的设计，熟悉字符型 LCD 显示器的应用

5.3.1 液晶显示器的功能与分类

液晶显示器（LCD）是一种低功耗、小体积的显示器件，在袖珍式仪表和低功耗应用系统中应用广泛，其使用方便、控制灵活，可以显示数字、字符、曲线和图形等信息。

LCD 通常可分为三大类：笔段型、字符型和点阵型。笔段型液晶显示器的结构类似于 LED 数码管，由长条状的显示像素组成，主要用于数字、部分英文字母和字符的显示；点阵型液晶显示器通常面积较大，由多行多列的显示像素组成矩阵形式，可以用于显示图形等复杂的信息；字符型液晶显示器主要用于显示数字、字母、符号和简单的图形，任务 5.3 中使用的显示器就属于这种。

5.3.2 字符型液晶显示器的结构与原理

一般的字符型液晶显示器面积较小，只能完成两行数据的显示，控制简单、成本较低。目前市面上使用的绝大多数字符型液晶显示器都是以 HD44780 芯片为控制核心的，因此它们的结构、外观和控制原理基本相同。

LCD1602 字符型 LCD 的外观和引脚排列如图 5-20 和图 5-21 所示，其引脚说明见表 5-3。

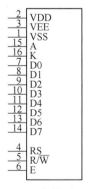

图 5-20 LCD1602 字符型 LCD 的外观图　　图 5-21 LCD1602 字符型 LCD 的引脚图

表 5-3　LCD1602 字符型液晶显示器引脚功能

引脚号	引脚名称	引脚功能
1	VSS	电源地线
2	VDD	电源引脚（+5V）
3	VEE	液晶驱动电源
4	RS	数据和命令选择，1：数据；0：命令
5	R/$\overline{W}$	读、写控制，1：读；0：写
6	E	使能信号
7	D0	数据总线（最低位）
8	D1	数据总线
9	D2	数据总线
10	D3	数据总线
11	D4	数据总线
12	D5	数据总线
13	D6	数据总线
14	D7	数据总线（最高位）
15	A	背光电源（+5V）
16	K	背光地

LCD1602 字符型 LCD 内部的字符产生存储器 CGROM（Character Generator ROM）存储了阿拉伯数字、大小写英文字母、常用的符号和日文假名等 160 个不同的点阵字符图形见表 5-4。每一个字符都有一个对应的代码，比如小写的英文字母"c"的代码是 01100011B（0x63），显示时模块把地址 63H 中的点阵字符图形显示出来，我们就能看到字母"c"。CGRAM（Custom Glyph RAM）为用户自定义的字符图形存储器，可以存储用户自定义的 16 个字符。

表 5-4　CGROM 的字符代码表

低位	高位												
	0000	0010	0011	0100	0101	0110	0111	1010	1011	1100	1101	1110	1111
××××0000	CGRAM（1）		0	ə	P	\	p		一	タ	三	α	P
××××0001	（2）	!	1	A	Q	a	q	□	ア	チ	ム	ä	q
××××0010	（3）	"	2	B	R	b	r	⌐	イ	川	メ	β	θ
××××0011	（4）	#	3	C	S	c	s	」	ウ	テ	モ	ε	∞
××××0100	（5）	$	4	D	T	d	t	\	エ	ト	ヤ	μ	Ω
××××0101	（6）	%	5	E	U	e	u	ロ	オ	ナ	ユ	B	ü
××××0110	（7）	&	6	F	V	f	v	テ	カ	ニ	ヨ	P	Σ
××××0111	（8）	>	7	G	W	g	w	ア	キ	ヌ	ラ	g	x
××××1000	（1）	(	8	H	X	h	x	イ	ク	ネ	リ	∫	X
××××1001	（2）	)	9	I	Y	i	y	ウ	ケ	ノ	ル	-1	y
××××1010	（3）	·	:	J	Z	j	z	エ	コ	リ	レ	j	千
××××1011	（4）	+	;	K	[	k	〈	オ	サ	ヒ	ロ	x	万
××××1100	（5）	フ	<	L	¥	l	|	ヤ	シ	フ	ワ	¢	円
××××1101	（6）	−	=	M	]	m	〉	ユ	ス	ヘ	ゾ	₺	÷
××××1110	（7）	.	>	N	^	n	→	ヨ	セ	ホ	ハ	ñ	
××××1111	（8）	/	?	O	—	o	0	ツ	ソ	マ	□	ö	

除了 CGROM 和 CGRAM 外，LCD1602 内部还有一个 DDRAM（Display Data RAM），用于定位待显示字符所在的位置，LCD 在送待显示字符代码的指令之前，先要送 DDRAM 的地址（即确定显示字符的位置）。LCD1602 字符型液晶显示器的 DDRAM 地址与显示位置的对应关系见表 5-5。例如，要在第二行的首个位置显示某个字符，则需将 40H 地址先行输入到 LCD 中。

表 5-5　LCD1602 字符型液晶显示器的 DDRAM 地址与显示位置的对应关系

位置	DDRAM 地址															
第一行	00H	01H	02H	03H	04H	05H	06H	07H	08H	09H	0AH	0BH	0CH	0DH	0EH	0FH
第二行	40H	41H	42H	43H	44H	45H	46H	47H	48H	49H	4AH	4BH	4CH	4DH	4EH	4FH

5.3.3　字符型液晶显示器的应用

1. LCD1602 液晶显示器的控制命令

LCD1602 液晶显示器共有 11 条控制命令，可以实现清屏、光标位置和移位控制、显示模式设置、功能设置等操作，具体见表 5-6。

表 5-6　LCD1602 液晶显示器的命令表

序号	指令	RS	R/$\overline{W}$	D7	D6	D5	D4	D3	D2	D1	D0
1	清显示	0	0	0	0	0	0	0	0	0	1
2	光标返回	0	0	0	0	0	0	0	0	1	×
3	设置输入方式	0	0	0	0	0	0	0	1	I/D	S
4	设置显示状态	0	0	0	0	0	0	1	D	C	B
5	光标移位方式	0	0	0	0	0	1	S/C	R/L	×	×
6	设置工作方式	0	0	0	0	1	DL	N	F	×	×
7	CGRAM 地址设置	0	0	0	1	A5	A4	A3	A2	A1	A0
8	DDRAM 地址设置	0	0	1	A6	A5	A4	A3	A2	A1	A0
9	读忙标志和计数器地址	0	1	BF	AC6	AC5	AC4	AC3	AC2	AC1	AC0
10	写数据	1	0	待写入数据							
11	读数据	1	1	读出的数据							

注："×"表示该位状态为任意。

指令说明：

（1）清显示命令　命令码为 01H，清除屏幕上的所有显示内容，执行后光标复位到地址 80H 位置。

（2）光标返回命令　执行后光标返回到地址 80H。

（3）设置输入方式命令　I/D：光标移动方向，1 为右移，0 为左移；S：屏幕上所有文字是否移位，1 为移位，0 为不移位。

（4）设置显示状态命令　D：控制显示的开关，1 为开显示，0 为关显示；C：控制光标的显示，1 为显示光标，0 为不显示光标；B：控制光标闪烁，1 为闪烁，0 为不闪烁。

（5）光标移位方式命令　S/C：1 为移动显示的文字，0 为移动光标。

（6）设置工作方式命令　DL：1 为 8 位数据输入，0 为 4 位数据输入；N：1 为 2 行显示，0 为单行显示；F：1 为显示 5×10 的点阵字符，0 为显示 5×7 的点阵字符。

（7）CGRAM 地址设置命令　字符发生器 RAM 地址设置，A5 ~ A0 为 CGRAM 的地址。

（8）DDRAM 地址设置命令　设置显示字符的位置，A6 ~ A0 为 DDRAM 的地址，与 2 行液晶显示器位置对应，由于最高位为1，再结合DDRAM的地址，命令字显示位置与命令字的关系见表5-7。

表5-7　LCD1602液晶显示器命令字显示位置与命令字的关系

位置	命　令　字															
第一行	80H	81H	82H	83H	84H	85H	86H	87H	88H	89H	8AH	8BH	8CH	8DH	8EH	8FH
第二行	C0H	C1H	C2H	C3H	C4H	C5H	C6H	C7H	C8H	C9H	CAH	CBH	CCH	CDH	CEH	CFH

（9）读忙标志和计数器地址命令　BF：忙标志位，1表示忙，此时模块不能进行写命令和写数据等操作，0表示不忙，可以进行操作。

（10）写数据命令　将数据写入到CGRAM或DDRAM。

（11）读数据命令　从CGRAM或DDRAM中读取数据。

在LCD的程序设计中，要先进行LCD的初始化，设置输入方式、显示状态、工作方式、显示位置和清屏等操作，通常编制一个LCD初始化子函数，举例如下：

```
void lcd_init()
{
  w_com(0x38);                    //设置显示状态
  w_com(0x0f);                    //开显示,设置光标显示方式
  w_com(0x01);                    //清屏
  w_com(0x06);                    //设置输入方式
  w_com(0x80);                    //设置显示初始位置
}
```

2. LCD1602液晶显示器的基本操作

LCD1602液晶显示器有4种基本操作，分别是读状态、写命令、写数据和读数据。具体功能由RS、R/$\overline{\text{W}}$和E三个控制引脚的不同组合来实现。LCD1602液晶显示器的基本操作与控制引脚状态关系见表5-8。

表5-8　LCD1602液晶显示器的基本操作与控制引脚状态关系

RS	R/$\overline{\text{W}}$	E	LCD基本操作	RS	R/$\overline{\text{W}}$	E	LCD基本操作
0	0	⎍	写命令操作	1	0	⎍	写数据操作
0	1	⎍	读状态操作	1	1	⎍	读数据操作

（1）读状态操作　在进行写命令、写数据和读数据操作之前，要进行读状态操作，查询LCD1602液晶显示器的读忙标志BF，若BF=1则表示忙，需等待到BF=0时方可进行其他操作。具体指令如下：

```
do{
    m = r_status();                //读LCD状态
    m& = 0x80;                     //屏蔽无效位
    DL();
} while(m! =0);                    //遇忙继续查询,不忙则结束
```

读状态操作使用读忙标志和计数器地址命令进行，能够读取到BF和计数器地址，其格式见表5-5。在实际应用中通常编制一个读状态函数来完成该操作，先设置各控制端使其功能为"读状态"，然后读取状态，最后返回状态值，具体如下：

```
unsigned char r_status( )
    {
        unsigned char s;
        RS = 0;
        RW = 1;                              //读状态功能
        E = 1;
        DL( );
        s = P2;                              //状态存入 s
        E = 0;
        RW = 0;
        return( s );                         //返回状态值
    }
```

（2）写命令操作　要想在 LCD 上实现数据的显示，首先要设置好 LCD 的输入方式、显示状态、工作方式等功能，使用的过程中可能会用到清屏、设置显示位置等功能，这些都需要写命令操作来实现，在 LCD 的应用中通常编制一个写命令子函数来完成该操作，先读状态，遇忙后等待，不忙后输入命令。具体如下：

```
void w_com(unsigned char com)
{
    unsigned char m;
    do{
        m = r_status( );                     //读 LCD 状态
        m& = 0x80;                           //屏蔽无效位
        DL( );
        }while(m! = 0);                      //遇忙继续查询,不忙则结束
    RS = 0;                                  //选择:命令/状态
    P2 = com;                                //写入命令
    DL( );                                   //延时
    E = 1;                                   //使能端置位,进行一次数据交换
    DL( );                                   //延时
    E = 0;                                   //使能端拉低
}
```

（3）写数据操作　写数据操作可以向 LCD 的 CGRAM 或 DDRAM 中写入数据，输入要显示的字符代码或自编字符的代码。通常也以子函数的形式进行，先读状态，遇忙后等待，不忙后输入数据。具体如下：

```
void w_data(unsigned char dat)
{
    unsigned char m;
    do{
        m = r_status( );                     //读 LCD 状态
        m& = 0x80;                           //屏蔽无效位
        DL( );
        }while(m! = 0);                      //遇忙继续查询,不忙则结束
    RW = 0;
    RS = 1;                                  //选择写数据功能
    P2 = dat;                                //写入数据
    DL( );
```

```
E = 1;                          //使能端置位,进行一次数据交换
DL( );
E = 0;                          //使能端拉低
}
```

（4）读数据操作　读数据操作可以读取 LCD 液晶显示器的 CGRAM 或 DDRAM 中数据，一般在实际应用中使用较少。

【任务5.4】具有控制功能的简易秒表的设计

1. 任务要求

在简易秒表的基础上，增加一位显示，实现 0~9.9s 的显示；增加启动、暂停和清零这 3 个控制按键。当启动键按下时，开始计时；按下暂停键时，暂停计时，LED 数码管显示不变；按下清零键时，停止计时，同时 LED 数码管清零显示。计时在 0.1~9.9s 循环显示。

2. 任务目的

通过具有控制功能的简易秒表的设计，进一步理解定时器、LED 数码管静态显示等知识，学习按键的相关知识。

3. 任务分析

任务 5.1 中已经设计过简易秒表，对于 LED 数码管的接线、显示、编程和静态显示的字型码计算有了一定的理解，本任务采用动态显示方式进行两位 LED 数码管的显示，1 位显示秒的整数部分，另 1 位显示秒的小数部分，程序中应当用两个变量分别控制；定时采用中断方式，每 50ms 溢出一次，两次则为 0.1s，而 10 个 0.1s 即为 1s，最大显示为 9.9s。具有控制功能的简易秒表的电路原理图如图 5-22 所示。

项目 **5**

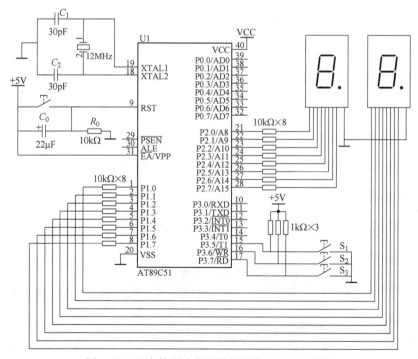

图 5-22　具有控制功能的简易秒表的电路原理图

4. 源程序设计

源程序如下。

```
/********************************************************************
程序名称:program5-7.c
程序功能:具有控制功能的简易秒表的设计
********************************************************************/
#include <reg51.h>
unsigned char msec,dsec,sec;              //定义 msec 为50ms 计数变量,sec 为秒变量1
/********************************************************************
函数名:T0_INT
函数功能:定时 50ms 到,自动执行,判断是否中断 20 次
形式参数:无
返回值:无
********************************************************************/
void T0delay(void)interrupt 1             //定时器 0 中断类型号为 1
{
  TH0 = 0x3c;                             //50ms 定时初值
  TL0 = 0xb0;
  msec ++;                                //中断次数增 1
  if(msec == 2)                           //判断中断次数是否已够 2 次
  {
    msec = 0;                             //够 2 次,0.1s 计时到,50ms 计数单元清零
    dsec ++;                              //0.1s 单元加 1
    if(dsec == 10)                        //判断 1s 时间是否已到
    {
      dsec = 0;                           //是,0.1s 单元清零
      sec ++;                             //秒单元加 1
        if(sec == 10)
      {
          sec = 0;
      }
    }
  }
}
void main()                               //主函数
{
  unsigned char led[] = {0xc0,0xf9,0xa4,0xb0,0x99,0x92,0x82,0xf8,0x80,0x90};
                                          //定义数字 0~9 的字型码
  unsigned char temp;
  TMOD = 0x01;                            //定时器 0,工作方式 1
  TH0 = 0x3c;                             //50ms 定时初值
  TL0 = 0xb0;
  EA = 1;                                 //开总中断
  ET0 = 1;                                //开定时器 0 中断
  P3 = 0xff;                              //P3 端口设为输入
  while(1)
  {
    P2 = led[sec] + 0x80;                 //显示秒的整数部分
    P1 = led[dsec];                       //显示秒的小数部分
```

```
temp = ~ P3;                              //读入 P3 端口引脚状态并取反
temp = temp&0xe0;                         //屏蔽掉无关位,保留三位按键状态 xxx00000
if( temp! = 0)                            //判断有无按键按下
{
    if( temp == 0x80)                     //按下暂停键
    TR0 = 0;                              //暂停计数
    if( temp == 0x40)                     //按下启动键
    TR0 = 1;                              //启动计数
    if( temp == 0x20)                     //按下清零键
    { TR0 = 0;sec = 0;dsec = 0; }
}
}
```

5. Proteus 设计与仿真

在 Proteus 中运行程序,按下启动键秒表开始工作,LED 数码管将按照程序实现秒表的显示,按下暂停键秒表暂停计时,再按下启动键继续计时,按下复位键秒表清零并停止计时,仿真图如图 5-23 所示。

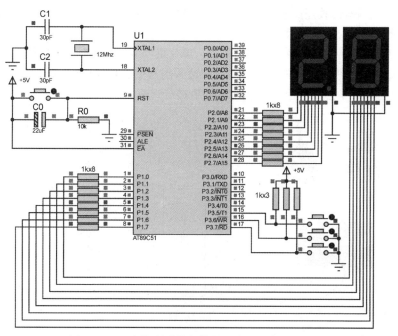

图 5-23　具有控制功能的简易秒表 Proteus 仿真图

5.4　键盘及接口技术

学习指南	基本概念	1. 触点式按键	2. 非触点式按键
		3. 编码式键盘	4. 非编码式键盘
	基本结构	1. 键盘的结构和原理	2. 独立式键盘的结构
		3. 矩阵式键盘的结构	

（续）

学习指南	键盘扫描过程	1. 确定按键是否按下	2. 按键去抖
		3. 键值计算	4. 按键处理
	基本技能	1. 独立式键盘编程及调试	2. 矩阵式键盘编程及调试
		3. 利用 Keil μVision、Proteus 仿真调试	
	学习方法	理实一体	
		结合按键在具体实例中的应用，掌握按键功能的设置特点	

5.4.1 按键和键盘

键盘是单片机控制系统最常用的输入设备之一。用户可以通过键盘输入数据、地址和命令等信息，进行简单的人机数据交换。

1. 按键的结构和工作原理

单片机的键盘通常是由多个按键组成的，按键通常有两类。

（1）触点式按键　如机械式开关、导电橡胶式开关等。

（2）非触点式按键　如电气式按键、磁感应按键等。

触点式按键造价低廉，但寿命较短，非触点式按键成本较高，但使用寿命较长。单片机系统中较常见的是触点式按键，如图 5-24 所示。

触点式按键是一种常开型按钮开关，如图 5-25 所示，单片机的 P3.0 连接了一位按键 S。按键 S 断开时，P3.0 输入为高电平，即 "P3.0 == 1"；按键 S 闭合时，P3.0 输入为低电平，即 "P3.0 == 0"。反之，按键的状态也可以通过检测 P3.0 的值进行判断。

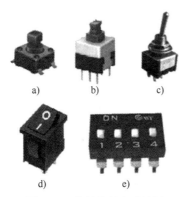

图 5-24　常见的触点式按键

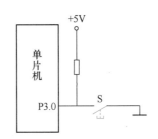

图 5-25　触点式按键原理图

2. 按键的抖动

对于触点式按键，由于触点的弹性作用，按键闭合时，不会马上稳定地接通；断开时，也不会立即断开。即在按键闭合、断开的瞬间，均伴随着一连串的抖动，抖动时间的长短由按键机械特性决定，一般为 5 ~ 10ms，按键抖动示意图如图 5-26 所示。

若为了克服按键触点机械抖动所致的检测误判，确保一次按键动作只确认一次按键，必须采取去抖动措施。

消除按键抖动的措施有硬件去抖和软件去抖两种方式。在键数较少时，可采用硬件去抖方式；当键数较多时，采用软件去抖方式。

（1）硬件去抖　常用的硬件去抖电路原理图如图 5-27 所示。图 5-27a 是由两个与非门构成的 RS 触发器去抖；图 5-27b 是由 RC 滤波电路实现的去抖。

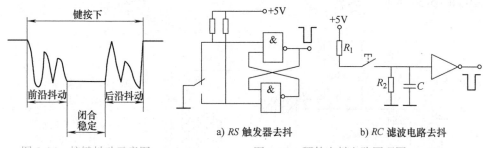

图 5-26　按键抖动示意图　　　　　图 5-27　硬件去抖电路原理图

（2）软件去抖　软件去抖的方法是根据机械式按键的操作原理，利用软件的延时实现。当检测到按键按下后，延时一段时间，一般为 10ms；然后，再次检测该按键的状态，如果按键状态保持不变，则确认为真正的有按键按下。按键按下时软件去抖检测流程图如图 5-28 所示。

同理，检测按键释放时也可采用相同的方法，从而消除键盘的抖动。按键释放时软件去抖检测流程图如图 5-29 所示。

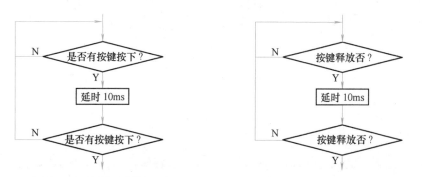

图 5-28　按键按下时软件去抖检测流程图　　　图 5-29　按键释放时软件去抖检测流程图

按键处理时，一般只处理按键按下时的抖动，忽略按键释放时的去抖。

3. 键盘的分类

（1）按键盘的接口原理分类　按键盘的接口原理，键盘可以分为：编码键盘和非编码键盘。

编码键盘主要通过硬件识别哪个键已按下。编码键盘除了键开关外，还有专门的硬件电路，用于识别闭合键并产生键代码。编码键盘一般由去抖动电路和防串键保护电路等组成。这种键盘的优点是所需软件较简单，硬件电路较复杂，价格较贵。目前，在单片机控制系统中使用较少。

非编码键盘主要是由软件判断哪个键按下的。非编码键盘由按键开关组成，其操作为：键识别、键代码的产生、去抖动等。以上操作是由软件完成的。为了简化硬件电路结构，降低成本，单片机控制系统中较多地采用非编码键盘。

（2）非编码键盘的结构分类　键盘按非编码键盘的结构分为独立式键盘与矩阵式键盘。独立式键盘主要用于按键数量较少的场合；矩阵式键盘主要用于按键数量较多的场合，也称行列式键盘。

【实训5.4】　利用一位按键控制一位 LED 灯的亮灭。按一次键 LED 灯点亮，再按则熄灭，如此往复。

分析： 本任务通过循环扫描按键所连接 I/O 端口线的状态实现的，若检测到按键按下，延时

10ms 后再次读取 I/O 端口线状态，若仍然为按下，则执行相应程序。一位按键控制一位 LED 灯的原理图如图 5-30 所示。

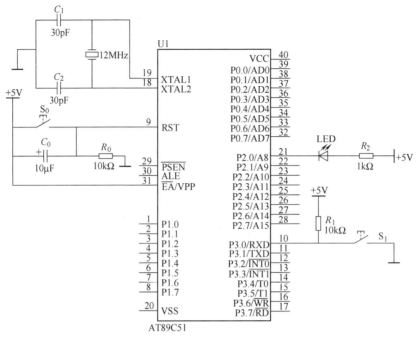

图 5-30　一位按键控制一位 LED 灯原理图

源程序如下。

```
/ *******************************************************************
程序名称:program5-8. c
程序功能:一位按键控制一位 LED 灯亮灭
******************************************************************* /
#include < reg51. h >
sbit led = P2^0;
sbit key = P3^0;
/ *******************************************************************
函数名称:delay
函数功能:延时时间可控的延时函数
形式参数:a
返回值:无
******************************************************************* /
void delay( unsigned char a)
{
    unsigned char b,c;
    for( b = a;b > 0;b-- )
        for( c = 0;c < 110;c ++ );
}
void main( )
{
    while( 1 )
```

```
{
    if( key ==0)                            //确认按键按下
    {
        delay(10);                          //延时去抖
        if( key ==0)                        //再次确认按键按下
        led = ~ led;                        //发光二极管状态取反
    }
  }
}
```

5.4.2　独立式键盘

1. 独立式键盘结构

独立式键盘的按键相互独立，每个按键连接一条 I/O 端口线，每个按键的工作不会影响其他 I/O 端口线的工作状态。因此，通过检测 I/O 端口线的电平状态，即可判断哪个键按下。独立式键盘电路原理图如图 5-31 所示。

2. 独立式键盘的程序设计

一般把键盘扫描程序设计为独立的函数，以方便调用。程序设计通常采用查询法。键盘扫描子程序应具有以下功能。

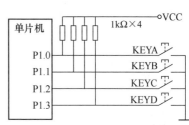

图 5-31　独立式键盘原理图

1）判定有无按键动作。

2）去抖动。

3）确认是否真正有闭合键。

4）计算并保存闭合键键值。

现以图 5-31 为例，说明独立式键盘的程序设计过程。

图 5-31 中有四个按键：KEYA、KEYB、KEYC、KEYD；设定延时函数的名称为 delay10ms。

键盘处理时，首先读取按键连接的 P1 端口的状态，将读取的数据取反判断是否有键按下，若有键按下，延时（去抖动）；再次读取 P1 端口的状态并取反，根据键值调用不同的处理函数。

独立式键盘处理源程序如下。

```
/*****************************************************************
程序名称:program5-9. c
程序功能:独立式键盘程序设计
*****************************************************************/
#include < reg51. h >
/*****************************************************************
函数名称:delay10ms
函数功能:采用定时器 1 实现延时 10ms
形式参数:无
返回值:无
*****************************************************************/
void delay10ms( )                        //定时 10ms,采用定时器 1,工作方式 1
{
    TH1 =0xd8;                            //设置 10ms 定时初值
    TL1 =0xf0;
    TR1 =1;                              //启动定时器 1
```

```
    while( ! TF1);                          //判断10ms 定时时间是否到
    TF1 = 0;                                //时间到,TF1 清零
}
/*************************************************************************
函数名称:main
函数功能:独立式按键处理
形式参数:无
返回值:无
*************************************************************************/
void main( )                               //主函数
{
    unsigned char i;
    TMOD = 0x10;                           //设置定时器1,工作方式1
    P1 = 0xff;                             //P1 端口为输入口,置全1
    i = 0;
    while(1)
    {
        do
        {
            i = P1;
            i = ~ i
            i = i&0x0f;                    //屏蔽高位
        }
        while( i == 0);                    //循环判断是否有键按下
        delay10ms( );                      //有键按下,延时 10ms 去抖
        do
        {
            i = ~ P1;                      //再次读按键状态
            i = i&0x0f;
        }
        while( i == 0);
        switch( i )                        //根据键值调用不同的处理函数
        {
            case 0x01: KEYA( );break;      //调用按键 KEYA 功能函数
            case 0x02: KEYB( );break;      //调用按键 KEYB 功能函数
            case 0x04: KEYC( );break;      //调用按键 KEYC 功能函数
            case 0x08: KEYD( );break;      //调用按键 KEYD 功能函数
            default: break;
        }
    }
}
```

5.4.3　矩阵式键盘

1. 矩阵式键盘的连接方法和工作原理

当键盘中按键数量较多时,为了减少 I/O 端口线的占用,通常将按键排列成矩阵形式。图 5-32所示为 4×4 = 16 位矩阵式按键端口线连接示意图。键盘中,每条水平线和垂直线交叉处通过一个按键连接。矩阵式键盘的结构中,将行线连接在单片机的 4 位 I/O 端口线上,作为输入端;列线连接的 I/O 端口线作为输出端。

没有按键按下时，所有输出端均为高电平，即"1"，行线输入也是高电平，即"1"；有键按下时，相应列的输出为低电平，即"0"，对应行输入线也为低电平，即"0"。通过检测输入线的状态可知是否有键按下。

2. 矩阵式键盘的识别

确定矩阵式键盘中一位键是否被按下通常采用"列扫描法"。

（1）键盘的全扫描　全扫描方法：使所有列线输出低电平，即"0"，读取所有行线状态，若读入的行线电平全为高电平，即为"1"，则无键按下；否则，有键按下。

（2）键盘的行扫描　矩阵键盘列扫描法又称为逐列扫描查询法。使列线依次输出为"0"，读取该列线上所有行线状态，如果该列线所连接的键没有按下，则行线所连接的端口线为"1"；如果有键按下，则行线为非全"1"。闭合的键位于行、列线均为"0"的位置。

（3）键值计算　在确认有键按下后，就要确定闭合键的具体位置，即计算键值。

用列扫描法计算键值的方法：依次使列线为"0"，逐列检测各行线的状态。若行线状态为"0"，则该行线与输出为"0"的列线交叉处的按键就是闭合的。

闭合键的位置确定后，即可计算键值。对于4×4行列式矩阵键盘，键值与行号、列号之间的关系为：

$$键值 = 行号 \times 4 + 列号$$

键值的编码如图5-33所示。

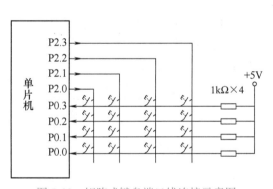

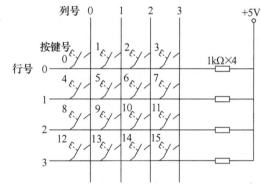

图5-32　矩阵式键盘端口线连接示意图　　　　图5-33　矩阵式键盘键值编码示意图

键值确定后，就可以转至相应的键处理程序，确定按键功能。

（4）键盘扫描程序的设计　矩阵式键盘扫描程序一般包括以下几项：

1）判断键盘上是否有键闭合。

2）消除键的机械抖动。

3）确定闭合键的物理位置（行、列号）。

4）计算闭合键的键值。

5）保存闭合键值，同时转去执行该闭合键的功能。

矩阵式键盘行扫描法对应的程序流程图如图5-34所示。

矩阵式键盘扫描程序如下。

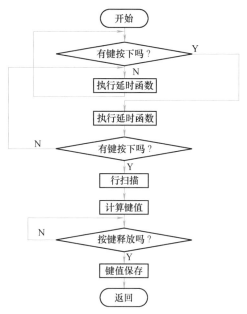

图 5-34 矩阵式键盘扫描程序流程图

```
/ *********************************************************************
程序名称:program5-10. c
程序功能:矩阵式键盘扫描程序
 ********************************************************************* /
#include < reg51. h >
 ********************************************************************* /
void delay10ms( )                        //定时 10ms,采用定时器 1,工作方式 1 实现
{略}                                      //参考 program5-9. c
/ *********************************************************************
函数名称:scan_key
函数功能:4×4 矩阵式键盘按键扫描程序
形式参数:无
返回值:键值 0~15 之间的无符号数, -1 表示无键按下
 ********************************************************************* /
unsigned char scan_key(void)
{
  unsigned char i,temp,m,n;
  bit    find =0;                        //有键按下标志位
  P0 =0xff;                              //P0 端口低 4 位行线输入,先置全 1
  P2 =0x00;                              //输出全扫字,列线全为"0"
  temp = ~ P0;                           //读行线状态
  while(temp! =0)
  {
    delay10ms( );
   }
  P2 =0x00;                              //输出全扫字,列线全为"0"
  temp = ~ P0;                           //读行线状态
  while(temp! =0)
```

```
{
    for(i = 0;i < 4;i + + )
    {
        P2 = 0xfe << 1;                  //逐列送低电平扫描
        temp = ~ P0;                     //读行值,并取反
        temp = temp&0x0f;                //屏蔽行高4位
        while(temp! = 0x00)              //判断有无键按下,若为0则无键按下
        {
            m = i;                       //保存列号到变量m中
            find = 1;                    //设置找到按键标志
            switch(temp)                 //判断哪一行有键按下
            {
                case 0x01:n = 0;break;   //第0行有键按下
                case 0x02:n = 1;break;   //第1行有键按下
                case 0x04:n = 2;break;   //第2行有键按下
                case 0x08:n = 3;break;   //第3行有键按下
                default:break;
            }
        }
    }
    if(find = = 0)return    - 1;         //无键按下则返回值为 - 1
    else return(n * 4 + m);             //否则返回键值,键值 = 列号 × 4 + 行号
}
```

【实训5.5】　　通过51系列单片机 P2 端口构成 4 × 4 矩阵式键盘,要求:当按下某一按键时,显示该按键的值。

分析: P2 端口连接线的矩阵式按键,如图5-35所示。P2 端口的高4位（P2.4 ~ P2.7）作为输入行线,P2 端口的低4位（P2.0 ~ P2.3）作为输出列线,构成4 × 4矩阵按键。

（1）检测是否有键按下　检测的方法是 P2.0 ~ P2.3 输出全"0",读取 P2.4 ~ P2.7 的状态,

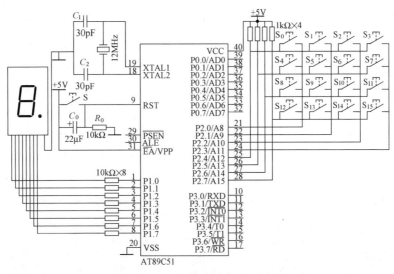

图 5-35　矩阵式键盘原理图

若 P2.4 ~ P2.7 为全"1"，则说明无键闭合；否则有键闭合。

（2）去除键抖动并确定键值 当检测到有键按下后，延时一段时间再做下一次的检测判断，若仍有键按下，则识别是哪一个键按下的。

键盘的列线进行扫描，P2.0 ~ P2.3 按下述 4 种组合依次输出：P2.3，1110；P2.2，1101；P2.1，1011；P2.0，0111。在每组行输出时读取列线 P2.4 ~ P2.7 状态；若全为"1"，则表示为"0"这一列没有键闭合；否则就是有键闭合。由此得到闭合键的行值和列值，然后可采用计算法或查表法将闭合键的行值和列值转换成所定义的键值。

（3）处理并显示键值 根据键值进行键处理，将按键的键值显示在数码管。

源程序如下。

```c
/***********************************************************************
程序名称:program5-11. c
程序功能:行扫描法键盘程序
***********************************************************************/
#include <reg51. h>
#include <intoins. h>
unsigned char temp,key =0x16;
unsigned char code LED[ ] = {0x3F,0x06,0x5B,0x4F,0x66,0x6D,0x7D,0x07,0x7F,0x6F,
0x77,0x7C,0x39,0x5E,0x79,0x71,0x40};                    //此数组为"0~9,a~f,-"的字型码
/***********************************************************************
函数名称:delay
函数功能:延时时间可控的延时函数
形式参数:z
返回值:无
***********************************************************************/
void delay( unsigned char z)
{
    unsigned char i,j;
    for( i =0;i <100;i ++ )
      for( j =0;j <z;j ++ );
}
/***********************************************************************
函数名称:scankey
函数功能:根据按键行值和列值计算键值,存入 key 中
形式参数:无
返回值:无
***********************************************************************/
void scankey( )
{
    unsigned char n;
    for( n =0;n <4;n ++ )                          //逐行扫描 4 次
    {
      P2 =0xfe;                                     //逐行扫描
      P2 = - crol( P2,n);
      delay(10);
      temp = P2&0xf0;                               //读取列线状态
      if( temp! =0xf0)
    { temp = ( temp&0xf0);
      switch( temp)                                 //根据列线状态进行处理
    {
      case 0xe0: key = n*4 +0; break;               //第 0 列有键按下,计算键值
      case 0xd0: key = n*4 +1; break;               //第 1 列有键按下,计算键值
      case 0xb0: key = n*4 +2; break;               //第 2 列有键按下,计算键值
      case 0x70: key = n*4 +3; break;               //第 3 列有键按下,计算键值
```

```
        default : key = 16              //若都不符合,则 key 值为 16
    }
  }
}
/ ************************************************************
函数名称:pkey
函数功能:判断是否按键,并调用 scankey 函数计算键值
形式参数:无
返回值:无
************************************************************ /
void pkey( )
{
  P2 = 0xF0;                          //所有行线输出"0"
  delay(10);                          //延时去抖
  if(P2! = 0xF0)                      //再次确认有无键按下
  scankey( );                         //计算键值
}
void main( )
{
    while(1)
  {
    pkey( );                          //调用键扫描函数,判断按键并计算键值
    P1 = LED[key];                     //显示所按的键号
    delay(200);
  }
}
```

【任务5.5】 具有时间显示的模拟交通信号灯控制系统

1. 任务要求

在前面模拟交通信号灯控制系统的基础上,增加倒计时显示,设计一个带倒计时显示的交通信号灯控制系统,要求南北和东西方向各设置两组两位的数码管进行倒计时显示。设置3位控制按键,实现启动、暂停和停止功能,按下"启动"键,系统开始工作,按下"暂停"键系统暂停工作,若此时再按下"启动"键,则恢复之前的工作;按下"停止"键,则系统停止工作,之后按下"启动"键则重新开始工作。以绿色、黄色、红色三只四组(东、西方向信号灯的变化情况相同,用两组发光二极管,接相同 I/O 口;南、北方向信号灯的变化相同,用两组发光二极管,接相同 I/O 口)发光二极管(LED)代表交通信号灯,实现定时交通信号灯控制。

交通信号灯基本变化规律:

(1) 放行线　绿灯亮放行25s,绿灯闪烁3s,黄灯亮警告2s,然后红灯亮禁止。

(2) 禁行线　红灯亮禁止30s,然后绿灯亮放行。交通信号灯显示状态见表5-9。

2. 任务目的

通过设计具有时间显示的模拟交通信号灯控制系统,进一步理解 LED 数码管的动态显示原理和编程方法,综合应用定时器/计数器、中断系统、单片机的基本知识、C 语言基本语句、函数、数组等基本知识。

3. 任务分析

这是一个相对复杂的交通灯控制系统,增加了8个 LED 数码管显示器,电路原理图如图5-36

表5-9　交通灯显示状态

东西方向（A向）			南北方向（B向）			状 态 说 明	时　　间
红灯	黄灯	绿灯	红灯	黄灯	绿灯		
灭	灭	亮	亮	灭	灭	A向通行，B向禁行	25s
灭	灭	闪烁	亮	灭	灭	A向闪烁，B向禁行	闪烁3s
灭	亮	灭	亮	灭	灭	A向警告，B向禁行	2s
亮	灭	灭	灭	灭	亮	A向禁行，B向通行	25s
亮	灭	灭	灭	灭	闪烁	A向禁行，B向闪烁	闪烁3s
亮	灭	灭	灭	亮	灭	A向禁行，B向警告	2s

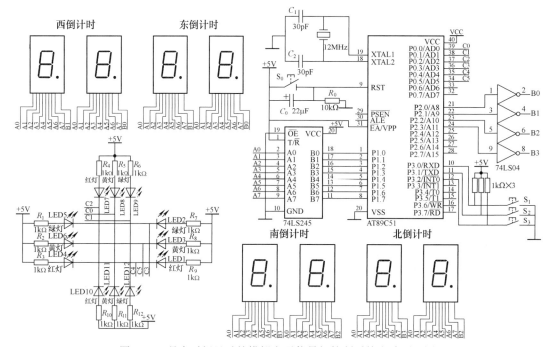

图5-36　具有时间显示的模拟交通信号灯控制系统电路原理图

所示。本任务的定时采用中断方式，在中断函数中利用全局变量 msec 作为变量，每过 50ms，msec 自加 1，20 次后秒变量 sec 自减 1，sec 采用倒计的方式，初值为 60，这恰好是系统的 1 个循环周期，主函数以秒变量 sec 的变化作为条件来控制交通信号灯以及 8 位 LED 显示器的倒计时显示，当 sec=0 后恢复 sec=60，接着进行下一次循环。此外，本系统加入了 3 个控制按键：启动、暂停和停止。3 个控制键分别接在 P3 口的 P3.0、P3.1 和 P3.2 上，可以根据 3 位按键的状态控制系统的运行。东西方向（A向）信号灯由 P0.3、P0.4、P0.5 控制，南北方向（B向）信号灯由 P0.0、P0.1、P0.2 控制，根据控制要求可以确定 P0 端口的状态数据，交通灯控制端口线分配及控制状态见表 5-10。

4. 源程序设计

程序流程图如图 5-37 所示，源程序由主函数、中断延时函数、显示函数、软件延时函数组成，定义了 msec 和 sec 两个全局变量作为时间变量控制整个程序的运行；定义了两个全局变量数组 led 和 dis 用来分别储存原始字型码和要显示的数据；中断延时函数中对两个全局变量进行控制；显示函数用于显示东西、南北交通灯的控制时间；软件延时函数进行一定时间的延时来配合显示函数进行显示。

表 5-10 交通灯控制端口线分配及控制状态

状态说明			东西方向（A 向）			南北方向（B 向）			P0 端口数据
			红灯	黄灯	绿灯	红灯	黄灯	绿灯	
	P0.7	P0.6	P0.5	P0.4	P0.3	P0.2	P0.1	P0.0	
A 向通行，B 向禁行	1	1	1	1	0	0	1	1	0xf3
A 向闪烁，B 向禁行	1	1	1	1	0/1	0	1	1	0xf3/0xfb
A 向警告，B 向禁行	1	1	1	0	1	0	1	1	0xeb
A 向禁行，B 向通行	1	1	0	1	1	1	1	0	0xde
A 向禁行，B 向闪烁	1	1	0	1	1	1	1	0/1	0xde/0xdf
A 向禁行，B 向警告	1	1	0	1	1	1	0	1	0xdd

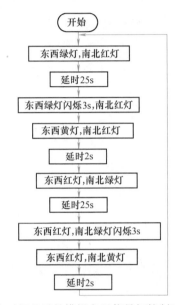

图 5-37 具有时间显示的模拟交通信号灯控制系统程序流程图

源程序如下。

```
/*********************************************************************
程序名称:program5-12. c
程序功能:具有时间显示的模拟交通信号灯控制系统源程序
 ********************************************************************* /
#include  < reg51. h >
unsigned char msec,sec =60;              //定义 msec 为 50ms 计数变量,sec 为秒变量
unsigned char led[ ] = {0xc0,0xf9,0xa4,0xb0,0x99,0x92,0x82,0xf8,0x80,0x90};
unsigned char dis[ ] = {0xbf,0xbf,0xbf,0xbf};
/*********************************************************************
函数名称:delay
函数功能:延时时间可控的软件延时函数
形式参数:i,用来控制延时时间
返回值:无
 ********************************************************************* /
void   delay( unsigned char i)
{
```

173

```
    unsigned char j,k;                //定义无符号字符型变量 j 和 k
    for(k=0;k<i;k++)                  //双重 for 循环语句实现软件延时
        for(j=0;j<255;j++);
}
/ ********************************************************************
函数名称:T0_INT
函数功能:中断延时函数,利用中断实现延时,msec 为 50ms 变量,sec 为秒变量
形式参数:无
返回值:无
********************************************************************* /
void   T0_INT(void)interrupt 1       //定时器 0 中断类型号为 1
{
    TH0 = 0x3c;                       //50ms 定时初值
    TL0 = 0xb0;
    msec++ ;                          //中断次数增 1
    if(msec == 20)                    //判断中断次数是否到 20 次?
{
    msec = 0;                         //20 次到时,1s 计时到,50ms 计数单元清零
    sec-- ;                           //秒变量减 1
    if(sec == 0)                      //判断秒变量是否为 0
    {
        sec = 60;                     //秒变量为 0,秒单元恢复成 60
    }
    }
}
/ ********************************************************************
函数名称:display
函数功能:显示函数,实现数码管的动态显示
形式参数:无
返回值:无
********************************************************************* /
void   display()
{
    unsigned char m,n = 0x01;
    for(m=0;m<4;m++)
    {
        P2 = ~n;                      //送位码
        P1 = dis[m];                  //送段码
        n <<= 1;                      //位码左移一位,为下一个做准备
        delay(10);                    //点亮一段时间,实现显示
    }
}
void   main()                        //主函数
{
    unsigned char temp;
    TMOD = 0x01;                      //设置定时器 0 工作于方式 1
    EA = 1;                           //开总中断
    ET0 = 1;                          //开 T0 中断
    P3 = 0xff;                        //P3 端口作为输入口需要先将各引脚置 1
    while(1)
```

```
{
    temp = ~ P3 ;                        //读 P3 端口的状态,取反后存入 temp
    temp& = 0x07 ;                       //保留有效位
    if( temp = = 0x04 )                  //如果按下暂停键
    TR0 = 0 ;                            //暂停计数
    if( temp = = 0x02 )                  //如果按下启动键
    TR0 = 1 ;                            //开始/继续计数
    if( temp = = 0x01 )                  //如果按下停止键
    { TR0 = 0 ; sec = 60 ; msec = 0 ; } //停止计数并清零
    if( sec > 35 )                       //秒变量大于35
    {
        P0 = 0xf3 ;                      //东西绿灯亮,南北红灯亮
        dis[3] = led[ ( sec-32 )/10 ];   //东西绿灯亮倒计时十位
        dis[2] = led[ ( sec-32 )%10 ];   //东西绿灯亮倒计时个位
        dis[1] = led[ ( sec-30 )/10 ];   //南北红灯亮倒计时十位
        dis[0] = led[ ( sec-30 )%10 ];   //南北红灯亮倒计时个位
    }
    if( sec < = 35&&sec > 32 )           //秒变量小于或等于35,且大于32
    {
        dis[3] = led[ ( sec-30 )/10 ];   //东西绿灯亮闪倒计时十位
        dis[2] = led[ ( sec-30 )%10 ];   //东西绿灯亮闪倒计时个位
        dis[1] = led[ ( sec-30 )/10 ];   //南北红灯亮倒计时十位
        dis[0] = led[ ( sec-30 )%10 ];   //南北红灯亮倒计时个位
        P0 = 0xf3 ;                      //东西绿灯闪,南北红亮
        delay( 200 ) ;
        P0 = 0xfb ;
        delay( 200 ) ;
    }
    if( sec < = 32&&sec > 30 )           //秒变量小于或等于32,且大于30
    {
    P0 = 0xeb ;                          //东西黄灯亮,南北红灯亮
    dis[3] = led[ ( sec-30 )/10 ];       //东西黄灯亮倒计时十位
    dis[2] = led[ ( sec-30 )%10 ];       //东西黄灯亮倒计时个位
    dis[1] = led[ ( sec-30 )/10 ];       //南北红灯亮倒计时十位
    dis[0] = led[ ( sec-30 )%10 ];       //南北红灯亮倒计时个位
    }
    if( sec < = 30&&sec > 5 )            //秒变量小于或等于30,且大于5
    {
        P0 = 0xed ;                      //东西红灯亮,南北绿灯亮
        dis[3] = led[ ( sec )/10 ];      //东西红灯亮倒计时十位
        dis[2] = led[ ( sec )%10 ];      //东西红灯亮倒计时个位
        dis[1] = led[ ( sec-5 )/10 ];    //南北绿灯亮倒计时十位
        dis[0] = led[ ( sec-5 )%10 ];    //南北绿灯亮倒计时个位
    }
    if( sec < = 5&&sec > 2 )             //秒变量小于等于5,大于2
    {
        dis[3] = led[ ( sec )/10 ];      //东西红灯亮倒计时十位
        dis[2] = led[ ( sec )%10 ];      //东西红灯亮倒计时个位
        dis[1] = led[ ( sec-3 )/10 ];    //南北绿灯亮闪倒计时十位
        dis[0] = led[ ( sec-3 )%10 ];    //南北绿灯亮闪倒计时个位
        P0 = 0xed ;                      //东西红灯亮,南北绿灯闪
        delay( 200 ) ;
```

```
    P0 = 0xdf;
    delay(200);
}
if(sec < =2)                      //秒变量小于等于2
{
    P0 = 0xdd;                    //东西红灯亮,南北黄亮
    dis[3] = led[(sec)/10];       //东西红灯倒计时十位
    dis[2] = led[(sec)%10];       //东西红灯倒计时个位
    dis[1] = led[(sec)/10];       //南北黄灯倒计时十位
    dis[0] = led[(sec)%10];       //南北黄灯倒计时个位
}
display();                        //数码管显示东西和南北倒计时
}
}
```

5. 设计与仿真

在 Proteus 中运行程序，分别按下三个按键，观察信号灯和数码管的状态变化，运行结果如图 5-38 所示。

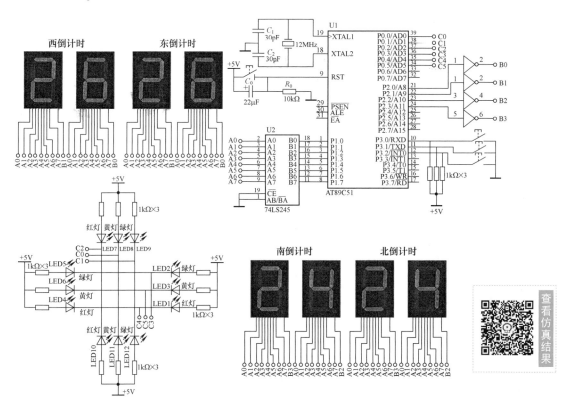

图 5-38 具有时间显示的模拟交通信号灯控制系统 Proteus 运行结果

项 目 小 结

本项目通过从简易秒表到复杂的具有时间显示的模拟交通灯控制系统的设计，把 LED 数码管

的结构与原理、LED 静态显示和动态显示的原理、LED 点阵显示器、字符型 LCD、键盘及接口等基本知识融入到工作任务中，介绍了单片机配合简单 I/O 设备如 LED 数码管、LED 点阵显示器和键盘等的工作过程及编程实现方法。同时，也要重视以下知识的掌握。

1. LED 数码管显示器的特点、结构和字型码。

2. LED 数码管静态和动态显示的原理、显示接口、编程思路、编程方法及程序调试方法和技能。

3. LED 点阵显示器结构、显示原理、接口技术、编程方法和调试。了解大屏 LED 点阵显示扩展。

4. 字符型 LCD 的结构、显示原理、接口技术、编程方法和调试。

5. 键盘的工作原理、按键分类、按键输入原理、按键的去抖。

6. 独立按键式结构和独立按键程序设计。

7. 矩阵式按键结构及原理、矩阵式键盘按键的识别、矩阵键盘的编值计算和矩阵式键盘扫描程序设计。

练习与提高 5

1. 填空题

（1）LED 数码管显示器分＿＿＿＿和＿＿＿＿两种结构类型。

（2）LED 数码管显示器要想显示字符，就要在数码管的段选端加上合适的电平信号，共阳极＿＿＿＿＿代表亮，而共阴极＿＿＿＿＿代表亮。

（3）LED 数码管显示器的＿＿＿＿＿＿显示有接线简单、编程容易的优点，但缺点也很明显，每一位字符的显示均要占用一个并行 I/O 端口，所以这种显示电路应用较少，只用在显示位数较＿＿＿＿＿的场合。

（4）LED 点阵显示器的显示有两种方式：＿＿＿＿＿显示和＿＿＿＿＿显示。

（5）单片机的键盘通常是由多个按键组成的，按键通常有两类：＿＿＿＿＿按键和＿＿＿＿＿按键。＿＿＿＿＿按键造价低廉，但寿命较短，＿＿＿＿＿按键成本较高，但使用寿命较长。单片机系统中较常见的是＿＿＿＿＿＿＿＿＿。

（6）消除按键抖动的措施有＿＿＿＿＿去抖和＿＿＿＿＿去抖两种方式。在键数较少时，可采用＿＿＿＿＿去抖方式，而当键数较多时，采用＿＿＿＿＿去抖方式。

2. 简答题

（1）当需要显示位数较多时，可采用哪些方法增加显示位数？

（2）简述动态显示原理。动态显示能实现多位同时点亮吗？

（3）单片机的键盘接口电路可以完成哪些功能？

3. 设计题

（1）设计一个 LED 数码管的静态显示电路并设计程序实现以下功能：完成两位显示，要求两位分别正序和逆序依次循环显示 0~9 十个数字。

（2）设计一个多位 LED 数码管显示系统，要求 6 个 LED 数码管依次显示 A、B、C、D、E、F 六个字符，试设计电路并编写程序。

（3）在一块 8×8 的 LED 点阵显示器上循环显示 0~9 十个数字字符，时间间隔为 1s。

（4）设计简易时间显示电路，要求显示"XX：YY"分别对应"分：秒"，并带有清零、暂停和开始 3 个控制键。

项目
5

项目6
串行接口技术

引　言

　　本项目以单片机间的双机通信引入单片机的串行接口及应用；通过任务6.1中的具体实例引入串行通信基本知识的学习，了解串行通信与并行通信、同步通信方式与异步通信方式、串行通信三种制式及特点；由任务6.1引入80C51单片机串行接口的认识及应用。以模拟交通灯远程控制系统完成本单元的综合训练，教学过程"做、教、学、做"相融合，达到理论与实践的统一。

教学导航 ⟫

教	重点知识	1. 串行接口的结构与原理 2. 串行接口的4种工作方式及编程 3. 串行接口的应用
	难点知识	1. 串行接口的工作方式及编程 2. 串行接口的编程应用
	教学方法	任务驱动 + 仿真训练 以简单工作任务—单片机的双机通信为实例，分析串行接口的相关知识；以模拟交通信号灯的远程控制系统为载体，讨论串行接口的应用；熟练应用单片机常用仿真软件及C语言函数的进一步应用
	参考学时	14
学	学习方法	通过完成具体的工作任务，认识学习的重点及编程技巧；理解基本理论知识及应用特点；注重学习过程中分析问题、解决问题能力的培养与提高
	理论知识	1. 串行通信相关知识 2. 串行接口的结构与原理 3. 串行接口的工作方式 4. RS 232C串行通信总线标准及接口
	技能训练	1. 串行通信的编程、调试及仿真 2. 几种工作方式下的编程、调试及仿真
做	制作要求	分组完成模拟交通信号灯的远程控制系统制作
	建议措施	3～5人组成制作团队，业余时间完成制作并提交老师验收和评价

职业素养 ➜

做好人生规划，将知识的学习与社会实践相结合。用知识武装自己，才能走得更远、飞得更高!

【任务6.1】 彩灯的远程控制

1. 任务要求

设计一个彩灯远程控制系统，一片单片机（甲机）的某一端口连接8位独立式按键，甲机读取按键状态发送给另一片单片机（乙机）；乙机接收甲机发送的数据后，控制其P1端口连接的LED信号灯的状态，实现彩灯的远程控制。

2. 任务目的

(1) 通过单片机间的双机通信，了解串行通信原理、单片机串行接口的结构、工作方式的设定等相关知识。

(2) 掌握单片机串行接口的使用和编程方法。

(3) 掌握在Proteus环境中实现串行接口通信的仿真应用。

3. 任务分析

通过前文并行I/O接口、显示器和键盘的学习，已经对单片机利用并行I/O接口驱动简单的输入和输出设备的方法有了一定的了解。本任务旨在引入单片机串行接口的使用。利用单片机的串行接口进行双机通信，单片机均工作在方式1（10位数据通信），波特率由定时器T1提供。原理图如图6-1所示。

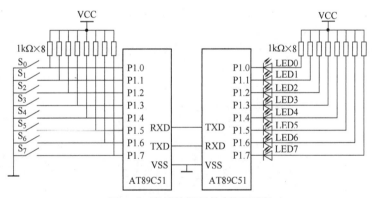

图6-1 彩灯的远程控制原理图

4. 源程序设计

若系统时钟信号频率为12MHz，利用定时器T1作为波特率发生器，定时器T1工作在方式2，串行接口工作在方式1，甲机为发送机，乙机为接收机，均采用查询方式编程，源程序如下。

```
/*************************************************************
程序名称:program6-1. c
程序功能:甲机发送程序,读取P1端口状态并发送给乙机
*************************************************************/
#include" reg51. h"              //包含头文件 reg51. h
void main( )                     //主函数
{
```

```
    TMOD = 0x20;              //设置定时器 T1 的工作方式为方式 2        串行接口初始化程序
    TH1 = 0xfd;               //设置串行接口波特率为 9600bit/s
    TL1 = 0xfd;
    SCON = 0x50;              //设置串行接口的工作方式为方式 1,允许接收
    PCON = 0x00;
    TR1 = 1;
    while(1)
    {
        SBUF = P1;            //P1 端口的状态发送给乙机               发送数据
        while(! TI);          //查询发送是否完毕
        TI = 0;               //发送完毕,TI 由软件清零
    }
}
/********************************************************************
程序名称:program6-2. c
程序功能:乙机接收程序,将从甲机接收到的数据显示在 P1 端口连接的 LED 上
********************************************************************/
#include < reg51. h >
void main ( )                 //主函数
{
    TMOD = 0x20;              //设置定时器 T1 的工作方式为方式 2
    TH1 = 0xfd;               //设置串行接口波特率为 9600bit/s
    TL1 = 0xfd;
    SCON = 0x50;              //设置串行接口的工作方式为方式 1,允许接收
    PCON = 0x00;
    TR1 = 1;                  //启动定时器
    P1 = 0xff;                //P1 端口 LED 全灭
    while(1)
    {
        while(! RI);          //查询,等待接收完毕               接收数据并显示
        RI = 0;               //接收完毕,RI 由软件清零
        P1 = SBUF;            //接收到的数据送 P1 端口控制 LED 的状态
    }
}
```

5. Proteus 仿真

（1）按照原理图绘制仿真电路，分别双击甲机和乙机，将 Keil μVision 中生成的甲机 hex 文件和乙机 hex 文件分别添加到两片单片机中。

（2）单击"开始"键即可运行项目，观察仿真运行结果。按下甲机所接的按键后，乙机所连接的 LED 将会显示相应的结果，如图 6-2 所示。

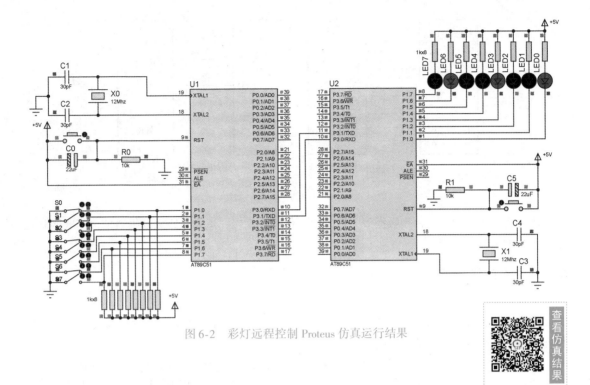

图 6-2　彩灯远程控制 Proteus 仿真运行结果

查看仿真结果

6.1 串行通信的基础知识

学习指南	基本概念	1. 串行通信	2. 并行通信
	串行通信分类	1. 同步通信	2. 异步通信
	串行通信制式	1. 单工制式 3. 全双工制式	2. 半双工制式
	学习方法	理实一体 从前导任务入手，结合实例逐步了解通信的基本概念、串行通信的分类和制式	

6.1.1 串行通信与并行通信

数据通信的基本方式可分为并行通信与串行通信两种。随着物联网技术的发展，物体信息与计算机之间的数据通信越来越多，利用计算机处理数据并对系统进行控制日益广泛。串行通信因其使用简单、成本低、适应大规模远距离数据传输等特点而得到了广泛的应用，尤其是在现代物联网应用领域，很多设备采用串行通信方式进行连接与通信。

（1）并行通信　并行通信利用多条数据线将一个数据的各位同时传送。发送端将数据的各位通过并行数据线传送到接收端，接收端以并行数据线接收数据。在并行通信中，数据线的条数与传送的数据位数相等，并行通信如图 6-3a 所示。

并行通信的特点是：占用数据线条数较多、传输速度快，成本较高，主要用于近距离数据通信。

（2）串行通信　串行通信是指将数据逐位按顺序传送，串行通信通过串行接口实现。在全双工的串行通信中，仅需要一条发送数据线和一条接收数据线，串行通信如图 6-3b 所示。

项目 6

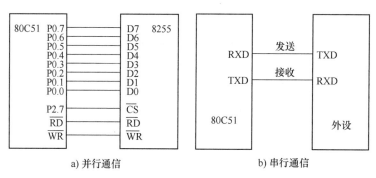

a) 并行通信　　　　　　　　　　　　b) 串行通信

图 6-3　并行通信与串行通信

串行通信的特点是：占用数据线条数较少、传输速度慢，适合远距离数据通信。互联网就是通过串行通信方式实现的。

6.1.2　串行通信的分类

串行通信根据数据传送时编码格式的不同分为两种方式：同步通信方式和异步通信方式。

同步通信方式要求通信双方的时钟频率必须相同，一般通过共享一个时钟源或定时脉冲源使发送端和接收端同步，效率较高。

异步通信方式不要求通信双方同步，发送端和接收端的时钟各自独立，双方的通信基于异步通信协议，通信以数据帧为基本单位，发送端发送字符的时间间隔不确定，传输效率低于同步方式。

1. 同步通信

同步通信是一种连续传送数据的通信方式，即数据以数据块为单位传送。在数据传送之前先传送同步字符（常约定 1 个或 2 个字符），并由时钟实现发送端和接收端的同步，即检测到规定的同步字符后，紧接着就是连续按顺序传送的数据，直到数据传送结束为止。所以，同步通信中的数据传送又称为同步传送。在同步传送时，数据与数据之间没有间隙。

同步通信的数据帧由 3 部分组成，如图 6-4 所示：①同步字符作为一个数据帧的起始标志；②若干个连续传送的数据字符；③以校验字符结束。

图 6-4　同步通信的数据帧格式

2. 异步通信

在异步通信中，数据是不连续传送的，通常是按字符以数据帧的形式进行传送。数据帧由起始位、数据位、校验位和停止位构成。每个字符的传送可以是连续也可以是间断的。

异步通信的数据帧由 4 个部分组成，如图 6-5 所示：①起始位 1 位，规定为低电平（即 0）；②数据位 5~8 位，为传送的有效信息；③1 位奇偶校验位，校验传输的准确性；④停止位 1 位，规定为高电平（即 1）。

3. 串行通信的波特率

在串行通信中，反映串行通信速率的物理量为波特率。波特率定义为：每秒传送二进制数的位数，记作"bit/s"。

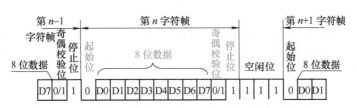

图6-5 异步通信的数据帧格式

例如，波特率为1200bit/s是指每秒传输1200位二进制数。又如，若数据传送速率为500字符/s，每个字符又包含10位（bit），则波特率为：

$$500\,字符/s \times 10bit/字符 = 5000bit/s$$

4. 串行通信的校验

通信的目的不只是传送数据信息，更重要的是应确保信息传输的准确性。因此，必须考虑通信过程中数据差错的校验。校验方法有奇偶校验、代码和校验以及循环冗余码校验等。

奇偶校验的特点是按字符校验，即在发送每个字符数据之后都附加一位奇偶校验位（1或0），当设置为奇校验时，字符数据中1的个数与校验位1的个数之和应为奇数；反之则为偶校验。收、发双方应具有一致的差错检验设置，当接收1帧字符数据时，对1的个数进行检验，若奇偶性（收、发双方）一致则说明数据传输是正确的。奇偶校验只能检测到那种影响奇偶位数的错误，比较简单，一般只用在异步通信中。

代码和校验是指发送方将所发送的数据块求和（校验和），并将"校验和"附加到数据块末尾。接收方接收数据时也是先对数据块求和，将所得结果与发送方的"校验和"进行比较，若两者相同，表示传送正确，若不同则表示传送出了差错。"校验和"的加法运算可用逻辑加，也可用算术加。

循环冗余码校验的基本原理是将一个数据块看成一个位数很长的二进制数，然后用一个特定的数去除它，将余数作为校验码附在数据块之后一起发送。接收端收到该数据块和校验码后，进行同样的运算校验传送是否出错。目前循环冗余码校验已广泛用于数据存储和数据通信中，并在国际上形成规范，市面上已有不少现成的循环冗余码校验软件算法。

6.1.3 串行通信的制式

串行通信通过单条数据线传输信息。根据信息的传送方向，串行通信可以分为3种制式：单工制式、半双工制式和全双工制式。串行通信的制式如图6-6所示。

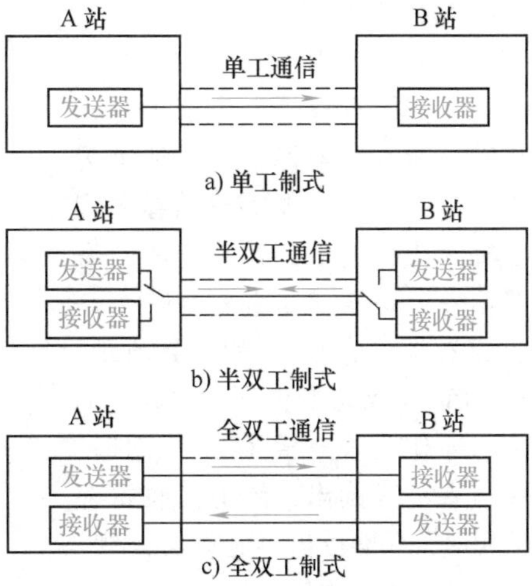

1. 单工制式

单工制式指数据只能单方向传输。通信双方只具有发送数据或接收数据一种功能，一方固定为发送端，另一方固定为接收端，使用一条数据线。

单工制式一般用在只向一个方向传输数据的场合。例如，计算机与打印机之间的通信是单工制式。

图6-6 串行通信的制式

2. 半双工制式

半双工制式是使用一条数据线进行双向数据传输。发送端、接收端均可发送数据和接收数据，但发送与接收不能同时进行。

3. 全双工制式

全双工制式是通信双方能够同时进行数据的发送和接收，使用两条数据线，分别进行数据的发送和接收。

全双工制式的通信，信息传输效率较高。51 系列单片机的串行接口属于全双工的串行接口。

6.2 51 系列单片机的串行接口

学习指南	基本结构	1. 51 系列单片机的串行接口	2. 串行接口相关寄存器
		3. 串行接口的连线	
	串行接口的工作方式	1. 方式 0 的设置及使用	2. 方式 1 的设置及使用
		3. 方式 2 的设置及使用	4. 方式 3 的设置及使用
	串行接口的应用	1. 串行接口扩展并行接口	2. 单片机间的双机通信
	基本技能	1. 串行接口编程及调试	2. 利用 Keil μVision、Proteus 仿真调试
	学习方法	理实一体 从串行口的内部结构入手，结合任务与实训，掌握串行口的工作方式及其具体应用	

6.2.1 51 系列单片机串行接口的结构

51 系列单片机内部有一个可编程全双工的串行接口。该部件不仅能同时进行数据的发送和接收，也可作为一个同步移位寄存器使用。51 系列单片机串行接口的内部结构如图6-7 所示。

1. 数据寄存器

串行接口数据寄存器（SBUF）是一个 8 位的寄存器，位于单片机的特殊功能寄存器区，字节地址为 99H。它用于存放将要发送或接收到的数据。在物理上，它对应两个寄存器：一个是发送寄存器，一个是接收寄存器，它们共用一个地址。通过 CPU 读或写操作区别 SBUF 的状态，即作为发送寄存器使用时，只能写入不能读出；作为接收寄存器使用时，只能读出不能写入。

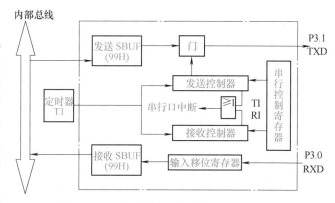

图 6-7　51 系列单片机串行接口的内部结构

例如，执行语句

SBUF = data；　　　//发送数据

时，表示将发送数据写入发送寄存器，同时也启动数据按一定的波特率发送。而执行语句

buffer = SBUF；　　　//接收数据

时，则表示将接收到的数据从接收存储器读到数据缓冲区（用户设定）。

2. 控制寄存器

串行接口控制寄存器（SCON）是一个 8 位寄存器，既可进行位寻址，也可进行字节寻址，它是字节地址为 98H 的特殊功能寄存器，用于控制和检测串行端口的工作状态。其格式如图 6-8 所示。

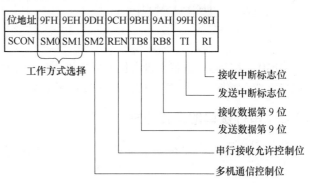

图 6-8 串行接口控制寄存器

1）SM0、SM1：串行接口工作方式选择位。其状态组合所对应的工作方式见表 6-1。

表 6-1 串行接口工作方式表

SM0 SM1	工 作 方 式	功 能 说 明
0 0	0	同步移位寄存器输入/输出，波特率固定为 $f_{osc}/12$
0 1	1	10 位异步收发，波特率可变（T1 溢出率/n，$n=32$ 或 16）
1 0	2	11 位异步收发，波特率固定为 f_{osc}/n，$n=64$ 或 32）
1 1	3	11 位异步收发，波特率可变（T1 溢出率/n，$n=32$ 或 16）

2）SM2：多机通信控制器位。主要用于工作方式 2 和工作方式 3。若 SM2 = 1，则允许多机通信。一般情况下，设置 SM2 = 0。

3）REN：串行接收允许控制位。该位由软件置位或复位。当 REN = 1，允许接收；当 REN = 0，禁止接收。

4）TB8：发送数据第 9 位。单片机工作于方式 2 和方式 3 时，TB8 是发送的第 9 位数据。该位由软件置位或复位。

在多机通信中，以 TB8 位的状态表示主机发送的是地址还是数据：TB8 = 1 表示地址，TB8 = 0 表示数据。TB8 还可作为奇偶校验位。

5）RB8：接收数据第 9 位。在方式 2 和方式 3 中，RB8 存放接收到的第 9 位数据，代表着接收数据的某种特征（与 TB8 的功能类似），故应根据其状态对接收数据进行操作。

6）TI：发送中断标志位。TI = 1，表示已结束一帧数据发送。

注意：TI 在任何工作方式下都必须由软件清零。

7）RI：接收中断标志位。RI = 1，表示一帧数据接收结束。

注意：RI 在任何工作方式下也都必须由软件清零。

在 51 系列单片机中，串行发送中断标志位 TI 和接收中断标志位 RI 的中断入口地址都是 0023H。因此，在中断程序中必须由软件查询 TI 和 RI 的状态才能确定究竟是接收中断还是发送中断，进而做相应的处理。

单片机复位时，控制寄存器 SCON 中的所有位均清零。

3. 电源控制寄存器

电源控制寄存器（PCON）是一个 8 位的寄存器，处于单片机的特殊寄存器区，字节地址为 87H。其中，与串行接口工作有关的仅有它的最高位 SMOD，SMOD 称为串行接口的波特率倍增位。其结构如图 6-9 所示。

项目
6

PCON	SMOD	–	–	–	GF1	GF0	PD	IDL

图 6-9　电源控制寄存器

SMOD：串行接口波特率倍增位。单片机工作于工作方式 1、2 和 3 时，若 SMOD = 1，则串行接口波特率增加一倍；若 SMOD = 0，波特率不加倍。系统复位时，SMOD = 0。

6.2.2　串行接口的工作方式

51 系列单片机串行接口有 4 种工作方式，分别是方式 0、方式 1、方式 2 和方式 3，由串行控制寄存器（SCON）中的 SM0、SM1 决定。

1. 工作方式 0

方式 0 以 8 位数据为一帧进行传输，不设起始位和停止位，先发送或接收最低位。其一帧数据格式如图 6-10 所示。

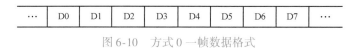

…	D0	D1	D2	D3	D4	D5	D6	D7	…

图 6-10　方式 0 一帧数据格式

在方式 0 下，串行接口为 8 位同步移位寄存器输入/输出方式，常用于扩展 I/O 接口。串行数据由 RXD（P3.0）输入或输出，而 TXD（P3.1）用于输出同步移位脉冲。此工作方式不适合于单片机之间的直接数据通信。但是，可以通过外接移位寄存器实现单片机的接口扩展。

方式 0 的波特率为 $f_{osc}/12$，即一个机器周期发送或接收一位数据。

（1）串行接口扩展并行输出口（发送操作）　图 6-11 中的 74LS164 为串行输入并行输出移位寄存器，使用该芯片可将 51 系列单片机的串行接口扩展为并行输出口。

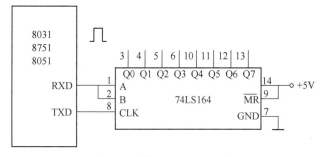

图 6-11　扩展 74LS164 芯片

方式 0 的发送操作，是在 TI = 0 时，给数据寄存器 SBUF 写入数据即启动发送操作。操作如下：

```
SBUF = data;          //发送操作
```

在发送过程中，由 RXD 端将写入 SBUF 寄存器中的数据依照从低位到高位的次序按位送出，同时由 TXD 端输出同步移位脉冲。

一帧数据发送完毕后，硬件对 TI 置位。若中断不开放，则可通过软件查询 TI 状态确定一帧数据是否完成发送；若中断开放，就可以申请串行接口发送中断。TI 置位后必须用软件清零，然后再发送下一帧数据。

读一读

74LS164 芯片介绍

74LS164 为串行输入并行输出移位寄存器，其引脚图如图 6-12 所示，其功能如下：

1. DSA、DSB（即 A、B）：串行数据输入端。
2. Q0～Q7：并行数据输出端。
3. $\overline{MR}$：清零端，低电平有效。
4. CLK：时钟脉冲输入端，上升沿有效。
5. GND：接地端。
6. VCC：接电源端。

图 6-12　74LS164 引脚图

【实训 6.1】　74LS164 芯片扩展串行接口，实现对 8 位信号灯的流水控制。原理图如图 6-13 所示。

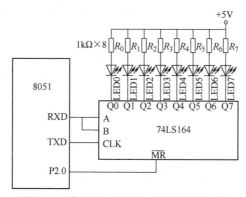

图 6-13　串行接口控制 8 位信号灯原理图

本实例中单片机工作于串行接口方式 0，利用 74LS164 芯片扩展串行接口来实现流水灯的控制。通过 RXD（P3.0）端串行发送数据，通过执行 "SBUF = dat;" 操作实现。串行传送数据的完成通过发送结束标志位 TI 的状态判断。

```
/ ********************************************************************
程序名称:program6-3. c
程序功能:串行接口扩展 8 位信号灯的流水控制
 ******************************************************************* /
#include < reg51. h >
unsigned char dat = 0x01;          //定义发送数据
void delay1 (unsigned int i);      //延时函数声明
/ ********************************************************************
函数名称:main
函数功能:单片机彩灯流水控制,每秒变化一次
 ******************************************************************* /
main( )
{
  unsigned char i;
  SCON = 0x00;                     //设置串行接口工作方式为方式0
  while(1)
```

```
{
    for ( i = 0 ; i < 8 ; i ++ )
    {
        SBUF = ~ dat;              //传送 8 位数据
        while( ! TI);              //查询 TI 是否由 0 变为 1
        TI = 0;                    //软件使 TI 清零
        dat << = 1;                //输出数据左移一位
        delay1(12000);
    }
}
```

串行接口发送数据

```
/ *******************************************************************
函数名称:delay1
函数功能:延时时间可控的延时函数
形式参数:变量 t ,int 类型
********************************************************************/
void   delay1( unsigned int t)
{
    int i;
    for( i = 0 ; i < t ; i ++ );
}
```

想一想

1. 上面的程序中，语句"SBUF = dat;"的作用是什么？

答：该语句是把要通过串行接口发送的数据 dat 赋值给数据寄存器 SBUF，由硬件自动完成其发送过程。

2. 如果通过 74LS164 扩展一位 LED 显示器，显示数字 0 ~ 9，请编写其控制程序。

答：请读者自行完成，答案参见本书电子版配套材料。

（2）串行接口扩展并行输入口（接收操作） 图 6-14 中 74LS165 为并行输入串行输出移位寄存器，使用该芯片可将 51 系列单片机的串行接口扩展为并行输入口。

方式 0 的接收操作是在 RI = 0 的条件下进行的，把寄存器 SCON 中的允许接收位 REN 设置为 1。此时，数据在移位脉冲的控制下，8 位数据从 RXD（P3.0）端口输入。

8 位数据接收完成，硬件对 RI 置位。若在关中断状态下，则可通过软件查询 RI 状态以确定是否完成一帧数据的接收；若在开中断状态下，则可向 CPU 申请中断。

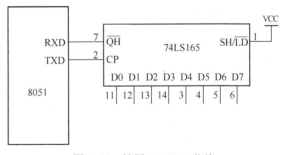

图 6-14 扩展 74LS165 芯片

读一读

74LS165 芯片介绍

74LS165 为并行输入串行输出移位寄存器，其引脚图如图 6-15 所示，其功能如下。

1. SH/$\overline{LD}$：移位/置数端，低电平有效。
2. D0 ~ D7：并行数据输入端。
3. QH、$\overline{QH}$：串行数据输出端。
4. CP、$\overline{CE}$：时钟脉冲输入端。
5. GND：接地端。
6. VCC：接电源端。

74LS165

1	SH/$\overline{LD}$	VCC	16
2	CP	$\overline{CE}$	15
3	D4	D3	14
4	D5	D2	13
5	D6	D1	12
6	D7	D0	11
7	$\overline{QH}$	DS	10
8	GND	QH	9

图 6-15　74LS165 引脚图

2. 工作方式 1

工作方式 1 是一帧 10 位数据的异步串行通信方式，包括 1 个起始位（0），8 位数据位和一个停止位（1）。其数据帧格式如图 6-16 所示。

（1）数据发送　当 TI = 0 时，执行 "SBUF = data；" 语句开始发送，由硬件自动加入起始位和停止位，构成一帧数据。然后，由 TXD 端串行输出。

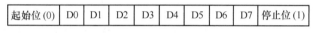

起始位(0)	D0	D1	D2	D3	D4	D5	D6	D7	停止位(1)

图 6-16　方式 1 数据帧格式

发送结束，TXD 输出线维持在 "1" 状态下，并将 SCON 中的 TI 位置 1，表示一帧数据发送完毕。

（2）数据接收　当 RI = 0，REN = 1 时，接收电路采样 RXD 引脚，如果出现由 "1" 到 "0" 的跳变，则数据正在传送。接收到的数据写入 SBUF 中，并置 RI 为 1。

3. 工作方式 2 和工作方式 3

工作方式 2 和工作方式 3 都是以 11 位数据为一帧的异步串行通信方式，两者的差异仅在波特率上有所不同。两种工作方式有 1 个起始位、9 个数据位和 1 个停止位。其数据帧格式如图 6-17 所示。

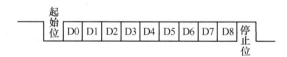

图 6-17　方式 2 和方式 3 的数据帧格式

数据 D8 位由软件置 1 或清零，发送时在 TB8 中，接收时送 RB8 中。

（1）数据发送　发送数据前 TI 清零，由软件设置 TB8 位，然后再向 SBUF 写入 8 位数据，并以此启动串行发送。一帧数据发送完毕后，CPU 自动将 TI 置 1，其过程与方式 1 相同。

（2）数据接收　当 REN = 1，RI = 0 时，允许数据接收。

若 SM2 = 0，接收到的 8 位数据送 SBUF，D8 位数据（无论 0 还是 1）送 RB8，RI 置 1。

4. 通信双方的硬件连接

51 系列单片机之间双机通信，甲机的发送端 TXD（P3.1）连接乙机的接收端 RXD（P3.0）；甲机的接收端 RXD（P3.0）连接乙机的发送端 TXD（P3.1）；甲、乙两机的地线连接在一起

项目 6

（共地）。双机通信的硬件连接如图6-18所示。

5. 波特率的设计

在串行通信中，收发双方对发送或接收的数据速率有一定的约定，通过软件对51系列单片机串行接口编程可约定4种工作方式。其中，方式0和方式2的波特率是固定的；而方式1和方式3的波特率是可变的，由定时器T1的溢出率决定。

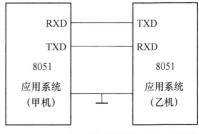

图6-18　双机通信的硬件连接示意图

串行接口的4种工作方式对应着3种波特率。由于输入的移位脉冲源不同，因此，各种方式的波特率计算公式也不同。

（1）方式0的波特率　在方式0下，波特率固定为系统振荡频率的1/12，并不受PCON寄存器中的SMOD位的影响。即

$$方式0的波特率 = f_{osc}/12$$

（2）方式2的波特率　方式2的波特率取决于PCON寄存器中的SMOD位的值：当SMOD = 0时，波特率为f_{osc}的1/64；当SMOD = 1时，则波特率为f_{osc}的1/32。即

$$方式2的波特率 = \frac{2^{SMOD}}{64} \times f_{osc}$$

（3）方式1和方式3的波特率　串行接口方式3和方式1的波特率由定时器T1的溢出率与SMOD位的值同时决定。即

$$方式1、方式3的波特率 = \frac{2^{SMOD}}{32} \times T1溢出率$$

式中，T1溢出率为一次定时时间的倒数，即

$$T1溢出率 = \frac{1}{(2^M - X) \times 12/f_{osc}} = \frac{f_{osc}}{(2^M - X) \times 12}$$

上式中，X为计数器初始值；M是由定时器T1的工作方式所决定的计数器的位数，$M = 8$，13，16。

【实训6.2】　设两机通信的波特率为2400bit/s，若$f_{osc} = 6$MHz，串行接口工作在方式1，试计算定时器T1的初始值X。

解：用定时器T1作波特率发生器时，通常设置定时器工作在方式2，但要禁止T1中断，以免产生不必要的中断带来频率误差。

$$X = 2^8 - \frac{6 \times 10^6}{2400 \times 384/2^{SMOD}}$$

若SMOD = 0，则$X = 249.49 \approx 250 = 0FAH$；若SMOD = 1，则$X = 242.98 \approx 243 = 0F3H$。

当串行接口工作在方式1或方式3（波特率可变），且要求波特率按规范取1200bit/s、2400bit/s、4800bit/s、9600bit/s…时，若晶振频率为12MHz和6MHz，按上述公式算出的T1计数器初值将不是一个整数。因此，将会产生波特率误差影响串行通信的同步性能。解决的方法是将单片机的晶振频率f_{osc}调整为11.0592MHz，使T1的计数初值设定为整数。

表 6-2 列出了串行方式 1 或方式 3 在不同晶振频率时的常用波特率和误差。

表 6-2 常用波特率和计数器初值关系表

f_{osc}/MHz	波特率/bit/s	SMOD	T1 工作方式 2 计数器初值	实际波特率/bit/s
12.00	9600	1	F8H	8823
12.00	4800	0	F8H	4460
12.00	2400	0	F3H	2404
12.00	1200	0	E6H	1202
11.0592	19200	1	FDH	19200
11.0592	9600	0	FDH	9600
11.0592	4800	0	EAH	4800
11.0592	2400	0	F4H	2400
11.0592	1200	0	E8H	1200

【实训 6.3】 设计一个简单的双机通信系统,要求:A 机向 B 机发送 8 个数据,B 机将接收到的数据在其连接的数码管上显示。硬件连接原理图如图 6-19 所示。

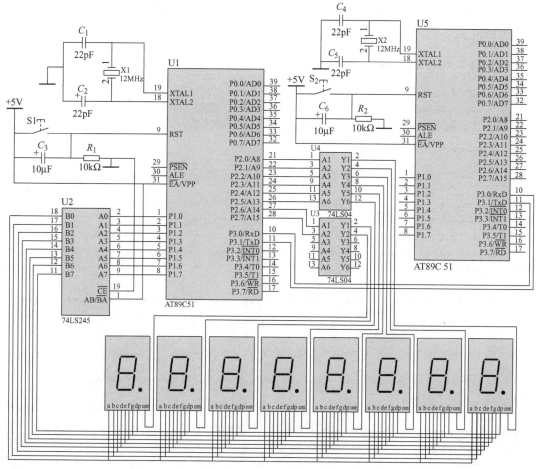

图 6-19 双机通信原理图

假设利用工作方式 1 进行双机异步通信，晶振频率为 11.0592MHz，波特率设为 4800bit/s。双机需要分别编写发送或接收控制程序。

```
/ *************************************************************
程序名称:program6-4. c
程序功能:单片机双机通信,发送端(A 机)程序
************************************************************* /
#include < reg51. h >
/ *************************************************************
函数名称:main
函数功能:通过串行接口向 B 机发送数组 led 中的 8 个字符代码
************************************************************* /
void main( )                        //主函数
{
    unsigned char i,j = 0;
    unsigned char led[ ] = {0x00,0x01,0x02,0x03,0x04,0x05,0x06,0x07};
    //定义要发送的数据,为了简化显示,发送数据在 0~7 之间
    TMOD = 0x20;                      //定时器 1 工作于方式 2
    TH1 = 0xf8;                       //波特率为 4.8kbit/s
    TL1 = 0xf8;
    TR1 = 1;
    SCON = 0x50;                      //串行接口工作于方式 1,允许接收
    while(1)
    {
        for (i = 0;i < 8;i ++ )
        {
            SBUF = led[i];            //发送第 i 个数据
            while( TI == 0);          //查询等待发送是否完成
            TI = 0;                   //发送完成,TI 由软件清零
        }
    }
}


/ *************************************************************
程序名称:program6-5. c
程序功能:单片机双机通信,接收端(B 机)程序
************************************************************* /
#include < reg51. h >
unsigned char led[8] = {0};
/ *************************************************************
函数名称:delay
函数功能:延时时间可控的延时函数
形式参数:i
返回值:无
************************************************************* /
void delay( unsigned char i)
{
    unsigned char j,k;                //定义无符号字符型变量 j 和 k
    for( k = 0;k < i;k ++ )           //双重 for 循环语句实现软件延时
        for( j = 0;j < 255;j ++ );
```

串行接口初始化程序

```
}
/*********************************************************************
函数名称:disp
函数功能:动态显示函数,在 P1 端口连接的 8 个数码管上显示 8 个字符
形式参数:无
返回值:无
*********************************************************************/
void disp( )
{
    unsigned char i,j = 0;
    while(1)
    {
        j = 0x01;
        for(i = 0;i < 8;i ++ )
        {
            P2 = ~ j;
            P1 = led[ i];
            delay(100);
            j << = 1;
        }
    }
}
/*********************************************************************
函数名称:main
函数功能:接收 A 机发送来的数据,并在连接的数码管上显示出来
*********************************************************************/
void main ( )                                    //主函数
{
    unsigned char i,j = 0;
    TMOD = 0x20;                                  //设定定时器 1 的工作方式为方式 2
    TH1 = 0xf8;                                   //设置串行接口波特率为 4800bit/s
    TL1 = 0xf8;
    SCON = 0x50;                                  //设置串行接口的工作方式为方式 1,允许接收
    PCON = 0x00;
    TR1 = 1;                                      //启动定时器
    P1 = 0xff;                                    //P1 端口 LED 全灭
    while(1)
    {
        for(i = 0;i ++ ;i < 8)
        {
            while( ! RI);                         //查询等待接收
            RI = 0;                               //接收完毕,RI 由软件清零
            led[ i] = SBUF;                       //根据甲机 P1 端口的状态点亮发光二极管
        }
        disp( );
    }
}
```

以上通信实例，可以通过操作直观地确认通信效果，是一种简单通信方式，控制程序中没有也不需要设置相关的通信协议。但如果通信双方传输的数据量较大，为验证数据的正确性，需要增加相关的通信协议。由于51系列单片机串行接口的输出是TTL电平，这种双机通信只适用于短距离。

6. 通信协议

作为发送方，必须知道什么时候发送信息，发送什么信息，对方是否收到信息，收到的内容有没有错误，要不要重发，怎样通知对方结束。

作为接收一方，必须知道对方是否发送了信息，发送了什么信息，收到的信息是否有错误，如果有错误怎样通知对方重发，怎样判断结束等。

以上规定必须编写通信程序之前确定。为实现双机通信，规定如下：

1）假定A机为发送机，B机为接收机。

2）当A机发送信息时，先送一个"0AAH"信号，B机收到后回答一个"0BBH"信号，表示同意接收。

3）当A机接收到"0BBH"后，开始发送数据，每发送一次求一次"校验和"，假定数据块长16个字节，存放在数组fs中，一个数据块发送完后发出"校验和"。

4）B机接收的数据存储到数组js中，同时每接收一次也计算一次"校验和"，当一个数据块接收完成后，再接收A机发送的"校验和"，并将它与B机的"校验和"进行比较。若两者相等，说明接收正确，B机回答一个"00"；若两者不相等，说明接收不正确，B机回答一个"FF"，请求重发。

5）A机接收到应答信号"00"后，结束发送；若接收到的应答信号为非0，则重新将数据发送一次。

6）双方均以1200bit/s的速率传送。假设晶振频率为6MHz，计算T1的计数初始值。初始值X为：

$$X = 256 - \frac{6 \times 10^6 \times 1}{384 \times 1200} = 256 - 13 \approx 243 = 0F3H$$

若设定波特率不倍增，设定PCON寄存器的SMOD=0，则PCON=00H。

A机的发送程序如下：

```
/*********************************************************
程序名称:program6-6.c
程序功能:双机通信A机程序
*********************************************************/
#include <reg51.h>
void main()                          //主函数
{
    unsigned char i,j=0;
    unsigned char fs[]={0x00,0x01,0x02,0x03,0x04,0x05,0x06,0x07,0x08,0x09,0x0a,0x0b,
                        0x0c,0x0d,0x0e,0x0f};  //定义要发送的数据
    TMOD=0x20;                       //定时器1工作于方式2
    TH1=0xf3;                        //波特率为1200bit/s
    TL1=0xf3;
    TR1=1;
    SCON=0x50;                       //串行接口工作于方式1,允许接收
    while(1)
    {
```

```
                                                              申请发送，等待应答
    SBUF = 0xAA;
    while(TI == 0);                    //查询等待发送是否完成
    TI = 0;                            //发送完成,TI 由软件清零

                                                  接收反馈信号，判断是否允许发送
    do {
        while(!RI);                    //查询等待接收
        RI = 0;                        //接收完毕,RI 由软件清零
    }
    while((SBUF^0xBB)! = 0);           //判断是否接收到 BBH
    for (i = 0;i < 16;i ++)
    {
        j += fs[i];                    //校验和自加
        SBUF = fs[i];                  //发送第 i 个数据
        while(TI == 0);                //查询等待发送是否完成
        TI = 0;                        //发送完成,TI 由软件清零
    }
    SBUF = j;                          //发送校验和
    while(TI == 0);                    //查询等待发送是否完成
    TI = 0;                            //发送完成,TI 由软件清零
    while(! RI);                       //查询等待接收
    RI = 0;                            //接收完毕,RI 由软件清零
    if(SBUF == 0x00)
    while(1);
  }
}
```

B 机的接收程序如下:

```
/ *********************************************************************
程序名称:program6-7. c
程序功能:双机通信 B 机程序
********************************************************************* /
#include < reg51. h >
unsigned char js[16] = {0};
void delay(unsigned char i)            //延时函数,无符号字符型变量i为形式参数
{
    unsigned char j,k;                 //定义无符号字符型变量 j 和 k
    for(k = 0;k < i;k ++)              //双重 for 循环语句实现软件延时
    for(j = 0;j < 255;j ++);
}
void main ()                           //主函数
{
    unsigned char i,j = 0;
    TMOD = 0x20;                       //设定定时器 1 的工作方式为方式 2
    TH1 = 0xf3;                        //设置串行接口波特率为 1200bit/s
    TL1 = 0xf3;
    SCON = 0x50;                       //设置串行接口的工作方式为方式 1,允许接收
    PCON = 0x00;
    TR1 = 1;                           //启动定时器
```

项目 6

```
    P1 = 0xff;                                   //P1 端口 LED 全灭
    while(1)
    {
       do {                              等待发送请求信号，准备好后发送应答信号
          while( ! RI);                          //查询等待接收
          RI = 0;                                //接收完毕,RI 由软件清零
       }
       while((SBUF^0xAA)! = 0);                  //判断是否接收到 0AAH
       SBUF = 0xBB;                              //向甲机发送应答 0BBH
       while( ! TI);                             //查询发送是否完毕
       TI = 0;                                   //发送完毕,TI 由软件清零
       for(i = 0;i + + ;i < 16)
       {
          while( ! RI);                          //查询等待接收
          RI = 0;                                //接收完毕,RI 由软件清零
          j + = SBUF;
          js[i] = SBUF;                          //根据甲机 P1 端口的状态点亮发光二极管
       }
       while( ! RI);                             //查询等待接收
       RI = 0;                                   //接收完毕,RI 由软件清零
       if(j == SBUF)
       {
          SBUF = 0x00;
          while( ! TI);                          //查询发送是否完毕
          TI = 0;                                //发送完毕,TI 由软件清零
       }
       else
       {
          SBUF = 0xff;
          while( ! TI);                          //查询发送是否完毕
          TI = 0;                                //发送完毕,TI 由软件清零
       }
    }
}
```

6.3　RS-232C 串行通信信息总线标准及接口

学习指南	基本概念	1. 信息格式标准 2. 总线标准 3. 电平转换
	基本技能	1. 掌握 RS-232C 串行通信总线标准及接口的使用 2. 利用 Keil μVision、Proteus 仿真调试
	学习方法	理实一体 结合任务的完成，认识 RS-232C 串行通行总线标准及接口技术

6.3.1　RS-232C 信息格式标准

　　RS-232C 采用串行格式，标准规定：信息的开始为起始位，信息的结束为停止位；信息本

身可以是5、6、7、8位再加一位奇偶校验位。如果两个信息之间无信息，则写"1"，表示空。RS－232C 信息格式如图6-20 所示。

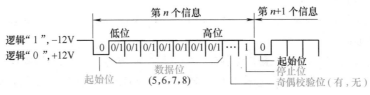

图 6-20　RS－232C 信息格式

6.3.2　RS－232C 总线标准

RS－232C 是美国电子工业协会（Electronic Industry Association，EIA）的推荐标准，现已在全世界范围内广泛采用，RS－232C 是在异步串行通信中应用最广的总线标准之一。

微型计算机之间的串行通信就是按照 RS－232C 标准设计的接口电路实现的。如果使用一根电话线进行通信，计算机和 MODEM 之间的连线就是根据 RS－232C 标准连接的，其连接方式及通信原理如图6-21 所示。

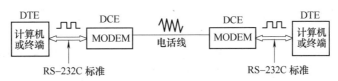

图 6-21　RS－232C 标准连接方式及通信原理

该总线标准定义了25 条信号线，使用 25 位引脚的连接器，各位引脚的定义见表6-3。

表 6-3　RS－232C 引脚定义

引　　脚	定义（助记符）	引　　脚	定义（助记符）
1	保护地（PG）	14	辅助通道发送数据（STXD）
2	发送数据（TXD）	15	发送时钟（TXC）
3	接收数据（RXD）	16	辅助通道接收数据（SRXD）
4	请求发送（RTS）	17	接收时钟（RXC）
5	清除发送（CTS）	18	未定义
6	数据准备好（DSR）	19	辅助通道请求发送（SRTS）
7	信号地（GND）	20	数据终端准备就绪（DTR）
8	接收线路信号检测（DCD）	21	信号质量检测
9	未定义	22	振铃指示（RI）
10	未定义	23	数据信号速率选择
11	未定义	24	发送时钟
12	辅助通道接收线路信号检测（SDCD）	25	未定义
13	辅助通道允许发送（SCTS）		

除引脚定义外，RS-232C标准的其他规定还有：

（1）RS-232C是一种电压型总线标准，它采用负逻辑标准：逻辑1，-15～-5V；逻辑0，+5～+15V；噪声容限为2V。

（2）标准数据传送速率有：50、75、110、150、300、600、1200、2400、4800、9600和19200，单位为bit/s。

（3）实际上RS-232C的25条引线中有许多是很少使用的，一般只使用3～9条引线，常用的有3条引线，即发送数据、接收数据和信号地。目前COM1和COM2使用的是9针D形连接器DB9，如图6-22所示。

6.3.3 RS-232C 电平转换

由于RS-232C信号电平（EIA）与51系列单片机信号电平（TTL）不一致，因此，必须进行信号电平转换。实现这种电平转换的电路称为RS-232C接口电路，其一般有两种形式：一种是采用运算放大器、晶体管、光隔离器等器件组成的电路来实现；另一种是采用专门的集成芯片（如MC1488、MAX232等）实现。下面介绍由专门集成芯片MAX232构成的接口电路。

1. MAX232

MAX232芯片是MAXIM公司生产的具有两路接收器和驱动器的IC芯片，其内部有一个电源电压变换器，可以将输入+5V的电压变换成RS-232C输出电平所需的±12V电压。采用这种芯片实现接口电路特别方便，只需单一的+5V电源即可。

MAX232芯片的引脚结构如图6-23所示。其中，引脚1～6（C1+、VDD、C1-、C2+、C2-、VEE）用于电源电压转换，只要在外部接入相应的电解电容即可；引脚7～10和引脚11～14构成两组TTL信号电平与RS-232信号电平的转换电路，对应引脚可直接与单片机串行口的TTL电平引脚和计算机的RS-232电平引脚相连。

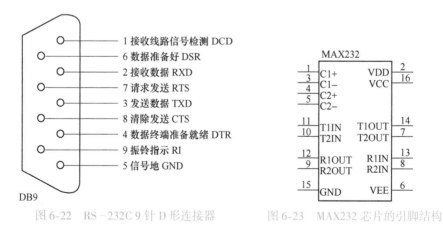

图6-22 RS-232C 9针D形连接器   图6-23 MAX232芯片的引脚结构

2. MAX232实现计算机与8051单片机串行通信电路

用MAX232芯片实现计算机与8051单片机串行通信的典型电路如图6-24所示。图中外接电解电容C_1、C_2、C_3和C_4用于电源电压变换，可提高抗干扰能力，它们可取相同容量的电容，一般取1.0μF/16V。电容C_5的作用是对+5V电源的噪声干扰进行滤波，一般取0.1μF。选用两组中的任意一组电平转换电路实现串行通信，如图6-24中选T1IN、R1OUT分别与单片机的TXD、RXD相连，T1OUT、R1IN分别与计算机中R232接口的RXD、TXD相连。这种发送与接收的对应关系不能接错，否则，将不能正常工作。

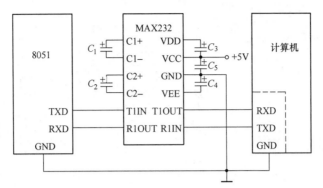

图 6-24　计算机与 8051 单片机串行通信

【任务 6.2】 模拟交通信号灯远程控制系统

1. 任务要求

在任务 6.1 的基础上，设计一个模拟交通信号灯的远程控制系统，利用计算机与单片机的通信实现交通灯的远程控制，计算机作为控制主机远程控制单片机，单片机作为从机实现交通灯系统的控制。双方除要有一致的数据格式和波特率外，还要确定通信协议。通信协议见表 6-4。

表 6-4　计算机与单片机之间的通信协议

主机（计算机）		从机（单片机）	
命令信号（发送）	应答信号（接收）	命令信号（接收）	应答信息（发送）
07H	07H	07H	07H
命令含义：此命令为紧急状态处理，要求所有方向均持续红灯亮			
0FH	0FH	0FH	0FH
命令含义：正常状态恢复命令，要求恢复正常状态			

2. 任务目的

（1）通过模拟交通信号灯远程控制系统的设计，进一步掌握串行通信原理、单片机串行接口的结构和工作方式的设定等基本技能。

（2）掌握单片机串行接口的使用和编程方法。

（3）掌握单片机与计算机的通信原理和编程方法。

（4）掌握在 Proteus 环境中，实现串行接口通信的仿真应用。

3. 任务分析

模拟交通信号灯远程控制系统涉及前面学到的交通信号灯的知识和本项目串行接口通信方面的知识，在模拟交通信号灯控制系统的基础上增加了远程控制环节，利用计算机和单片机之间的通信实现远程控制，任务中利用单片机实现交通信号灯控制系统的功能，如信号灯的显示和 LED 数码管的倒计时显示。此外，利用串行接口与计算机进行通信，采用通信双方约定的通信协议，计算机根据需要向单片机发送命令，包括特殊处理命令、恢复命令，单片机在实现常规显示的基础上，根据通信得到的命令进行相应的处理。模拟交通信号灯远程控制系统电路原理图如图 6-25 所示。

4. 源程序设计

计算机的通信程序可以用高级语言编写，也可以在计算机上安装串口调试助手，串口调试

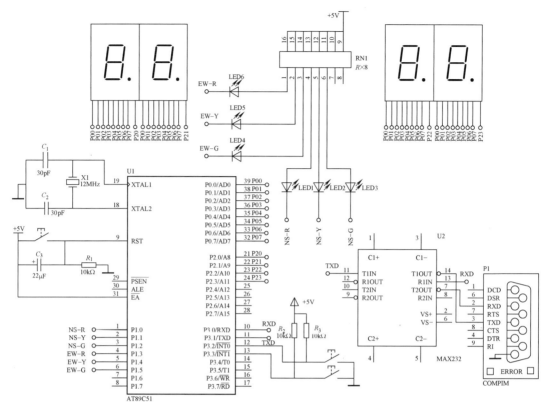

图6-25　模拟交通信号灯远程控制系统原理图

助手有很多种，基本都能满足任务的需求，均可以达到计算机与单片机通信的要求，使用串口调试助手可以省去编写计算机程序的时间。

单片机通信程序如下。

```
/********************************************************************
程序名称:program6-8. c
程序功能:模拟交通信号灯远程控制系统程序
********************************************************************/
#include < reg51. h >
unsigned char mrp = 0,sec = 60;
void DelayX1ms( unsigned int count) ;
char data find_code[4] = {11,11,11,10};
char code dis_code[ ] = {0xc0,0xf9,0xa4,0xb0,0x99,0x92,0x82,0xf8,0x80,0x90};
                    //共阳极数码管字型码0,1,2,3,4,5,6,7,8,9
/********************************************************************
函数名称:disp
函数功能:动态显示函数
********************************************************************/

void disp( )
    {
    unsigned char i,j,k;
```

```
            j = 0x01;

            for( i = 0;i < 4;i ++ )
            {
            P2 = ~ j;
            k = find_code[ i ];
            P0 = ~ dis_code[ k ];          调用延时子函数
            DelayX1ms( 10 );
            j << = 1;
            }
        }
```

```
i = 0,j = 0x01,P2 = ~ j = 11111110
k = find_code[ 0 ] = 11,P0 = dis_code[ 11 ];
数码管显示"0"
i = 1,j = 0x02
P2 = ~ j = 11111101
P2.1 控制的数码管亮
P0 = find_code[ 1 ] = 0xf9,
数码管显示"1"
……
i = 3,j = 0x08
P2 = ~ j = 11110111
P2.3 控制的数码管亮
```

```
/ **************************************************************************
函数名称:DelayX1ms
函数功能:延时函数
************************************************************************** /
void DelayX1ms( unsigned int count)
    {
    unsigned int j;
    while( count -- ! = 0)
        {
        for( j = 0;j < 40;j ++ );
        }
    }
```

```
/ **************************************************************************
函数名称:timer0
函数功能:延时函数,定时器 0 工作于方式 1,50ms 中断一次
************************************************************************** /
void timer0( void) interrupt 1
{
    TH0 = 0x3c;
    TL0 = 0xb0;
    TMOD = 0x01;
    mrp ++ ;
    if( mrp == 20)
    {
        mrp = 0;
        sec -- ;
        if( sec == 0)
        {
            mrp = 0;
            sec = 60;                    //计数单元清零
        }
    }
}
```

```
/ **************************************************************************
函数名称:serial
函数功能:串行接口中断函数,查询按键状态并处理
************************************************************************** /
void serial( ) interrupt 4
{
```

项目

6

201

```
    unsigned char i;
    EA = 0;                         //关中断
    if( RI == 1 )                   //接收到数据
    {
      RI = 0;                       //软件清除中断标志位
      if( SBUF == 0x07 )            //判断是否是07H 亮灯命令
      {
        SBUF = 0x07;                //将收到的07H 命令回发给主机
        while( ! TI );              //查询发送状态
        TI = 0 ;                    //发送成功,由软件清零 TI
        i = P1;                     //保护现场,保存 P1 端口状态
        P0 = 0xdb ;                 //P1 端口控制的两路红灯全亮
        while( SBUF! = 0x0f )       //判断是否是 0fH 命令
          {
            while( ! RI ) ;         //等待接收下一个命令
            RI = 0;                 //软件清除中断标志位
          }
        SBUF = 0x0f;                //将收到的 0fH 命令回发给主机
        while( ! TI );              //查询发送
        TI = 0 ;                    //发送成功,由软件清零 TI
        P0 = i;                     //恢复现场,送回 P1 端口原来状态
        EA = 1;                     //开中断
      }
    else
      {
        EA = 1;
      }
    }
}
/ **********************************************************************
函数名称:main
函数功能:主函数
 ********************************************************************** /
main( )
{
TMOD = 0x21;                        //T0 为定时器,方式 1
SCON = 0x50;                        //串行接口方式1,允许接收
PCON = 0x00;
TL0 = 0xb0;
TH1 = 0xf4;
TL1 = 0xf4;                         //设置串行接口波特率为2400bit/s
EA = 1;
ET0 = 1;
ES = 1;                            //开串行接口中断
IP = 0x10;
TR1 = 1;                           //启动定时器 T1
while( 1 )
    {
      if( P3 == 0xfb )             //停止
```

```
    {
        TR0 = 0;
        mrp = 0;
        sec = 0;
        find_code[10] = 0;
    }
    if(P3 == 0xf7)                              //启动
        TR0 = 1;
    if(sec > 35)
        {
        P0 = 0xde;                              //东西绿灯亮,南北红灯亮
        find_code[0] = (sec - 35)/10;
        find_code[1] = (sec - 35)%10;
        find_code[2] = (sec - 30)/10;
        find_code[3] = (sec - 30)%10;
        }
    if(sec > 30&&sec <= 35)
        {
        P0 = 0xee;                              //东西黄灯亮,南北红灯亮
        find_code[0] = (sec - 30)/10;
        find_code[1] = (sec - 30)%10;
        find_code[2] = (sec - 30)/10;
        find_code[3] = (sec - 30)%10;
        }
    if(sec > 5&&sec <= 30)
        {
        P0 = 0xf3;                              //东西红灯亮,南北绿灯亮
        find_code[0] = sec/10;
        find_code[1] = sec%10;
        find_code[2] = (sec - 5)/10;
        find_code[3] = (sec - 5)%10;
        }
    if(sec < 5)
        {
        P0 = 0xf5;                              //东西红灯亮,南北黄灯亮
        find_code[0] = sec/10;
        find_code[1] = sec%10;
        find_code[2] = sec/10;
        find_code[3] = sec%10;
        }
    disp();
    }
}
```

5. Proteus 仿真

1）双击单片机，将之前生成的模拟交通信号灯远程控制系统 hex 文件添加到单片机的程序文件中。

2）单击"开始"键即可运行项目，程序执行的结果如图6-26所示。

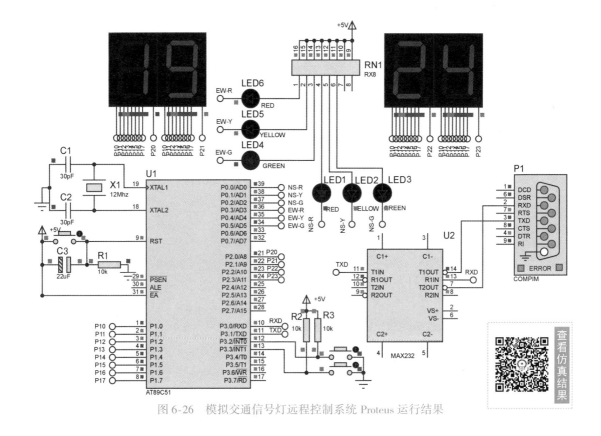

图 6-26　模拟交通信号灯远程控制系统 Proteus 运行结果

项 目 小 结

　　本项目从单片机的双机通信到模拟交通信号灯远程控制系统，把串行通信、单片机的串行接口应用的基本知识融入工作任务中，训练了串行接口应用、多机通信应用的编程方法。同时，也重视基本理论知识的介绍。本项目的重点知识如下：

　　1. 串行通信的基本概念。

　　2. 51 单片机内串行接口的结构和工作原理。

　　3. 串行接口的 4 种工作模式和编程方法。

　　4. 串行通信协议的内容。

练习与提高6

1. 填空题

　　（1）数据通信的基本方式可分为_____通信与_____通信两种。

　　（2）串行通信是指将数据_____传送。串行通信的特点是：仅需_____根传输线即可完成，节省传输线，串行通信的速度_____；传输距离_____；通信时钟频率_____；抗干扰能力_____；使用的传输设备成本_____。

　　（3）串行通信的制式可以分为 3 种：_____、_____和_____。

　　（4）51 系列单片机内部有一个可编程_____的串行接口。

2. 选择题

（1）单片机输出的信号为（　　）电平。

　　A. RS - 485　　　　　B. RS - 232C　　　　C. TTL　　　　　　D. RS - 232

（2）单片机的串行接口属于单片机的（　　）。

　　A. 片内资源　　　　B. 片外资源　　　　　C. 外部设备　　　　D. 扩展设备

（3）单片机的串行接口工作于方式0时，RXD引脚作为（　　）引脚使用。

　　A. 输入　　　　　　B. 输出　　　　　　　C. 输入/输出　　　　D. 时钟

（4）当串行接口采用中断方式工作时，发送或接收一帧数据后，其中断标志（　　）。

　　A. 会自动清零　　　B. 需软件清零　　　　C. 需硬件清零　　　D. 不允许操作

（5）当 SCON = 0x90 时，串行接口的工作状态为（　　）。

　　A. 工作在方式2，允许接收　　　　　　B. 工作在方式2，禁止接收

　　C. 工作在方式1，允许接收　　　　　　D. 工作在方式3，禁止接收

（6）单片机的晶振频率为 11.0592MHz，当 SCON = 0x60，PCON = 0x80，TH1 = 0xfa，TL1 = 0xfa 时，串行接口的波特率为（　　）。

　　A. 2.4kbit/s　　　　B. 4.8kbit/s　　　　　C. 9.6kbit/s　　　　D. 19.2kbit/s

3. 简答题

（1）异步串行通信方式的特点是什么？异步串行通信方式的数据帧格式如何组成？

（2）单片机的串行数据缓冲器有几个，结构如何？如何工作？

（3）串行控制寄存器 SCON 的功能是什么？各位的功能是什么？

（4）单片机串行通信的波特率如何控制？

（5）单片机的串行接口有哪几种工作方式？功能如何，如何控制？

4. 设计题

（1）利用串行接口扩展实现4位 LED 数码管的显示，设计电路并编程，要求每隔1s交替显示"1357"和"2468"。

（2）编程实现两个单片机的双机通信程序，A机作为发送端每秒发送1个字符，B机接收并在与其连接的 LED 数码管上显示出来。

项目

6

项目7
单片机系统扩展的设计

　　单片机的资源是有限的，当这些资源不够用时，就需要在单片机芯片外部扩充相应的电路和芯片，这就是单片机系统的扩展。本项目以单片机扩展 EPROM、RAM 存储器引入单片机的系统扩展及相关知识；最后介绍简单 I/O 接口的扩展。教学过程"做、教、学、做"相融合，达到理论与实践的统一。

教学导航 →

<table>
<tr><td rowspan="4">教</td><td>重点知识</td><td colspan="2">1. 单片机的三总线结构　　　　2. 程序存储器的扩展
3. 数据存储器的扩展　　　　　4. 简单 I/O 端口的扩展</td></tr>
<tr><td>难点知识</td><td colspan="2">1. 程序存储器的扩展　　　　　2. 数据存储器的扩展</td></tr>
<tr><td>教学方法</td><td colspan="2">任务驱动 + 仿真训练
以简单工作任务——单片机扩展 EPROM 存储器为实例，了解单片机三总线的构成；了解锁存器的作用和常用锁存器芯片使用方法；掌握 EPROM 程序存储器的使用、扩展的方法，进而推广到数据存储器的扩展以及简单 I/O 端口的扩展。熟练应用单片机常用仿真软件及进一步应用 C 语言函数</td></tr>
<tr><td>参考学时</td><td colspan="2">8</td></tr>
<tr><td rowspan="3">学</td><td>学习方法</td><td colspan="2">通过完成具体的工作任务，认识学习的重点及编程技巧；理解基本理论知识；注重学习过程中分析问题、解决问题能力的培养与提高</td></tr>
<tr><td>理论知识</td><td colspan="2">1. 单片机的三总线结构　　2. 存储器扩展的相关知识
3. 各种扩展相关芯片及其应用</td></tr>
<tr><td>技能训练</td><td colspan="2">1. 程序存储器扩展的编程、调试及仿真
2. 数据存储器扩展的编程、调试及仿真
3. 简单 I/O 端口扩展的编程、调试及仿真</td></tr>
<tr><td rowspan="2">做</td><td>制作要求</td><td colspan="2">分组完成单片机扩展 EPROM 存储器制作</td></tr>
<tr><td>建议措施</td><td colspan="2">3～5 人组成制作团队，业余时间完成制作并提交老师验收和评价</td></tr>
</table>

培养脚踏实地、不怕艰辛、勇攀高峰的精神。收获与付出相伴，"好好学习，天天向上"。

【任务7.1】 单片机扩展 EPROM 存储器

1. 任务要求

通过单片机的三总线扩展一片 EPROM 程序存储器，在单片机内部程序存储器基础上扩展一定的存储空间，实现一个 LED 数码管的显示，每秒变化一次，循环显示 0~9、A~F 这十六个字符。

2. 任务目的

（1）通过单片机扩展 EPROM 存储器，了解单片机的三总线结构、程序存储器扩展接线等基本知识。

（2）掌握程序存储器扩展的编程方法。

（3）掌握在 Proteus 环境中，实现存储器扩展的仿真应用。

3. 任务分析

当片内程序存储器存储容量不够时需要进行程序存储器的扩展，本任务只是举例说明如何扩展程序存储器，控制程序可以预先下载到 EPROM 程序存储器（2732）中，按照图7-1 所示的电路图连接电路，可以利用 EPROM 程序存储器扩展程序存储空间。

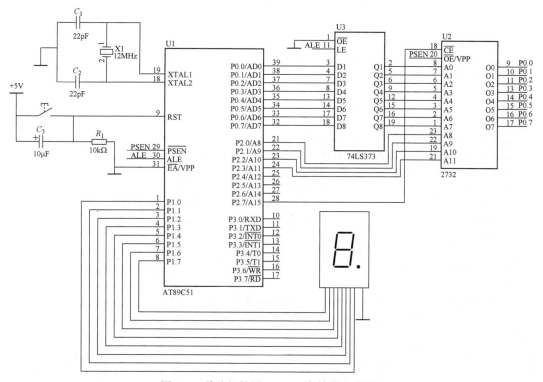

图 7-1　单片机扩展 EPROM 存储器电路图

项目 7

4. 源程序设计

```
/ *****************************************************************
程序名称:program7-1.c
程序功能:单片机扩展 EPROM 存储器源程序
***************************************************************** /
#include "reg51.h"                        //包含头文件 reg51.h
/ *****************************************************************
函数名称:delay1s
函数功能:1 秒延时函数
***************************************************************** /
void delay1s( )
{
    unsigned char counter = 0;
    TR0 = 1;                              //启动 T0
    if(TF0 == 1)                          //查询计数是否溢出
    {
      TF0 = 0;                            //50ms 定时时间到,将 T0 溢出标志位 TF0 清零
      TH0 = 0x3c;                         //恢复计数器初值
      TL0 = 0xb0;
      counter ++ ;
    }
    if(counter == 20)
    {
      counter = 0;
    }
}
/ *****************************************************************
函数名称:main
函数功能:在 1 个数码管上显示字符"0~9,A~F",间隔 1s
***************************************************************** /
void main( )
{
    unsigned char i;
    unsigned char led[16] = {0x3f,0x06,0x5b,0x4f,0x66,0x6d,0x7d,0x07,0x7f,0x6f,0x77,
      0x7c,0x39,0x5e,0x79,0x71};          //定义数组 led 存放 0~9、A~F 的字型码
    TMOD = 0x01;                          //设置 T0 为定时、工作模式 1
    TH0 = 0x3c;                           //设置计数器初值为 3ce0H
    TL0 = 0xb0;
    while(1)
    {
      for(i = 0;i < 16;i ++ )
      {
        P1 = led[i];                      //字型显示码送段控制端口 P1
        delay1s( );                       //延时 1s
      }
    }
}
```

5. Proteus 设计与仿真

在 Proteus 中运行程序,LED 数码管将按照程序设置的方式工作,每 1s 变化一次,依次循环

显示 0 ~ 9、A ~ F 这十六个字符，Proteus 仿真图如图 7-2 所示。

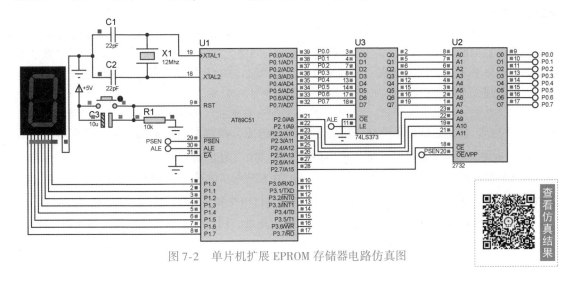

图 7-2　单片机扩展 EPROM 存储器电路仿真图

7.1　单片机扩展总线及地址锁存器

学习指南	基本概念	1. 总线　　　　　　　　2. 地址总线 3. 数据总线　　　　　　4. 控制总线
	基本结构	1. 单片机的三总线结构　2. 常用地址锁存器的结构
	基本技能	1. 单片机系统扩展三总线结构接线方法 2. 利用 Keil μVision、Proteus 仿真调试
	学习方法	理实一体 结合任务实现，了解单片机的总线及其应用；结合实例掌握常用扩展芯片的作用

7.1.1　单片机总线构成

总线是信息传输的公用通道，是连接单片机与输入输出设备的桥梁。单片机可以通过总线与外围设备之间进行通信，完成数据交换，进而实现系统的功能。根据数据的传递方式，总线可分为并行总线和串行总线。并行总线采用的是并行数据传输方式，同一时刻传输多位数据；串行总线采用的是串行数据传输方式，数据中的各个位是先后传输的。

单片机的总线系统由数据总线、地址总线和控制总线构成，常称为三总线结构。单片机的三总线结构如图 7-3 所示。

地址总线（Address Bus，AB），其作用是确定要访问对象的地址。地址总线的位数决定了系统扩展的地址空间，也确定了存储单元数目。地址总线一般为单向，控制器负责向地址总线输出信息。当扩展多个芯片时，地址总线通过芯片的片选端选择芯片。51 系列单片机的地址总线共 16 位，在系统扩展时 P2

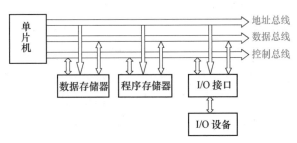

图 7-3　单片机的三总线结构

端口作为高 8 位地址总线，P0 端口分时复用作为低 8 位地址总线和数据总线，总共可访问 $2^{16}=$ 65536 个单元。

数据总线（Data Bus，DB），其作用是传输数据。数据总线的位数即为"计算机的字长"。数据总线是双向的，由控制总线控制它的传输方向与时序。数据总线具有三态：高电平、低电平和高阻态。51 系列单片机的数据总线共 8 位，以 P0 端口分时复用作为低 8 位地址总线和数据总线，一次传递 1 个字节的数据。

控制总线（Control Bus，CB），其主要作用是配合数据总线与地址总线使用，控制时序、传输方向等信息。控制总线由单独起作用的多条线路组成，控制总线一般为单向，仅有高、低两态。51 系列单片机的控制总线主要有：$\overline{PSEN}$、$\overline{RD}$、$\overline{WR}$、ALE 和 $\overline{EA}$。

当无外部扩展时，P0 端口、P2 端口与 P3 端口由相应端口的锁存器控制；当有外部扩展时，P0 端口、P2 端口、$\overline{RD}$（P3.6）和 $\overline{WR}$（P3.7）不再受端口锁存器的控制，转而由总线逻辑控制。

当 ALE 经历下降沿信号时，P0 输出的是低 8 位地址，同时锁存器将其锁存到地址锁存器中。

当 $\overline{PSEN}$ 为低电平时，P0 作为数据总线使用。

当 $\overline{RD}$ 为低电平时，P0 作为数据总线使用。

当 $\overline{WR}$ 为低电平时，P0 作为数据总线使用。

注意：$\overline{EA}$ 是用于控制 51 系列单片机选择片外程序存储器的。当 $\overline{EA}$ 接地时，单片机只使用外部扩展的程序存储器；当 $\overline{EA}$ 接高电平时，程序存储器先使用内部存储器，超出内部地址范围后，自动选择访问外部程序存储器。

7.1.2 常用扩展芯片

1. 74LS138 芯片

74LS138 为 3 线-8 线译码器，其引脚排列如图 7-4 所示。

74LS138 芯片引脚功能如下：

1）A0（A）、A1（B）、A2（C）：地址输入端。

2）STA（E1）：选通端。

3）$\overline{STB}$（E2）、$\overline{STC}$（E3）：选通端（低电平有效）。

4）$\overline{Y0} \sim \overline{Y7}$：输出端（低电平有效）。

5）VCC：电源正。

6）GND：地。

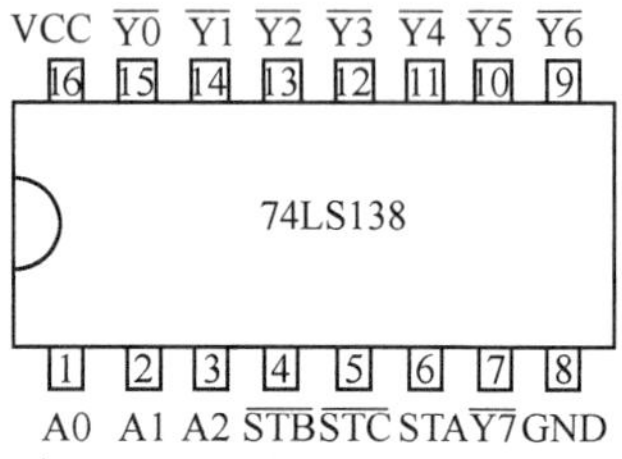

图 7-4 74LS138 引脚图

A0 ~ A2 对应 $\overline{Y0} \sim \overline{Y7}$，以二进制形式输入，相应 Y 的序号输出低电平，其他均为高电平。74LS138 译码器真值表见表 7-1。

表 7-1 74LS138 译码器真值表

选通输入			地址输入			译码输出							
E1	$\overline{E2}$	$\overline{E3}$	A2	A1	A0	$\overline{Y0}$	$\overline{Y1}$	$\overline{Y2}$	$\overline{Y3}$	$\overline{Y4}$	$\overline{Y5}$	$\overline{Y6}$	$\overline{Y7}$
×	1	×	×	×	×	1	1	1	1	1	1	1	1
×	×	1	×	×	×	1	1	1	1	1	1	1	1
0	×	×	×	×	×	1	1	1	1	1	1	1	1

（续）

选 通 输 入			地 址 输 入			译 码 输 出							
1	0	0	0	0	0	0	1	1	1	1	1	1	1
1	0	0	0	0	1	1	0	1	1	1	1	1	1
1	0	0	0	1	0	1	1	0	1	1	1	1	1
1	0	0	0	1	1	1	1	1	0	1	1	1	1
1	0	0	1	0	0	1	1	1	1	0	1	1	1
1	0	0	1	0	1	1	1	1	1	1	0	1	1
1	0	0	1	1	0	1	1	1	1	1	1	0	1
1	0	0	1	1	1	1	1	1	1	1	1	1	0

注：×表示该位状态为任意。

【实训7.1】 单片机通过扩展74LS138 译码器，利用 P2 端口的 3 位引脚控制 8 位 LED 灯，实现 8 位 LED 灯的滚动显示。

单片机通过扩展74LS138 译码器控制 8 位 LED 灯的仿真图如图 7-5 所示。

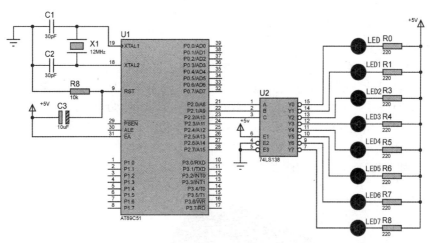

图 7-5 单片机扩展 74LS138 译码器控制 8 位 LED 灯仿真图

源程序如下：

```
/****************************************************************
程序名称:program7-2. c
程序功能:单片机与 74LS138 译码器配合控制彩灯
****************************************************************/
#include < reg51. h >
/****************************************************************
函数名称:delay
函数功能:软件延时函数,延时时间可变
形式参数:i
```

返回值:无
```
****************************************************************/
void delay( unsigned char i)
{
    unsigned char a,b;
    for( a = 0;a < i;a ++ )
        for( b = 0;b < 255;b ++ );
}
/ ***************************************************************
函数名称:main
函数功能:控制彩灯按照二进制数递增的规律变化
****************************************************************/
void main( )
{
    unsigned char j;
    while( 1 )
    {
        for( j = 0;j < 8;j ++ )
        {
            P2 = j;
            delay( 200 );
        }
    }
}
```

2. 74LS373 芯片

地址锁存器是一个暂存器，它根据控制信号的状态，将总线上地址代码暂存起来。

单片机系统中扩展外部存储器或其他外部设备时，通常需要地址锁存器芯片，常用的地址锁存器芯片有 74LS373、8282、74LS273、74HC573 等，这几种芯片的功能基本相同。下面以 74LS373 芯片为例介绍地址锁存器芯片。74LS373 芯片实物图如图 7-6 所示。

74LS373 芯片是一款常用的地址锁存器芯片，由八个并行的带三态缓冲输出的 D 触发器构成。其引脚图如图 7-7 所示，其功能表见表 7-2。

图 7-6　74LS373 芯片实物图　　　　图 7-7　74LS373 芯片引脚图

表 7-2　74LS373 芯片功能表

$\overline{OE}$	LE	功　能
0	0	直通（Qi = Di）
0	1	保持（Qi 保持不变）
1	X	输出高阻

74LS373 芯片的引脚功能如下：

1）$\overline{OE}$：使能端。高电平时输出为高阻态，低电平时为选通状态。

2）D0 ~ D7：输入端。与单片机 P0 端口相连。

3）Q0 ~ Q7：输出端。与外部设备的低八位地址线相连。

4）LE：地址锁存输入端。

7.2　存储器的扩展

学习指南	基本知识	1. 常用程序存储器芯片　　2. 常用数据存储器芯片 3. 存储器地址空间的确定
	基本技能	1. 单片机扩展程序存储器编程及调试　　2. 单片机扩展数据存储器编程及调试 3. 利用 Keil μVision、Proteus 仿真调试
	学习方法	理实一体 结合前导任务和实训案例，掌握程序存储器和数据存储器的扩展

7.2.1　EPROM 程序存储器的扩展

在任务 7.1 中已经介绍了单片机扩展 2732 程序存储器，扩充了系统的程序存储容量，使单片机可以应用于较大型的应用系统。当系统程序存储器容量不够时，通常有以下几种选择方案可供大家选择。

1）选用片内程序存储器较大的单片机。比如，深圳宏晶科技的 STC 系列单片机，其片内程序存储器容量可选择的余地很大，对于不同的存储容量需求有 4 ~ 64KB 的单片机型号可供选择。

2）用单片机的扩展功能选择合适的存储器芯片扩展程序存储器容量。如任务 7.1 所进行的扩展。程序存储器的类型很多，主要有掩膜 ROM、EPROM（紫外线可擦除型）、EEPROM（电可擦除型）和 FlashROM（闪存）。其中，EPROM 芯片是目前单片机扩展程序存储器较常用的芯片。

51 系列单片机扩展常用的 EPROM 芯片容量及地址范围见表 7-3。

表 7-3　常用 EPROM 芯片

EPROM 型号	地　址　线	存　储　容　量	基 本 地 址 空 间
2716，27C16	A0 ~ A10	2KB	0000H ~ 07FFH
2732，27C32	A0 ~ A11	4KB	0000H ~ 0FFFH
2764，27C64	A0 ~ A12	8KB	0000H ~ 1FFFH
27128，27C128	A0 ~ A13	16KB	0000H ~ 3FFFH
27256，27C256	A0 ~ A14	32KB	0000H ~ 7FFFH
27512，27C512	A0 ~ A15	64KB	0000H ~ FFFFH

读一读

存储器的存储容量和地址线条数有直接的关系，若地址线有 n 条，则存储容量为 2^n B。如地址线条数为 12 条，则存储容量为 2^{12} B，也就是 4KB，以此类推。

常用 EPROM 芯片的引脚排列如图 7-8 所示。

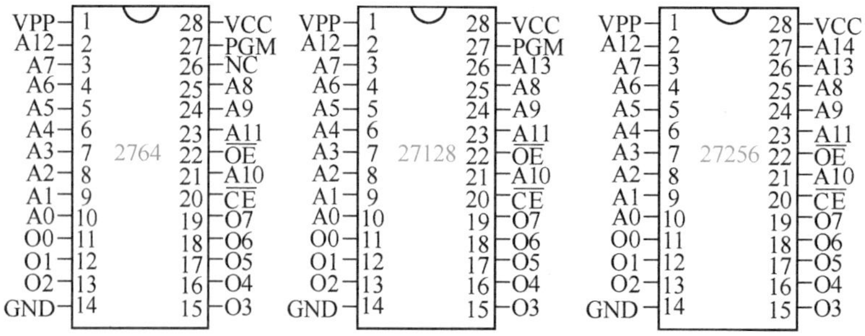

图 7-8 常用 EPROM 芯片的引脚排列图

【实训 7.2】 用 8051 单片机和 EPROM 芯片完成程序存储器的扩展，要求扩展 8KB 的片外程序存储空间。请根据任务要求写出设计方案，画出电路图，并确定芯片的地址范围。

根据任务要求和设计者的情况，若设计者有 8KB 的程序存储器芯片 2764 时，可以直接用 1 片 2764 程序存储器，这种方法成本低、电路简单、可靠性高，是最好也是最常用的方法。扩展原理图如图 7-9 所示。

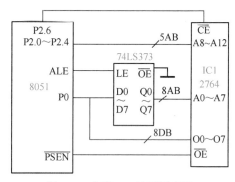

图 7-9 实训 7.2 扩展原理图

根据扩展电路图的连接方式可以看出，2764 的 13 根地址线 A0 ~ A12 分别和单片机的 P0.0 ~ P0.7、P2.0 ~ P2.4 相连，而 2764 的片选端和 P2.6 相连，则编址结果见表 7-4。

表 7-4 实训 7.2 编址结果

8051	P2.7	P2.6	P2.5	P2.4	P2.3	P2.2	P2.1	P2.0	P0.7…P0.0	地址
地址线	A15	A14	A13	A12	A11	A10	A9	A8	A7…A0	
最小地址	×	0	×	0	0	0	0	0	0…0	0000H
最大地址	×	0	×	1	1	1	1	1	1…1	1FFFH

注：×表示该位状态为任意。×取不同状态，对应不同地址，此为重叠的地址空间。

重叠的地址有：0000H ~ 1FFFH，2000H ~ 2FFFH，8000H ~ 9FFFH，0A000H ~ 0BFFFH。选用 2764 地址范围为：0000H ~ 1FFFH。

【**实训7.3**】　用8051单片机和EPROM芯片完成程序存储器的扩展，若当前只有程序存储器芯片2764，试完成16KB片外程序存储器扩展。请写出设计方案，画出电路图，并写出各芯片的地址范围。

根据任务要求，可以用多片小容量的程序存储器组合扩展为大的存储容量，但这种方法成本高、电路也相对复杂、可靠性也较选择单个存储器芯片要差，不推荐大家选择。扩展电路原理图如图7-10所示。

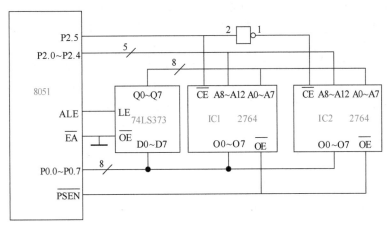

图7-10　实训7.3扩展电路原理图

图7-10中两片2764芯片的13根地址线A0～A12分别和单片机的P0.0～P0.7、P2.0～P2.4相连，P2.5和IC1的片选端相连，P2.5取反后与IC2的片选端相连，则两片2764芯片的编址结果见表7-5。

表7-5　实训7.3两片2764的编址结果

8051	P2.7	P2.6	P2.5	P2.4	P2.3	P2.2	P2.1	P2.0	P0.7…P0.0	地址
地址线	A15	A14	A13	A12	A11	A10	A9	A8	A7…A0	
IC1 最小地址	×	×	0	0	0	0	0	0	0…0	0000H
IC1 最大地址	×	×	0	1	1	1	1	1	1…1	1FFFH
IC2 最小地址	×	×	1	0	0	0	0	0	0…0	2000H
IC2 最大地址	×	×	1	1	1	1	1	1	1…1	3FFFH

注：×表示该位状态为任意，具有4个地址重叠空间。

选择IC1的地址范围为：0000H～1FFFH，IC2的地址范围为：2000H～3FFFH。

读一读

存储器的地址范围和硬件电路的连接直接相关，如实训7.3中P2.5与IC1的片选端相连，P2.5取反后与IC2的片选端相连，要访问IC1就必须使P2.5=0，访问IC2就必须使P2.5=1，P2.5控制访问IC1与IC2，IC1的地址范围为0000H～1FFFH，IC2的地址范围为2000H～3FFFH。

项目 7

7.2.2　RAM 数据存储器的扩展

51 系列单片机内部数据存储器的容量为128B，它采用 RAM 作为数据存储器，可以作为工作寄存器、堆栈、标志和数据缓冲区使用，主要用于存放各种数据，51 系列单片机有多条对内部RAM 操作的指令。对数据量应用较小的系统，片内的 RAM 即可满足对数据存储器的需求；但当存取数据量较大，内部 RAM 无法满足数据存储器的需求，就需要扩展外部 RAM 数据存储器。51系列单片机扩展片外数据存储器的低 8 位地址线和高 8 位地址线也是由 P0 端口和 P2 端口分别提供的，最大可扩展 64KB 的存储空间，地址范围为0000H～0FFFFH。

随机存取存储器（RAM）和程序存储器（ROM）不同，用户程序可随时对 RAM 进行读或写操作，具有断电数据丢失的特点。

常用的数据存储器有静态 RAM（SRAM）和动态 RAM（DRAM）两种。SRAM 的读/写速度高，一般数据位数都是 8 位，易于扩展，且大多数与相同容量的 EPROM 引脚兼容，有利于印制电路板电路设计，SRAM 中的数据在通电期间不会丢失，不用设置专门的刷新电路，使用较为方便；缺点是集成度低，成本高，功耗大。而 DRAM 在使用时，必须设置刷新电路保持存储数据不会丢失，每隔一定时间对 DRAM 进行一次刷新。DRAM 具有集成度高，功耗低，成本低等优点，缺点是需要设置刷新电路。在实际选用时，SRAM 一般用于扩展的数据存储器小于 64KB 的系统，DRAM 经常用于扩展数据存储器大于 64KB 的大系统。SRAM 因其与单片机接线简单，在单片机系统中被广泛采用。

51 系列单片机扩展常用的 SRAM 芯片容量及地址范围见表7-6。

表7-6　常用 SRAM 芯片

SRAM 型号	地　址　线	存　储　容　量	基本地址空间
6116	A0～A10	2KB	0000H～07FFH
6264	A0～A12	8KB	0000H～1FFFH
62128	A0～A13	16KB	0000H～3FFFH
62256	A0～A14	32KB	0000H～7FFFH

常用 SRAM 芯片的引脚排列如图 7-11 所示。

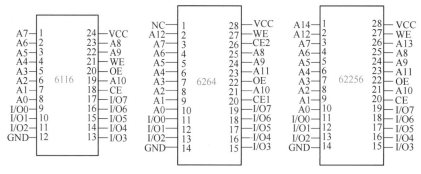

图 7-11　常用 SRAM 芯片的引脚排列

【实训7.4】　用 8051 单片机和 RAM 芯片完成数据存储器的扩展，要求扩展 8KB 的片外数据存储空间。请根据任务要求写出设计方案，画出电路图，并写出芯片的地址范围。

根据任务要求，存储器的扩展可以直接用 1 片 6264 实现，这种方法成本低、电路简单、可靠性高。扩展电路原理图如图 7-12 所示。

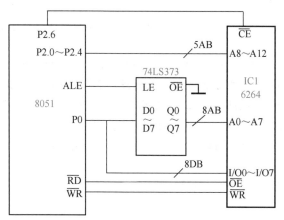

图 7-12　实训 7.4 扩展电路原理图

根据电路图的连接方式可以看出，6264 芯片的 13 根地址线 A0 ~ A12 分别和单片机的 P0.0 ~ P0.7、P2.0 ~ P2.4 相连，而 6264 芯片的片选端和 P2.6 相连，则编址结果见表 7-7。

表 7-7　6264 芯片编址结果

8051	P2.7	P2.6	P2.5	P2.4	P2.3	P2.2	P2.1	P2.0	P0.7…P0.0	地址
地址线	A15	A14	A13	A12	A11	A10	A9	A8	A7…A0	
最小地址	×	0	×	0	0	0	0	0	0…0	0000H
最大地址	×	0	×	1	1	1	1	1	1…1	1FFFH

注：×表示该位状态为任意，具有重叠的地址空间。

选用 6264 地址范围为 0000H ~ 1FFFH。

单片机与数据存储器的连接方法和程序存储器连接方法大致相同，简述如下：

1）地址线的连接，与程序存储器连法相同。

2）数据线的连接，与程序存储器连法相同。

3）控制线的连接，主要有下列控制信号：

① 存储器读信号$\overline{OE}$和单片机读信号$\overline{RD}$相连，即和 P3.7 相连。

② 存储器写信号$\overline{WR}$和单片机写信号$\overline{WR}$相连，即和 P3.6 相连。

③ ALE：其连接方法与程序存储器相同。

由于程序存储器的读控制信号$\overline{PSEN}$与数据存储器的$\overline{RD}$、$\overline{WR}$控制信号是相互独立的，程序存储器和数据存储器各自的 64K 地址空间是相互独立的。

7.3　简单 I/O 接口的扩展

学习指南	基本知识	1. I/O 接口功能	2. I/O 接口数据的传送方式
		3. 利用锁存器等芯片扩展 I/O 接口	
	基本技能	1. 单片机扩展简单 I/O 接口的编程及调试	2. 利用 Keil μVision、Proteus 仿真调试
	学习方法	理实一体 通过实例的学习，了解非可编序芯片扩展 I/O 接口的常用方法	

7.3.1 I/O 接口功能

接口是计算机之间、计算机与外围设备之间、计算机各部件之间联系的桥梁，是 CPU 与外界进行数据交换的中转站。

I/O 接口即输入/输出接口，在单片机中不仅存储器的每个存储单元有其对应的地址，并行 I/O 端口也有。与单片机进行数据交换的每个外部设备都有一个专用的地址，这些设备可以通过这个地址处理自己的输入输出信息。CPU 与内部部件的数据交换是通过片内集成的电路实现的，CPU 与外部设备的连接和数据交换则需通过接口设备实现。

单片机的输入、输出设备种类繁多，对应的接口形式也各不相同。I/O 接口扩展分类有以下三种：

1）通用型 I/O 电路芯片，如 74LS273、74LS373、74LS377、74LS244、74LS245 等并行输入输出芯片。

2）可编程序 I/O 扩展芯片，如 8255A、8253 和 8279 等可编程序芯片。

3）串行端口扩展芯片，如 74LS164 串行转并行输出芯片、74LS165 串行转并行输入芯片。

I/O 接口的功能是负责实现 CPU 和外围设备协同工作，由于计算机的外围设备品种繁多，CPU 在与 I/O 设备进行数据交换时经常存在速度、时序、信息格式与类型不匹配等问题。因此，CPU 与外设之间的数据交换必须通过接口完成。单片机的 I/O 接口主要有以下功能。

（1）实现不同外设的匹配　不同的 I/O 设备的时序与控制逻辑各异，信号的类型、电平、格式等常与单片机不一致。这就需要 I/O 接口进行时序的协调；信号类型的转换，如数-模转换、电流与电压的转换；信号电平的转换，如高电平与低电平的转换、正与负的转换、不同通信协议之间的电平转换；信号格式的转换，如并行数据与串行数据等的转换。

（2）对单片机输出的数据锁存　锁存总线上的数据，以解决单片机与 I/O 设备的速度协调问题。

（3）对输入设备的三态缓冲　外设传送数据时要占用总线，不传送数据时必须对总线呈高阻状态。利用 I/O 接口的三态缓冲功能，可以实现 I/O 设备与数据总线的隔离，便于其他设备的总线挂接。

7.3.2 简单 I/O 接口的扩展

简单 I/O 接口的扩展常用三种方法。

1）利用 TTL、CMOS 集成电路实现扩展。

2）利用单片机串行接口实现扩展。

3）利用可编程序并行接口芯片实现扩展。

1. 用锁存器扩展简单的 8 位输出端口

74LS377 芯片扩展 8 位输出端口电路图如图 7-13 所示。

P0 端口是数据总线端口，作 I/O 端口用时只能分时使用，因此，输出数据时需要锁存。

74LS377 芯片为 8D 锁存器，8 位输入引脚和 8 位输出引脚，1 位时钟$\overline{CP}$引脚，1 位锁存允许$\overline{E}$

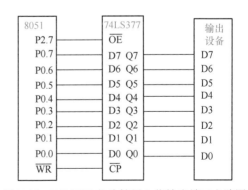

图 7-13　74LS377 芯片扩展 8 位输出端口电路图

引脚。当$\overline{OE}=0$时，在$\overline{CP}$的上升沿，将输入端数据锁存到锁存器中。P2.7 接$\overline{OE}$，输出设备的编址结果见表 7-8，由表可知 74LS377 芯片的端口地址为 7FFFH。

表7-8 输出设备的编址结果

8031	P2.7	P2.6···P2.0	P0.7···P0.0	地址
地址线	A15	A14···A8	A7···A0	
输出设备地址	0	1···1	1···1	7FFFH

2. 用锁存器扩展简单的 8 位输入端口

外设与单片机在传输数据速度上存在着一定的差异，为了保证数据能被单片机正确地接收，应采用如图7-14所示的电路。

在 STB 的下降沿将数据锁存入 74LS373 芯片中，$\overline{OE}$控制着 74LS373 芯片的输出，由 P2.6 和 $\overline{RD}$相"或"后控制锁存器，输入设备的编址结果见表7-9，由表可知输入设备的端口地址为 0BFFFH。

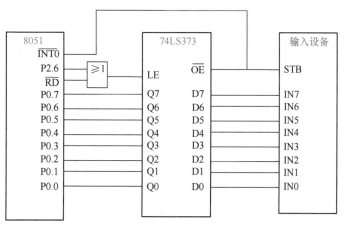

图 7-14 74LS373 芯片扩展 8 位输入端口电路图

表7-9 输入设备的编址结果

8031	P2.7	P2.6	P2.5···P2.0	P0.7···P0.0	地址
地址线	A15	A14	A13···A8	A7···A0	
输入设备地址	1	0	1···1	1···1	0BFFFH

3. 用三态门扩展 8 位输入并行端口

74LS244 芯片扩展 8 位输入端口电路图如图7-15所示。74LS244 芯片是 8 位三态门，当$\overline{1G}$、$\overline{2G}$端均为低电平时，允许输入数据；否则，为高阻态。

【实训7.5】 用 8051 单片机和非可编程芯片完成 I/O 接口的扩展，要求用 P0 端口扩展 8 位输入端口和 8 位输出端口，将 8 个按键的状态在 8 位 LED 上显示。请根据任务要求画出电路图，编程并调试。

根据任务要求，利用 1 片非可编程芯片 74LS244 芯片作为输入端口，利用 1 片非可编程芯片 74LS273 芯片作为输出端口，可以实现任务要求的功能，电路图原理图如图7-16所示。

用非可编程芯片和 P0 端口扩展 8 位输入端口和 8 位输出端口，在硬件连接上两片芯片都与

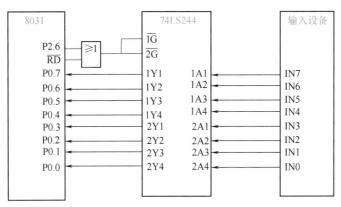

图 7-15　74LS244 芯片扩展 8 位输入端口电路图

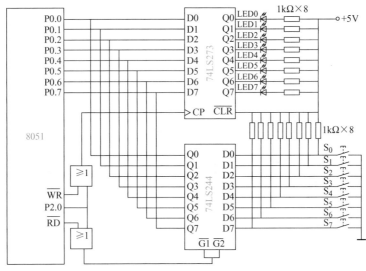

图 7-16　实训 7.5 电路原理图

P0 端口相连，P2.0 作为控制信号控制输入/输出数据。74LS244 芯片三态门的输入端（D0~D7）连接 8 个按键，其输出端与单片机的 P0 端口相连，单片机只需使用普通的读操作命令即可输入按键状态；74LS273 芯片锁存器的输出端与发光二极管连接，单片机向外输出数据时，只要使用普通的输出操作命令即可将数据从 74LS273 芯片的数据输入端（D0~D7）输入并锁存，并控制 74LS273 芯片所连接的 LED 显示出相应的结果，源程序如下。

```
/******************************************************************
程序名称:program7-3. c
程序功能:利用 P0 端口和两片非可编程芯片扩展 1 个输入口和 1 个输出口
 ****************************************************************** /
#include < reg51. h >
sbit    CON = P2^0;              //P2.0 控制两个芯片工作
/******************************************************************
函数名称:delay
```

函数功能:软件延时函数,延时时间可变
形式参数:i
返回值:无
***/

```c
void delay( unsigned char i)
{
    unsigned char a,b;
    for( a = 0;a < i;a ++ )
        for( b = 0;b < 255;b ++ );
}
```
/ ***
函数名称:main
函数功能:读取开关状态后,在发光二极管上显示
***/

```c
void main( )
{
    unsigned char j;
    P0 = 0xff;
    while(1)
    {
        CON = 0;             //P2.0 输出低电平,将按键状态锁存
        j = P0;              //读取 P0 端口状态,存入变量 j 中
        P0 = j;              //将变量 j 中的数据从 P0 端口输出
        delay(200);
        CON = 1;             //P2.0 输出高电平,产生脉冲信号,控制灯的状态
        delay(200);
    }
}
```

仿真运行结果如图 7-17 所示。

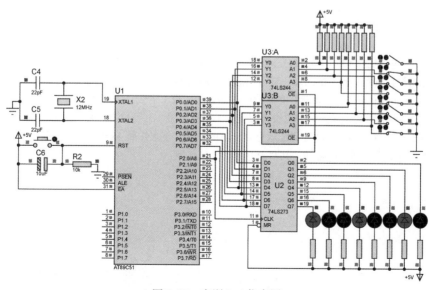

图 7-17 实训 7.5 仿真图

项 目 小 结

本项目将单片机三总线结构、程序存储器的扩展、数据存储器的扩展、简单 I/O 接口的扩展等基本知识融入工作任务中，训练了单片机系统扩展及应用的编程逻辑和方法。同时，也重视基本理论知识的介绍。本项目的主要知识点如下：

1. 单片机系统三总线的构成和常用锁存器。
2. 常用的 EPROM 和 SRAM 存储器芯片。
3. 芯片扩展方法和地址空间的分配。
4. 简单输入接口扩展和简单输出接口芯片扩展。

练习与提高 7

1. 填空题

（1）总线是信息传输的_____，是连接单片机与_____的桥梁。

（2）_____是计算机之间、计算机与外围设备之间、计算机各部件之间联系的桥梁，是 CPU 与外界进行数据交换的_____。

（3）单片机扩展程序存储器时，片外程序存储器的_____端与单片机的$\overline{\text{PSEN}}$端相连。

（4）程序存储器 2764 的存储空间为_____，有_____根地址线，在进行扩展时与单片机的_____端相连。

（5）单片机扩展外部设备时，P2 端口常用作_____。

2. 简答题

（1）单片机总线结构是怎样的？各有什么功能？在使用中用哪些 I/O 端口实现？

（2）地址锁存器的功能是什么？常用的地址锁存器有哪些？

（3）当系统程序存储器容量不够时，有哪些方法解决这个问题？

（4）简述 I/O 接口的功能。

（5）I/O 接口扩展分类有哪些？

3. 设计题

（1）用 8031 单片机和 EPROM 芯片完成程序存储器的扩展，要求扩展 4KB 的片外程序存储空间。请根据任务要求写出设计方案，画出电路图，并写出芯片的地址范围。

（2）用 8031 单片机和 EPROM 芯片完成程序存储器的扩展，若当前只有程序存储器芯片 27128，试完成 32KB 片外程序存储器的扩展。请写出设计方案，画出电路图，并写出各芯片的地址范围。

（3）用 8051 单片机和 RAM 芯片完成数据存储器的扩展，要求扩展 4KB 的片外数据存储空间。请根据任务要求写出设计方案，画出电路图，并写出芯片的地址范围。

项目8
D-A与A-D转换接口技术

引言

　　本项目利用 D－A 转换器 DAC0832 对直流电动机进行控制，即对直流电动机进行转向控制和转速控制，了解 D－A 转换器 DAC0832 的工作原理、接口电路的设计和可编程控制方法。通过简易数字电压表的设计引入 A－D 转换器 ADC0809 的学习，熟悉 ADC0809 原理、接口电路设计及可编程控制方法。

教学导航 ➧

<table>
<tr><td rowspan="5">教</td><td>重点知识</td><td colspan="2">1. D－A 转换器 DAC0832 的工作原理
3. D－A 转换器 DAC0832 的编程控制
5. A－D 转换器 ADC0809 与单片机接口的连接</td><td>2. D－A 转换器 DAC0832 与单片机接口的连接
4. A－D 转换器 ADC0809 的工作原理
6. A－D 转换器 ADC0809 的编程控制</td></tr>
</table>

教	重点知识	1. D－A 转换器 DAC0832 的工作原理	2. D－A 转换器 DAC0832 与单片机接口的连接
		3. D－A 转换器 DAC0832 的编程控制	4. A－D 转换器 ADC0809 的工作原理
		5. A－D 转换器 ADC0809 与单片机接口的连接	6. A－D 转换器 ADC0809 的编程控制
	难点知识	1. A－D 转换器 ADC0809 的编程应用	2. D－A 转换器 DAC0832 的编程应用
	教学方法	任务驱动＋仿真训练 　　以直流电动机控制为目标，分析 D－A 转换器 DAC0832；通过对简易数字电压表的设计，学习 A－D 转换器 ADC0809 的基本原理及应用。进一步熟练应用单片机常用仿真软件，C 语言中指针的基本知识及其应用	
	参考学时	16	
学	学习方法	通过完成具体的工作任务，学习常用 D－A 转换器 DAC0832 和 A－D 转换器 ADC0809 的基本原理及编程应用；理解基本理论知识及应用特点；注重学习过程中分析问题、解决问题能力的培养与提高	
	理论知识	1. D－A 转换器 DAC0832 的基本原理及其应用 2. A－D 转换器 ADC0809 的基本原理及其应用 3. 指针的概念及应用	
	技能训练	1. 直流电动机的控制编程、调试及仿真 2. 简易信号发生器的设计与制作 3. 简易电压表的设计、调试及仿真	
做	制作要求	分组完成直流电动机、简易信号发生器和简易数字电压表的制作	
	建议措施	3～5 人组成制作团队，业余时间完成制作并提交老师验收和评价	

培养学生爱国精神、科学态度、钻研新技术能力，培养大国工匠精神。

【任务8.1】 直流电动机的控制

1. 任务要求

利用 D－A 转换器 DAC0832 设计对直流电动机进行转向控制和转速控制的电路。

2. 任务目的

（1）通过利用 D－A 转换器 DAC0832 设计对直流电动机进行转向控制和转速控制，了解 D－A 转换器 DAC0832 的工作原理。

（2）掌握 D－A 转换器 DAC0832 的使用和编程方法。

（3）掌握在 Proteus 环境中实现 D－A 转换器的仿真应用。

3. 任务分析

直流电动机是由直流电流驱动的电动机，输入的是电能，输出的是机械能。直流电动机的种类和型号多种多样。常见直流电动机实物图如图 8-1 所示。

直流电动机广泛应用于汽车、电动自行车、摩托车、扫地机器人等行业；也广泛应用于各种便携式的电子产品中，例如：录音机、电动按摩器及各种玩具；在一些高精密产品中也被广泛应用，例如：录像机、复印机、打印机、硬盘驱动器、刻录机、照相机、手机、银行点钞机和精密机床等。

图 8-1　直流电动机实物图

利用 D－A 转换器 DAC0832 对直流电动机进行转向控制和转速控制。转速由占空比固定的 PWM 脉冲控制，占空比通过单片机采集 DAC0832 的转换结果进行调节。通过本任务，了解 D－A 转换器 DAC0832 的工作原理、接口电路设计和可编程控制方法，进一步熟悉 Keil μVision 和 Proteus 环境下仿真应用及直流电动机控制的仿真实现过程。

单片机对直流电动机控制的原理图如图 8-2 所示。

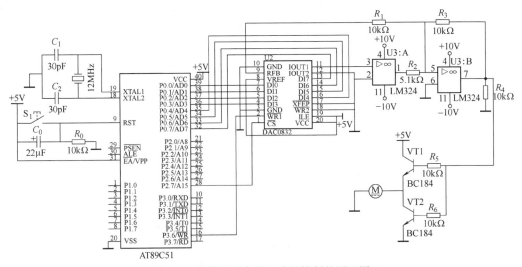

图 8-2　单片机对直流电动机控制的原理图

4. 源程序设计

使用单片机驱动小功率直流电动机极为方便。直流电动机的控制源程序如下。

```
/ **********************************************************************
程序名称:program8-1.c
程序功能:直流电动机的控制
**********************************************************************/
#include < absacc.h >          //绝对地址访问头文件
#include "reg51.h"             //包含头文件 reg51.h
#define uchar unsigned char    //无符号字符型数据预定义为 uchar
#define DA0832 XBYTE[0x7FFF]   //DAC0832 地址为 7FFFH      ········ DAC0832 芯片端口地址定义

void delay_1ms();             //延时 1ms 程序
void main()                   //主函数
{
    TMOD = 0x00;              //设置定时器 T1,工作方式 0
    uchar i;
    while(1)
    {
        i = 0x80;
        DA0832 = i;          //输出 0V 电平(D-A 转换)       ········ DAC0832 实现 D-A 转换的语句
        delay_1ms();
        i = 0xff;
        DA0832 = i;          //输出 +5V 电平(D-A 转换)      ········ DAC0832 实现 D-A 转换的语句
        delay_1ms();
    }
}
/ **********************************************************************
函数名称:delay_1ms
函数功能:延时 1ms,定时器 T1 工作于工作方式 0,定时初值 7192
形式参数:无
返回值:无
**********************************************************************/
void delay_1ms()
{
    TH1 = 0xe0;              //设置定时器初值
    TL1 = 0x18;
    TR1 = 1;                 //启动定时器 T1
    while(!TF1);             //查询计数是否溢出,即定时 1ms 时间是否到
    TF1 = 0;                 //1ms 时间到,将定时器溢出标志位 TF1 清零
}
```

5. Proteus 设计与仿真

在 Proteus ISIS 环境下仿真直流电动机运行情况, 如图 8-3 所示。

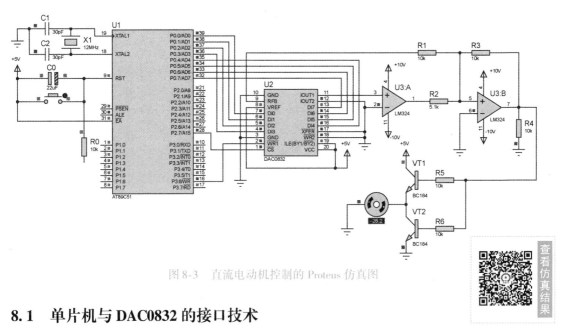

图8-3 直流电动机控制的 Proteus 仿真图

8.1 单片机与DAC0832的接口技术

学习指南	基本概念	1. D-A 转换器及其作用	2. DAC0832 芯片的认识
	基本结构	1. 单片机后向通道的基本结构 3. 单片机与DAC0832 芯片的连接	2. DAC0832 芯片的基本工作原理
	工作方式	1. 直通工作方式 3. 双缓冲工作方式	2. 单缓冲工作方式
	基本技能	1. DAC0832 芯片与单片机的连接方法 2. 应用 DAC0832 实现直流电动机调速控制、简易信号发生器的设计 3. 利用 Keil μVision、Proteus 仿真调试	
	学习方法	理实一体 结合任务和实训项目的实现,学会D-A转换器的应用	

8.1.1 D-A转换器的概述

单片机芯片内部处理的是数字量。实际应用中,根据被控对象的不同,常常需要将数字量转换成模拟量来实现对被控对象的控制。D-A转换器是一种将数字量转换成模拟量(电流、电压)的电子器件。由D-A转换器组成的电路加上可编程控制,便可实现单片机和被控对象之间的连接问题,即D-A转换接口技术。由单片机向外输出信息的通道常称为后向通道,单片机后向通道结构图如图8-4所示。

在单片机测控系统中经常采用的是D-A转换器的集成电路芯片,称为D-A接口芯片或DAC芯片。

```
单片机 → D-A转换器 → 控制对象
```

图8-4 单片机后向通道结构图

D-A转换方法较多,常用的是权电阻D-A转换法和T形电阻网络法。前者转换精度低。所以,实际应用的D-A转换器普遍使用T形电阻网络法。

8.1.2　典型 D-A 转换器 DAC0832

DAC0832 是典型的 8 位 D-A 转换芯片，转换时间为 1μs，其 D-A 转换电路是 T 形电阻网络，可以与 51 系列单片机芯片直接连接。

1. DAC0832 的内部逻辑结构

DAC0832 的内部逻辑结构如图 8-5 所示。

DAC0832 主要由一个 8 位输入寄存器、一个 8 位 DAC 寄存器和一个 8 位 D-A 转换器组成，输入寄存器和 DAC 寄存器构成两级数据输入锁存。使用时，数据输入可以采用两级锁存（双锁存）形式，或单级锁存（一级锁存，一级直通）形式，或直接输入（两级直通）形式。

三个与门电路组成寄存器输出控制逻辑电路，它的逻辑功能是进行数据锁存控制：当 $\overline{LE1}$ = 0 或 $\overline{LE2}$ = 0 时，输入数据被锁存；当 $\overline{LE1}$ = 1 或 $\overline{LE2}$ = 1 时，寄存器的输出跟随输入数据变化。

2. DAC0832 芯片引脚功能

DAC0832 芯片为 20 引脚双列直插式封装，其引脚排列如图 8-6 所示。

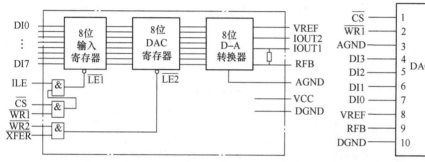

图 8-5　DAC0832 内部逻辑结构图

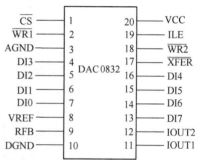

图 8-6　DAC0832 芯片引脚图

DAC0832 引脚功能如下：

1）DI0 ~ DI7：8 条数据输入引脚。

2）ILE：数据锁存允许信号，高电平有效。

3）$\overline{CS}$：片选信号，低电平有效。

4）$\overline{WR1}$：第 1 写选通信号，低电平有效。当 ILE = 1 且 $\overline{WR1}$ = 0 时，为输入寄存器直通方式；当 ILE = 1 且 $\overline{WR1}$ = 1 时，为输入寄存器锁存方式。

$\overline{WR2}$：第 2 写选通信号，低电平有效。

5）$\overline{XFER}$：数据传送控制信号，低电平有效。当 $\overline{WR2}$ = 0 且 $\overline{XFER}$ = 0 时，为 DAC 寄存器直通方式；当 $\overline{WR2}$ = 1 且 $\overline{XFER}$ = 0 时，为 DAC 寄存器锁存方式。

6）IOUT1：电流输出 1。

IOUT2：电流输出 2。

IOUT1 + IOUT2 = 常数，IOUT1 随 DAC 寄存器的内容线性变化，IOUT2 在单极性输出时，一般接地，在双极性输出时接运放。

7）RFB：反馈电阻端，内部已有电阻。

DAC0832 芯片是电流输出，为了取得电压输出，需要电压输出端接运算放大器，RFB 即为运算放大器的反馈电阻端。DAC0832 电流转电压输出原理图如图 8-7 所示。

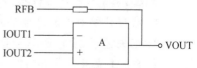

图 8-7　DAC0832 电流转电压输出原理图

8）VREF：基准电压，标准参考电压，其值可正可负，电压范围是 -10 ~ +10V。

9）DGND：数字地。

AGND：模拟地。

读 一 读

DAC0832 芯片的应用特性

DAC0832 芯片应用的主要特性包括以下几个方面。

1. DAC0832 片内有两级锁存控制功能，能够实现多通道 D-A 的同步转换输出。

2. DAC0832 芯片内部无参考电压，需外接参考电压电路。

3. DAC0832 芯片为电流输出型 D-A 转换器，需要模拟电压输出时，外接转换电路。

3. DAC0832 芯片与 51 系列单片机的连接

（1）单缓冲方式的连接 所谓单缓冲方式就是使 DAC0832 的两个输入寄存器中有一个处于直通方式，而另一个处于受控的锁存方式。

在实际应用中，对于只有一路模拟量输出，或虽有几路模拟量，但并不要求同步输出的情况，可以采用单缓冲方式。单缓冲方式连接原理图如图 8-8 所示。

在单缓冲方式下，两个输入寄存器同时受控，$\overline{WR1}$ 和 $\overline{WR2}$ 并接在 8051 的 $\overline{WR}$、$\overline{CS}$ 和 $\overline{XFER}$ 并接在 P2.7，因此两个输入寄存器的地址相同，即为同时受控方式。

输出电压为

$$V_{OUT} = \frac{D - 128}{128} V_{REF}$$

式中，V_{OUT} 为输出电压；D 为 D-A 转换的数字量；V_{REF} 为 DAC0832 外接参考电压。如果 $V_{REF} = 5V$，当 $D = 0$ 时，$V_{OUT} = -5V$；当 $D = 128$ 时，$V_{OUT} = 0V$；当 $D = 255$ 时，$V_{OUT} = 5V$。即，输入数字量的范围为 0 ~ 255，输出电压变化范围为 -5 ~ 5V。

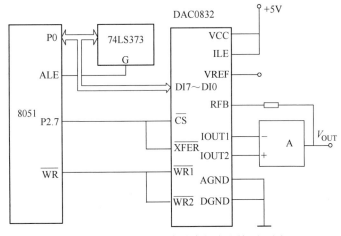

图 8-8 DAC0832 单缓冲方式连接原理图

读 一 读

外部 RAM 或扩展 I/O 接口地址的定义

外部 RAM 或扩展 I/O 接口地址的使用，必须先通过单片机的特殊定义。

1. 程序开始处必须包含 "absacc.h" 绝对地址访问头文件。

2. 用关键字 XBYTE 定义 I/O 接口或外部 RAM 地址。

任务 8.1 直流电动机的控制程序中，

```
#include <absacc.h>                    //绝对地址访问头文件
#define DA0832 XBYTE[0x7FFF]           //DAC0832 地址为 7FFFH
```

定义了 DAC0832 的地址为 7FFFH，在后面的程序中就可以直接使用已定义的 DA0832
符号地址进行数据操作。例如：

```
DA0832 = i;                            //实现 D-A 转换
```

直流电动机调速方法

　　直流电动机是通以直流电流驱动的电动机，是将电能转换为机械能的设备。控制直流电动机定子电压接通和断开时间的比值（即占空比），可以驱动电动机和改变电动机的转速，即脉宽调制（PWM）调速。脉宽调制调速是利用数字输出对模拟电路进行控制的一种有效技术，是在数字系统中应用最广泛的调速方案。

　　设电动机固定接通电源时的最大转速为 v_{max}，则脉冲宽度调速的电动机转速为：

$$v_d = v_{max}D$$

式中，D 为电压占空比，电压占空比 $D = t/\tau$，如图 8-9 所示。

　　任务 8.1 直流电动机的驱动程序中，通过 DAC0832 转换的数字量分别是 0x80 和 0xff，输出电压分别为 0V 和 5V，延时相同，则占空比为 1/2，电动机转速为最大转速的一半。

　　脉宽、电压极性、转速和方向关系示意图如图 8-10 所示。

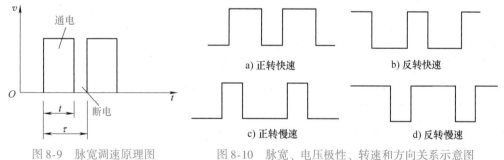

图 8-9　脉宽调速原理图　　　图 8-10　脉宽、电压极性、转速和方向关系示意图

 练一练

1. 编写控制直流电动机快速正转的控制程序。
2. 编写控制直流电动机慢速反转的控制程序。

【实训 8.1】　产生一个线性增长的锯齿波电压。

1）分析。锯齿波电压的产生，微观上看是由随时间增长而递增的阶梯电压构成，当递增量

项目 8

足够小时，宏观效果就是线性增长的锯齿波电压，如图8-11所示。

　　模拟电压的产生通过 DAC0832 的输出端接运算放大器产生锯齿波，DAC0832 工作于单缓冲方式，如图8-11所示。输入寄存器地址为7fffH。

　　2）流程图。产生锯齿波电压的流程图如图8-12所示。

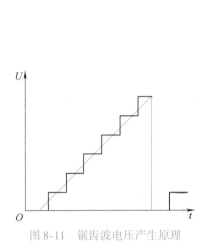

图8-11　锯齿波电压产生原理　　　　　图8-12　锯齿波电压产生流程图

　　3）程序设计。产生锯齿波电压的源程序如下。

```
/ *********************************************************
程序名称:program8-2. c
程序功能:锯齿波电压的产生
********************************************************* /
#include < absacc. h >                  //绝对地址访问头文件
#include "reg51. h"                     //包含头文件 reg51. h
#define uchar unsigned char            //无符号字符型数据预定义为 uchar
#define DA0832 XBYTE[0x7fff]           //DAC0832 地址为7ffffH
/ *********************************************************
函数名称:delay_1ms
函数功能:延时 1ms,定时器 T1 工作于方式 0,定时初值 7192
形式参数:无
返回值:无
********************************************************* /
void delay_1ms( )
{
    TH1 = 0xe0;                         //设置定时器初值
    TL1 = 0x18;
    TR1 = 1;                            //启动定时器 T1
    while( ! TF1);                      //查询计数是否溢出,即定时 1ms 时间是否到
    TF1 = 0;                            //1ms 时间到,将定时器溢出标志位 TF1 清零
}
/ *********************************************************
函数名称:main
函数功能:利用 DAC0832 产生锯齿波电压
```

```
*******************************************************************/
void main( )                      //主函数
{
  TMOD = 0x00;                     //设置定时器T1工作于方式0
  uchar i;
  while(1)
    {                                          锯齿波产生过程
    for(i = 128;i < =255;i ++ )     //形成锯齿波输出值,最大255
      {
      DA0832 = i;                   //D - A转换输出电压值
      delay_1ms( );
      }
    }
}
```

执行上述程序，在运算放大器的输出端接示波器，就可以观察到图8-13所示的锯齿波。

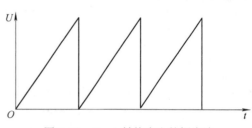

图8-13　D－A转换产生的锯齿波

说明如下：

① 程序每循环一次，变量i加1。因此，实际上锯齿波的上升边沿是由127个小阶梯构成的，由于阶梯很小，宏观上看到的效果如图8-13所示。

② 锯齿波电压的周期可以近似通过循环程序段的延时函数的运行次数计算得到。延时时间不同，波形周期不同，锯齿波的斜率就不同。

③ 通过变量i加1，可得到正向的锯齿波；如果得到负向的锯齿波，改为变量i减1即可。

④ 程序中变量i的取值范围是0～255，其对应的锯齿波电压是满幅度。输出电压的范围可通过改变变量i的初值和终值设定。

想一想

1. 上面的程序中，输出锯齿波的周期是多少？如何确定？

答：根据锯齿波产生的原理，其周期由程序中延时时间的循环次数确定。上面程序循环了127次，锯齿波周期为 $127 \times 1ms = 127ms$。

2. 如果"for（i = 128；i < =255；i ++）"语中的变量i初值为0，即i = 0，输出锯齿波有什么变化？

答：因为循环次数增加，所以锯齿波周期增长为256ms。输出电压极性为双极性，其范围为 $-5 ～ +5V$。

同理，可以得到其他各类波形的电压，如三角波、正弦波和方波等。

 练一练

编写产生三角波的程序

DAC0832工作于单缓冲工作方式，编写产生三角波的程序。

【实训8.2】 简易信号发生器的设计。

要求：利用 D - A 芯片 DAC0832 将单片机输出的数字量转换成模拟量，通过运算放大器将电流转换成电压，输出正弦波、锯齿波和方波。

DAC0832 芯片与 80C51 单片机用单缓冲方式连接。不同波形的产生，通过相应控制按键实现。设 P1.0、P1.1 和 P1.2 引脚分别连接控制方波、锯齿波和正弦波产生的按键 S1、S2、S3。简易信号发生器源程序如下。

```c
/ ***********************************************************
程序名称:program8-4. c
程序功能:简易信号发生器
 *********************************************************** /
#include < absacc. h >            //绝对地址访问头文件
#include "reg51. h"               //包含头文件 reg51. h
#define uchar unsigned char       //无符号字符型数据预定义为 uchar
#define DA0832 XBYTE[0x7fff]       //DAC0832 地址为 7ffffH
Sbit S1 = P1^0;                    //按键接口
Sbit S2 = P1^1;
Sbit S3 = P1^2;
uchar code sin-TAB[ ] = {0x80,0x83,0x86,0x89,0x8D,0x90,0x93,0x96,0x99,0x9C,0x9F,0xA2,0xA5,0xA8,
0xAB,0xAE,0xB1,0xB4,0xB7,0xBA,0xBC,0xBF,0xC2,0xC5,0xC7,0xCA,0xCC,0xCF,0xD1,0xD4,0xD6,
0xD8,0xDA,0xDD,0xDF,0xE1,0xE3,0xE5,0xE7,0xE9,0xEA,0xEC,0xEE,0xEF,0xF1,0xF2,0xF4,0xF5,
0xF6,0xF7,0xF8,0xF9,0xFA,0xFB,0xFC,0xFD,0xFD,0xFE,0xFF,0xFF,0xFF,0xFF,0xFF,0xFF,0xFF,
0xFF,0xFF,0xFF,0xFF,0xFE,0xFD,0xFD,0xFC,0xFB,0xFA,0xF9,0xF8,0xF7,0xF6,0xF5,0xF4,0xF2,0xF1,
0xEF,0xEE,0xEC,0xEA,0xE9,0xE7,0xE5,0xE3,0xE1,0xDF,0xDD,0xDA,0xD8,0xD6,0xD4,0xDl,0xCF,
0xCC,0xCA,0xC7,0xC5,0xC2,0xBF,0xBC,0xBA,0xB7,0xB4,0xB1,0xAE,0xAB,0xA8,0xA5,0xA2,0x9F,
0x9C,0x99,0x96,0x93,0x90,0x8D,0x89,0x86,0x83,0x80,0x80,0x7C,0x79,0x76,0x72,0x6F,0x6C,0x69,
0x66,0x63,0x60,0x5D,0x5A,0x57,0x55,0x51,0x4E,0x4C,0x48,0x45,0x43,0x40,0x3D,0x3A,0x38,0x35,
0x33,0x30,0x2E,0x2B,0x29,0x27,0x25,0x22,0x20,0x1E,0x1C,0x1A,0x18,0x16,0x15,0x13,0x11,0x10,
0x0E,0x0D,0x0B,0x0A,0x09,0x08,0x07,0x06,0x05,0x04,0x03,0x02,0x02,0x01,0x00,0x00,0x00,0x00,
0x00,0x00,0x00,0x00,0x00,0x00,0x00,0x00,0x01,0x02,0x02,0x03,0x04,0x05,0x06,0x07,0x08,0x09,
0x0A,0x0B,0x0D,0x0E,0x10,0x11,0x13,0x15,0x16,0x18,0x1A,0x1C,0x1E,0x20,0x22,0x25,0x27,0x29,
0x2B,0x2E,0x30,0x33,0x35,0x38,0x3A,0x3D,0x40,0x43,0x45,0x48,0x4C,0x4E,0x51,0x55,0x57,0x5A,
0x5D,0x60,0x63,0x66,0x69,0x6C,0x6F,0x72,0x76,0x79,0x7C,0x80};
void delay_1ms( );
{略}                             //参见 program8-2. c
/ ***********************************************************
函数名称:Square
函数功能:方波产生函数
 *********************************************************** /
Void Square( )
{
    uchar i;
    while(1)
    {
      i = 0x00;                   //输出 -5V 电压
      DA0832 = i;
      delay_1ms( );
      i = 0xff;                   //输出 +5V 电压
```

```
        DAC0832 = i;
        delay_1ms( );
    }
}
/ *********************************************************************
函数名称:Saw-Tooth
函数功能:锯齿波产生函数
 ********************************************************************* /
Void Saw-Tooth( )
{
    uchar i;
    while(1)
    {
    for(i = 0;i < =255;i + + )          //输出 -5 ~ +5V 区间锯齿波电压
    DA0832 = i;
    delay_1ms( );
    }
/ *********************************************************************
函数名称:Sin
函数功能:正弦波产生函数
 ********************************************************************* /
void Sin( )
{
    uchar i;
    while(1)
    {
    for(i = 0;i < =255;i + + )          //形成正弦波输出
      {
        DA0832 = Sin-TAB[i];
        delay_1ms( );
      }
    }
}
/ *********************************************************************
函数名称:main( )
函数功能:控制多种波形的输出
 ********************************************************************* /
void main( )
{
    TMOD = 0x00;                     //设置定时器1工作于方式0
    P1 = 0xff;
    if(S1 ==0) Square( );            //S1 键按下,输出方波信号
    else if(S2 ==0) Saw-Tooth( );   //S2 键按下,输出锯齿波信号
    else if(S3 ==0)Sin( );          //S3 键按下,输出正弦波信号
    else Sin( );                    //没有键按下,输出正弦波信号
}
```

各种波形输出控制

在 Proteus 仿真环境下,实现的简易信号发生器仿真图如图 8-14 所示。

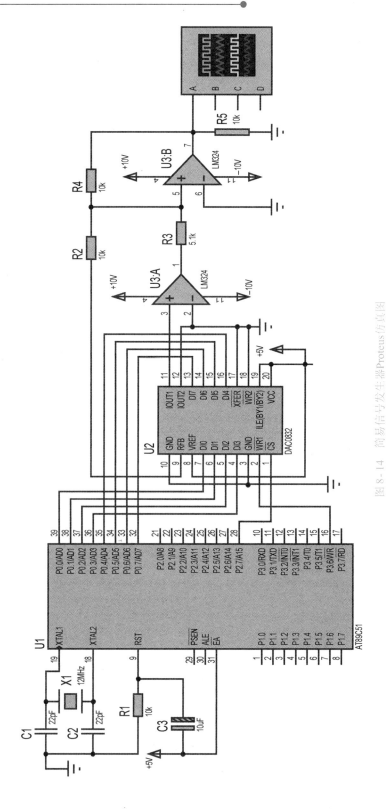

图 8 - 14　简易信号发生器 Proteus 仿真图

读一读

程 序 结 构

C 语言是一种高级程序设计语言，提供了十分完备的规范化流程控制结构。在采用 C 语言设计单片机应用系统的程序时，要注意尽可能采用结构化的程序设计方法，可以使程序结构更清晰，便于调试和维护。对于较大的应用程序，可以将程序按功能分成若干个模块。每个模块可以独立编写，也可以由不同的程序员编写；一般单个模块完成的功能较为简单，其设计和调试也相对容易。在 C 语言中，一个函数就可以认为是一个模块。

实训 8.2 就是利用了模块化设计方法，分别设计了方波发生函数、锯齿波发生函数和正弦波发生函数。这些模块相对独立，可单独设计和调试。

（2）双缓冲方式的连接　所谓双缓冲方式，是把 DAC0832 的两个寄存器均接成受控锁存方式。DAC0832 双缓冲方式连接原理图如图 8-15 所示。

为了实现对两个寄存器的可控，需要给每个寄存器分配一个地址，每个寄存器均能按地址进行操作。地址选择是通过地址译码器输出信号分别接至 $\overline{\text{CS}}$ 和 $\overline{\text{XFER}}$ 实现的，给 $\overline{\text{WR1}}$ 和 $\overline{\text{WR2}}$ 提供写选通信号，实现两个锁存器均可控的双缓冲接口方式。

由于两个寄存器分别占用一个地址，因此，在程序设计中需要使用两次数据操作命令完成一个数字量的模拟转换。假设，输入寄存器地址为 0FEH，DAC 寄存器地址为 0FFH，则完成一次 D-A 转换的程序段如下：

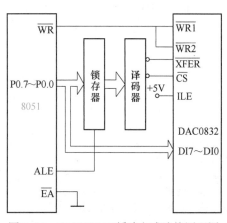

图 8-15　DAC0832 双缓冲方式连接原理图

```
#include < absacc. h >          //绝对地址访问头文件
#define DA0832 XBYTE[0x00FE]    //输入寄存器地址
#define DA0832 - 1 XBYTE[0x00FF] //DAC 寄存器地址
……
DA0832 = i;                     //输入寄存器选通
DA0832 - 1 = i;                 //DAC 寄存器选通
```

DAC 寄存器选通语句（DAC0832 - 1 = i;）形式上是把数据 i 送 DAC 寄存器，实际上该语句实现的是打开 DAC 寄存器，使输入寄存器中的数据通过它进行 D-A 转换。

双缓冲方式用于多路 D-A 转换系统，以实现多路模拟信号同步输出的目的。

【实训 8.3】　利用单片机控制 X-Y 绘图仪。

X-Y 绘图仪由 X、Y 两个方向的步进电动机驱动，其中一个电动机控制绘图笔沿 X 方向运动，另一个电动机控制绘图笔沿 Y 方向运动，图形的绘制是 X、Y 方向的合成作用。因此，对 X-Y 绘图仪的控制是：需要两路 D-A 转换器分别给 X 通道、Y 通道提供模拟信号；两路模拟信号一定要保持同步输出。

控制 X-Y 绘图仪的连接原理图如图 8-16 所示。该原理图使用了两片 DAC0832 芯片，并采用双缓冲方式连接，以保证模拟量的同步输出，从而使绘制出的曲线光滑。

项目
8

图 8-16 中,通过译码法产生地址,两片 DAC0832 共占据三个单元地址,其中两个输入寄存器各占一个地址,而两个 DAC 寄存器则共用一个地址。

程序设计中,把控制 X、Y 坐标的数据分别送到 X、Y 方向 D-A 转换器的输入寄存器;再用一条数据输出语句同时打开两个转换器的 DAC 寄存器,以进行数据转换,从而实现 X、Y 两个方向坐标量的同步输出。

假设,X 方向 DAC0832 的输入寄存器地址为 0FDH,Y 方向 DAC0832 输入寄存器地址为 0FEH,两个 DAC 寄存器公用地址为 0FFH,则绘图仪的驱动程序如下:

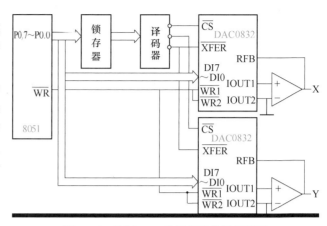

图 8-16 控制 X-Y 绘图仪的连接原理图

```c
/********************************************************************
程序名称:program8-5.c
程序功能:X、Y 绘图仪驱动程序
******************************************************************** /
#include < absacc.h >                //绝对地址访问头文件
#include "reg51.h"                   //包含头文件 reg51.h
#define uchar unsigned char          //无符号字符型数据预定义为 uchar
#define DA0832-CS1 XBYTE[0x00FD]     //X 方向输入寄存器地址
#define DA0832-CS2 XBYTE[0x00FE]     //Y 方向输入寄存器地址
#define DA0832-XFER  XBYTE[0x00FF]   //DAC 寄存器地址
Void main( )
{
    uchar X,Y;
    ......
    DA0832-CS1 = X;                  //X 方向输入寄存器选通
    DA0832-CS2 = Y;                  //Y 方向输入寄存器选通
    DA0832-XFER = Y;                 //DAC 寄存器选通,X、Y 转换数据同步输出
}
```

双缓冲输出控制

【任务8.2】 简易数字电压表的设计

1. 任务要求

设计简易数字电压表,使其具有显示所检测电压值的功能。

2. 任务目的

(1) 被检测的电压信号通过 A-D 转换器 ADC0809 输入到单片机系统,并由 LED 显示器显示结果。

(2) 了解 A-D 转换器 ADC0809 芯片的工作原理和编程方法。

(3) 掌握在 Proteus 环境中实现 A-D 转换器仿真应用。

3. 任务分析

数字电压表可以把连续的模拟量转换成离散的数字形式并加以显示。模拟电压通过

ADC0809 芯片输入单片机系统，再由单片机控制 LED 显示器显示结果。

简易数字电压表原理图如图 8-17 所示。该电路在单片机最小系统的基础上，扩展了 ADC0809 A－D 转换芯片、四位 LED 显示器。模拟电压由 IN0 通道输入 ADC0809 芯片，经 A－D 转换后输入单片机的 P0 端口，结果由 LED 显示器显示。P1 端口连接 LED 显示器的段控端；P2.0 ~ P2.3 分别连接 LED 显示器的位控端，P2.0 控制显示器最低位，P2.3 控制显示器的最高位。

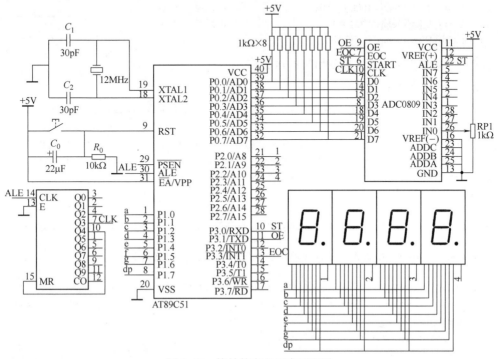

图 8-17　简易数字电压表原理图

4. 源程序设计

本程序采用模块化设计方法，包括四部分：主函数、A－D 转换及数据处理函数、动态显示函数和延时函数。

A－D 转换及数据处理函数的功能是将 A－D 转换的 8 位二进制数（0x00 ~ 0xff）转换为 0.000 ~ 5.000V 的电压。当 ADC0809 输出为 00000000B 时，输入电压为 0V；当 ADC0809 输出为 11111111B 时，输入电压为 5V；当 ADC0809 输出为 10000000B 时，输入电压为 2.5V。若输入电压为 Vi，A－D 转换结果为 ad_data，则程序中其关系式为：

$$Vi = ad\_data * 5/255$$

由于单片机在对上式进行数据处理时，根据 ad_data 的数据类型运算结果只取整数部分。为了使运算结果保留若干位小数部分，以提高精度，就必须对运算结果做进一步处理。如果计算结果要保留三位小数，转换结果须乘以 1000；如果要保留四位小数，转换结果乘以 10000 即可。本设计保留四位小数，则程序中其关系式为：

$$Vi = ad\_data * 5/255 * 10000$$

当 ADC0809 输出为 10000000B 时，Vi = 25000。将 25000 除以 10000，商为 2，即万位；将 25000 除以 1000，商为 25，再除以 10，余数为 5，即千位；25000 除以 100，商为 250，再除以 10，余数为 0，即为百位；25000 除以 10，商为 2500，再除以 10，余数为 0，即为十位。由此得

项目 8

到较精确的结果。如果将转换的电压值存入变量 temp 中,四位数码管上需要显示高四位,即万位、千位、百位和十位。

将一个数据显示在数码管上,需要把数据的各位值拆开,拆分后数值存入数组ad_val_buff[ ]中,数据拆分处理如下:

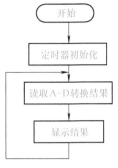

```
ad_val_buff[2] = temp/10000;              //电压值的万位
ad_val_buff[1] = (temp/1000)%10;          //电压值的千位
ad_val_buff[0] = (temp/100)%10;           //电压值的百位
ad_val_buff[0] = (temp/10)%10;            //电压值的十位
```

简易数字电压表主函数流程图如图 8-18 所示。

简易数字电压表源程序如下。

图 8-18　简易数字电压表主函数流程图

```
/ *******************************************************
程序名称:program8-6. c
程序功能:0~5V 连续模拟电压测量,四位 LED 显示器显示 0000~5000
******************************************************* /
#include < reg51. h >               //包含头文件 reg51. h
#define uchar unsigned char
#define uint unsigned int
sbit ad_busy = P3^3;                //定义 EOC 状态位
sbit ad_st = P3^0;                  //定义启动控制位
uchar code led[ ] = {0xc0,0xf9,0xa4,0xb0,0x99,0x92,0x82,0xf8,0x80,0x90};
                                    //定义 0~9 字型码
uchar ad_val_buff[4] = {0};         //存储 A-D 转换结果,即拆分数值的数组
/ *******************************************************
函数名称:delay_ms
函数功能:利用定时器的模式 2 实现 0~122ms 的延时函数
形式参数:t,取值范围为 0~255
返回值:无
******************************************************* /
void delay_ms( uchar t )
{
    uchar i;
    TR1 = 1;                        //启动 T1
    for( i = 0;i < t;i ++ )
    {
        while(! TF1)                //查询计数是否溢出,即定时 0.5ms 时间是否到
        TF1 = 0;                    //0.5ms 定时时间到,将溢出标志位 TF1 清零
    }
}
/ *******************************************************
函数名称:ad0809
函数功能:被测电压数据采集、拆分和存储
******************************************************* /
void ad0809( )                      //定义 A-D 转换函数
{   uint ad_data;                   //存放 A-D 转换结果的变量
    uint temp;                      //存放扩大 1000 倍的结果
    P0 = 0xff;                      //输入端口初始值
```

```
        ad_st = 0;                              //启动 A-D 转换器
        delay_ms(1);
        while(ad_busy == 0);                    //查询,等待转换结束
        ad_data = P0;                           //读转换结果
        temp = ad_data * 5/255 * 1000;          //A-D 转换的电压值扩大 1000 倍
        ad_val_buff[0] = temp/10000;            //电压值的万位
        ad_val_buff[1] = (temp/1000)%10;        //电压值的千位
        ad_val_buff[2] = (temp/100)%10;         //电压值的百位
        ad_val_buff[3] = (temp/10)%10;          //电压值的十位,显示高四位
}
/ ***********************************************************
函数名称:v_disp
函数功能:显示函数
********************************************************** /
void v_disp()
{
    uint i,w;
    w = 0x01;                                   //LED 显示器位控初始值
    for(i = 0;i < 4;i ++)
      {
        P2 = w;                                 //送位控字
        P1 = led[ad_val_buff[i]];               //送字型码
        delay_ms(2);
        w <<= 1;                                //位控左移 1 位
      }
}
/ ***********************************************************
函数名称:main
函数功能:数字电压显示
********************************************************** /
void main()
{
    TMOD = 0x20;                                //设置 T1 为工作方式 2 的定时工作方式
    TL1 = 0x06;                                 //设置计数器初始值
    TH1 = 0x06;                                 //TL1 = TH1
    TR1 = 1;
    while(1)
  {
    ad0809();                                   //启动一次 A-D 转换
    v_disp();                                   //显示电压值
  }
}
```

5. Proteus 仿真

在 Proteus 环境下仿真效果如图 8-19 所示。因为在 Proteus 仿真模型库中没有 ADC0809 芯片,图 8-19 中选用 ADC0808 芯片替代。它的 8 位输出引脚分别用 OUT1~OUT8 表示,其排列次序与 ADC0809 芯片的 D0~D7 是相反的。

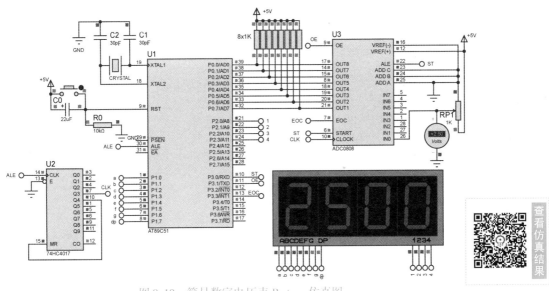

图 8-19 简易数字电压表 Proteus 仿真图

8.2 单片机与 ADC0809 的接口技术

学习指南	基本概念	1. A - D 转换器及其作用	2. ADC0809 芯片的认识
	基本结构	1. 单片机前向通道的基本结构 3. 单片机与 ADC0809 芯片的连接	2. ADC0809 芯片的基本工作原理
	工作方式	1. 定时工作方式 3. 中断工作方式	2. 查询工作方式
	基本技能	1. ADC0809 芯片与单片机连接方式 3. 利用 Keil μVision、Proteus 仿真调试	2. 8 路模拟量的数据采集编程应用
	学习方法	理实一体 理论知识指导实践，实践中提升对知识的理解	

8.2.1 A - D 转换器的概述

当以单片机为核心组成自动控制系统时，通常需要对被控对象的状态进行测试和对控制条件进行监测，测控系统的被测对象可能是温度、压力、速度等非电量，也可能是电流、电压、功率和开关量等电量。这些参数对应的物理量需通过各类传感器和变送器变换成相应的模拟电量，然后经 A - D 转换器，转换成相应的数字量送单片机。对于数字信号状态的开关量、频率量和二进制数字量等，可以直接控制。向单片机输入信息的通道常称为前向通道，单片机前向通道结构示意图如图 8-20 所示。

```
传感器  →  A-D 转换器  →  单片机
```

图 8-20 单片机前向通道结构示意图

A - D 转换器是把模拟量转换为数字量的电子器件。A - D 转换器按转换原理可分为：双积分式 A - D 转换器、逐次逼近式 A - D 转换器、计数式 A - D 转换器和并行式 A - D 转换器。

目前，最常用的是双积分式 A - D 转换器和逐次逼近式 A - D 转换器。前者的主要优点是转换精度高，抗干扰性能好，价格便宜，但转换速度较慢；后者的主要优点是精度较高，转换速度快，但抗干扰能力不够强。

下面介绍典型 A - D 转换器芯片 ADC0809。

8.2.2 ADC0809 芯片及应用

ADC0809 是典型的 8 位逐次逼近式 A-D 转换集成芯片,可以与 51 系列单片机直接连接。

1. ADC0809 内部逻辑结构

ADC0809 内部逻辑结构如图 8-21 所示。

ADC0809 由 8 路模拟量开关、地址锁存与译码器、8 位 A-D 转换器和三态输出锁存器等组成。

(1) 8 路模拟量开关及地址锁存与译码器 8 路模拟量开关用于 IN0 ~ IN7 上 8 路模拟电压的分时输入。地址锁存和译码器在 ALE 信号控制下可以锁存 ADDA、ADDB 和 ADDC 上的地址信息,经译码后使 IN0 ~ IN7 上对应一路模拟电压输入 8 位 A-D 转换器,即实现通道选择。例如,当 ADDA、ADDB、ADDC 均为低电平 0 以及 ALE 为高电平时,地址锁存和译码器输出使 IN0 上的模拟电压输入到 8 位 A-D 转换器。

(2) 8 位 A-D 转换器 8 位 A-D 转换器是逐次逼近式转换器,A-D 转换在 8 位 A-D 转换器内完成,转化后的数字量输出至三态输出锁存器。

(3) 三态输出锁存器 三态输出锁存器用于锁存 A-D 转换完成后的数字量。CPU 使 OE 引脚变为高电平时,就可以使三态输出锁存器输出 A-D 转换后的 8 位数字量。

2. ADC0809 芯片引脚及功能

ADC0809 芯片为 28 引脚双列直插式封装,其引脚图如图 8-22 所示。

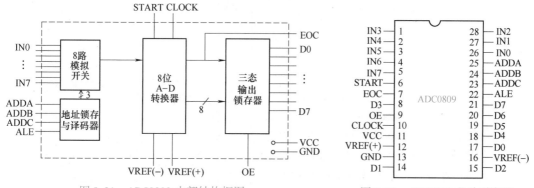

图 8-21 ADC0809 内部结构框图   图 8-22 ADC0809 芯片引脚图

1) IN0 ~ IN7:8 路模拟电压输入引脚,用于输入被转换的模拟电压。

2) ADDA、ADDB、ADDC:3 位地址输入引脚,用于从 IN0 ~ IN7 中选通一路模拟输入电压到 8 位 A-D 转换器。ADDA、ADDB 和 ADDC 构成的地址码与输入通道的对应关系见表 8-1。

表 8-1 地址码与输入通道的对应关系

地 址 码			输入通道
ADDC	ADDB	ADDA	
0	0	0	IN0
0	0	1	IN1
0	1	0	IN2
0	1	1	IN3
1	0	0	IN4
1	0	1	IN5
1	1	0	IN6
1	1	1	IN7

3）ALE：地址锁存允许信号输入引脚，高电平有效。当 ALE 引脚为高电平时，ADDA、AD-DB 和 ADDC 三条地址线上的地址信号得以锁存，经译码控制 8 路模拟通道的选择。

4）START：A - D 转换"启动脉冲"输入引脚。在 START 上跳沿时，所有内部寄存器清零；START 下跳沿时，开始进行 A - D 转换；在 A - D 转换期间，START 应保持低电平。

5）D0 ~ D7：8 位数字量输出引脚，为三态缓冲输出，可直接与单片机的数据线连接。

6）OE：输出允许引脚。当 OE 为高电平时，输出转换后的数据（到单片机）；当 OE 为低电平时，输出数据线呈高阻态。

7）EOC：转换结束信号脉冲输出引脚。当 EOC 为高电平时，转换结束；当 EOC 为低电平时，A - D 转换正在进行。

8）CLOCK：时钟信号输入引脚。ADC0809 芯片常使用 500kHz 的时钟信号。

9）VREF：参考电源。参考电压用来与输入的模拟信号进行比较，作为逐次逼近的基准电压。通常 VREF（ + ）= +5V，VREF（ - ）=0V。

10）VCC、GND：VCC 为电源引脚，GND 为接地引脚。VCC = +5V。

3. ADC0809 芯片与单片机的连接

ADC0809 芯片与单片机连接的原理图如图 8-23 所示。

A - D 转换完成后，转换数据的传送方式有三种方式：定时方式、查询方式和中断方式。

（1）定时方式　对于 A - D 转换器，转换时间作为一项主要技术指标是已知的。例如，ADC0809 转换时间为 128μs，相当于 6MHz 的单片机的 64 个机器周期。因此，可以设计一个延时子程序，当启动转换后，即可调用该延时子程序，延时时间一到，转换完成，即可进行数据的传送。

（2）查询方式　ADC0809 芯片有表明转换结束的状态信号 EOC，A - D 转换开始后，可以用查询方式，软件测试 EOC 的状态，若 EOC = 0，表示 A - D 转换正在进行，则继续查询；若 EOC = 1，则给 OE 引脚一个高电平，即可从 D0 ~ D7 数据线上输出转换后的数字量。

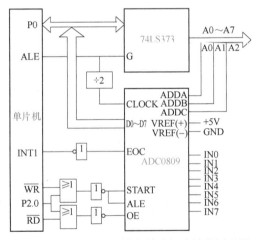

图 8-23　ADC0809 芯片与单片机连接的原理图

（3）中断方式　采用中断方式传送数据时，将转换结束信号 EOC 连接到单片机的中断申请输入端，当转换结束，EOC = 1 时，向 CPU 申请中断，CPU 响应中断后，通过执行中断服务程序，从 D0 ~ D7 数据线上输出转换后的数字量。

无论哪种方式，一旦确认转换完成，就可以进行数据的传送。数据传送的基本过程为：首先送出端口地址，并以$\overline{RD}$作为选通信号，当$\overline{RD}$信号有效时，OE 信号即有效，然后，把转换后的数据送到数据总线 D0 ~ D7 上，供单片机接收。

【实训 8.4】　设计一个 8 路模拟量巡回检测系统，并依次把采样数据存放到数据存储区。

/ **

程序名称:program8-6. c

程序功能:8 路模拟量巡回检测程序

```
**************************************************/
#include < absacc. h >              //绝对地址访问头文件
#include < reg51. h >               //包含头文件 reg51. h
#define uchar unsigned char
#define IN0 XBYTE[0xFEF8]          //设置 ADC0809 通道 0 的地址   ┌─ ADC0809 通道地址的定义 ─┐
sbit ad_busy = P3^3;              //定义 EOC 状态
/ *************************************************
函数名称:ad0809
函数功能:采用 ADC0809 实现 8 路模拟量数据的采集和存储
************************************************* /
void ad0809( uchar idata  * x)    //函数形参中对指针变量的定义
{ uchar i;
    uchar xdata * ad_adr;         //定义指向外部 RAM 的指针
    ad_adr = &IN0;                //通道 0 的地址送 ad_adr
    for(i = 0;i < 8;i ++ )        //处理 8 个通道的模拟量输入
    {
       * ad_adr = 0;             //写外部 I/O 地址操作,启动转换
      i = i;                     //延时等待 EOC 变低
      i = i;
      while( ad_busy ==0);       //查询,等待转换结束
      x[i] = * ad_adr;           //读操作,输出允许信号有效,存储转换结果
      ad_adr ++ ;               //地址增1,指向下一通道
    }
}
/ *************************************************
函数名称:main
函数功能: 8 路模拟量数据采集实现
************************************************* /
void main( )
  {
    static uchar idata ad[10];   //static 是静态变量的类型说明符
    ad0809( ad);                 //采样 ADC0809 通道的值
  }
```

读 一 读

变量存储器的类型与模式

51 系列单片机系统中，在物理空间上存储器分为片内数据存储器、片外数据存储器、片内程序存储器和片外程序存储器。常见的 C51 编译器支持的存储器类型见表 8-2。

表 8-2　常见的 C51 编译器支持的存储器类型

存储器类型	描　述
Data	直接访问片内数据存储器（128B）
Bdata	可位寻址片内数据存储器，可位与字节混合访问（16B）
Idata	间接访问片内数据存储器，整个片内数据存储器（256B）
Pdata	分页片外数据存储器（256B）
Xdata	片外数据存储器（64KB）
Code	程序存储器（64KB）

项目 8

变量的存储器类型可以和数据类型一起定义使用，例如：

```
int data n;          //整型变量n定义在片内数据存储器中
uchar xdata  i;      //无符号字符型变量i定义在片外数据存储器
```

一般在定义变量时经常省略存储器类型的定义，系统默认的存储器类型与存储器模式有关。C51 编译器支持的存储器模式见表 8-3。

表 8-3　C51 编译器支持的存储器模式

存储器模式	描　　　述
Small	片内数据存储器，128B。默认存储器类型为 data
Compact	片外数据存储器中一页，即片外 RAM 的 256B 内。默认存储器类型为 Pdata
Large	64KB 片外数据存储器，默认存储器类型为 Xdata

存储器模式可以在 C51 编译器选项中进行选择，在程序中指定。在 Keil μVision 编译系统的 "Memory Model" 的下拉列表中选择默认模式 Small，也可以选择其他模式，存储器模式设置如图 8-24 所示。

此外，存储器模式也可以在程序的第一行直接使用预处理命令进行声明。例如：

```
#pragma compact
```

图 8-24　存储器模式设置

8.2.3　指针及应用

在 C 语言中，指针是一种特殊的变量，它是存放地址的变量。在图 8-25 中，包含有 i、j、k 和 i_ pointer 四个变量。其中，i_ pointer 为指针变量，指针变量中存放的是变量 i 的地址 2000H。

一个变量的地址称为该变量的"指针"。例如，地址 2000 是变量 i 的指针。如果有一个变量专门用来存放另一变量的地址，则它称为"指针变量"。上述的 i_ pointer 就是一个指针变量。

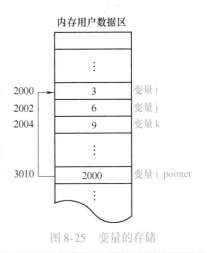

图 8-25　变量的存储

1. 指针变量的定义

指针变量的一般定义形式为

数据类型　*指针变量名;

例如，图 8-25 中变量的定义如下：

```
int i、j、k、*i_pointer;          //定义整型变量i、j、k和整型指针变量i_pointer
```

这里要注意的是指针变量名是"i_ pointer"，而不是" * i_ pointer"。

读 一 读

指针变量在使用时，特别提示有两点：

1. 指针变量前面的" * "，表示该变量的类型为指针型变量。
2. 在定义指针变量的同时，可以说明指针的存储类型。例如：

```
uchar xdata * ad_adr;          //定义指向外部 RAM 的指针变量
```

2. 与指针变量有关的运算符

与指针变量有关的运算符有两个：

&：取地址运算符。它的功能是取变量的地址，如，&a 是取变量 a 的地址。

*：指针运算符（或称间接访问运算符）。如，*p 是指针变量 p 指向的对象的值。

3. 指针变量赋值运算

（1）给指针变量赋值　可以用赋值语句使一个指针变量得到另一个变量的地址，从而使它指向一个变量。例如：

```
pointer_1 = &i;
```

指针变量赋值示意图如图 8-26 所示。

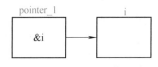

图 8-26　指针变量赋值示意图

需要特别注意的是，只有整型变量的地址才能赋值给指向整型变量的指针变量中。 下面的赋值是错误的。

```
float   a;
int    * pointer_1;
pointer_1 = &a;
```

（2）引用指针变量指向的变量　引用指针变量指向变量，例如：

```
int a, * pointer_1, * pointer_2,
a = 100;
pointer_1 = &a;               //把变量 a 的地址赋给 pointer_1
pointer_2 = pointer_1;        //两个指针变量同时指向变量a
```

4. 指针与数组

一个变量有地址，一个数组包含若干元素，每个数组元素都在内存中占用存储单元，它们都有相应的地址。指针变量可以指向变量，可以指向数组元素（把某一元素的地址放到一个指针变量中）。所谓数组元素的指针就是数组元素的地址。

项目

8

在实训 8.4 中，就用到了指针变量，例如 "x[i] = * ad_adr"。

可以用一个指针变量指向一个数组元素。例如，把数组的首地址赋给数组的指针变量。

```
int   a[10];        //定义 a 为包含 10 个整型数据的数组
int   *p;           //定义 p 为指向整型变量的指针变量
p = &a[0];          //把 a[0] 元素的地址赋给指针变量 p，
                    //也就是使 p 指向 a 数组的第 0 号元素
```

指针变量 * p 与数组 a 的地址的对应关系如图 8-27 所示。

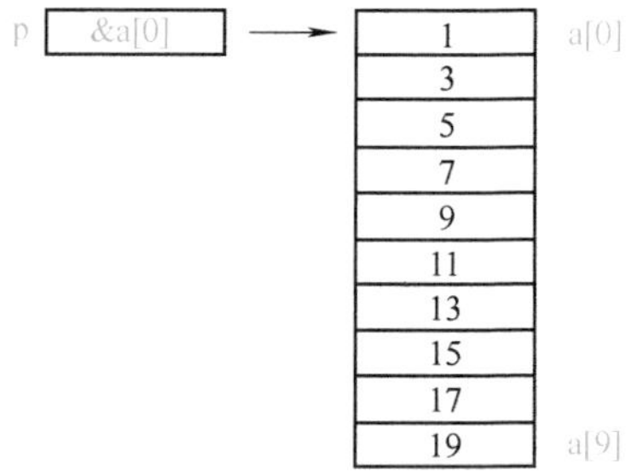

5. 指针的运算

C 语言规定在指针指向数组元素时，可以对指针进行以下运算：

（1）加一个整数（"+"或"+="） 如果指针变量 p 已指向数组中的一个元素，则 p+1 指向同一数组中的下一个元素。

如果 p 的初值为 &a[0]，则 p+i 和 a+i 就是数组元素 a[i] 的地址，或者说，它们指向 a 数组的第 i 个元素。

（2）减一个整数（"-"或"-="） 减一个整数和加一个整数类同，如，p-1 指向同一数组中的上一个元素。

（3）自加运算（++） 如果 p 原来指向 a[0]，执行 ++p 后，p 的值变为原值加1，这样 p 就指向了数组的下一个元素 a[1]。

在实训 8.4 中，就应用了指针变量自加运算 "ad_ adr ++ ;"。

（4）自减运算（--） 自减运算与自加运算类同。

（5）两个指针相减 如果指针变量 p1 和 p2 都指向同一数组，如执行 p2 - p1，结果为两个地址之差除以数组元素的长度。

注意：指针相减的两个元素均需指向同一数组中的元素，这样才有意义。

图 8-27　指针变量与数组地址

项 目 小 结

本项目内容由直流电动机的控制引入，把 D - A 转换器、A - D 转换器在单片机系统中的作用、构成的控制通道及常用 D - A 转换芯片 DAC0832 和 A - D 转换芯片 ADC0809 的基本知识融入不同的工作任务中，以任务驱动的方式训练了 D - A 转换器、A - D 转换器的基本使用方法和编程逻辑。

本单元要熟悉的基本知识和技能如下：

1. D - A 转换器、A - D 转换器在单片机应用系统中的作用，由其构成的控制通道。

2. DAC0832 芯片的组成结构、工作原理及不同工作方式的应用。

3. ADC0809 芯片的组成结构、工作原理及不同工作方式的应用。

4. 掌握指针的定义及应用。

5. 掌握应用 DAC0832 芯片进行编程、仿真和调试。

6. 掌握应用 ADC0809 芯片进行编程、仿真和调试。

练习与提高 8

1. 填空题

（1）D－A转换器的作用是将_____量转换为_____。单片机控制系统中，由D－A转换器和执行机构构成控制系统中_____通道。

（2）A－D转换器的作用是将_____量转换为_____。单片机控制系统中，由传感感器、A－D转换器构成控制系统中_____通道。

（3）DAC0832芯片输出的是直流_____，如果使DAC0832芯片输出端输出电压，需要在输出端接_____。

（4）DAC0832芯片的使用，是通过寄存器的端口寻址的，应用时，须把其视为外接RAM。所以，在程序设计时，程序开始要添加有_____头文件，其地址要通过_____定义。

（5）指针是_____，存储的是_____量，指针变量在定义时，必须指明_____和使用_____符号。

2. 选择题

（1）DAC0832是____位芯片。

    A. 8位D－A转换器　　B. 16位D－A转换器　　C. 8位A－D转换器　　D. 16位A－D转换器

（2）ADC0809是_____位芯片。

    A. 8位D－A转换器　　　　　　　　B. 16位D－A转换器

    C. 8位A－D转换器　　　　　　　　D. 16位A－D转换器

（3）下列对指针变量定义正确的是_____。

    A. int Point　　　　B. int ＊Point　　　　C. int ＆Point　　　　D. int ＠Point

（4）ADC0809芯片转换启动信号为_____。

    A. EOC　　　　　　B. XFER　　　　　　C. ILE　　　　　　D. START

（5）多路D－A转换系统中为实现多路模拟信号同步输出，常采用_____。

    A. 直通工作方式　　B. 单缓冲工作方式　　C. 双缓冲工作方式　　D. 均可

3. 简答题

（1）DAC0832芯片与单片机接口有哪几种连接方式？分别对应哪种工作方式？各有哪些控制信号？其作用是什么？

（2）指针的运算有哪几种？分别是什么？

（3）ADC0809芯片进行转换时的主要步骤有哪些？

4. 编程题

硬件连接图如图8-8所示，试编写产生周期为20ms的锯齿波电压程序。

项目

8

项目9

单片机应用系统综合设计与开发应用

引 言

　　本项目通过综合应用所学知识分析 LED 灯亮度可调、光色可变的原理，通过观察实现效果，让学生进行分析和讨论，最后得出结论。通过综合训练，既可以把已学知识升华，又可以激发学生探索科学知识的兴趣，达到启发创新的目的。

教学导航 →

教	重点知识	1. 单片机的 PWM（Pulse Width Modulation，脉冲宽度调制）控制原理 2. PWM 对 LED 灯的亮度控制 4. LED 灯光色变化的编程实现	3. LED 灯光色变化原理 5. 测温传感器 DS18B20 的应用
	难点知识	1. PWM 对 LED 灯的控制编程 3. 测温传感器 DS18B20 的测温与显示	2. LED 灯光色变化的编程实现
	教学方法	任务驱动＋仿真训练 以综合工作任务——亮度可调、光色可变的 LED 灯为实例，分析 PWM 对 LED 灯的控制作用及光色变化的原理与实现；进一步熟悉 Keil μVision 和 Proteus 环境下的仿真应用，并通过这一任务的完成总结出单片机应用系统的设计要求与方法	
	参考学时	8	
学	学习方法	通过完成具体的工作任务，认识学习的重点及编程技巧；理解基本理论知识及应用特点；注重学习过程中分析问题、解决问题能力的培养与提高	
	理论知识	1. PWM 的控制原理及应用 3. 单片机应用系统的设计要求	2. LED 光色变化的原理及应用
	技能训练	1. PWM 控制 LED 灯亮度变化的编程、调试及仿真 3. DS18B20 的测温与显示 4. 单片机应用系统的设计方法	2. LED 灯光色变化的编程、调试及仿真
做	制作要求	分组完成亮度可调、光色可变的 LED 灯系统的制作	
	建议措施	3～5 人组成制作团队，业余时间完成制作并提交老师验收和评价	

培养开拓创新精神。学会学习，不断进步。与时俱进，做时代的先锋。

【任务9.1】 亮度可调、光色可变的 LED 灯的设计

1. 任务要求

通过单片机的 I/O 端口实现对 LED 灯亮度及光色的变化控制。

2. 任务目的

（1）通过本任务的完成，提高对基本知识和技能的应用能力及综合系统的设计与开发能力。

（2）通过 PWM 对 LED 灯的亮度控制，了解单片机 PWM 控制的原理、控制方法等基本知识。

（3）掌握 LED 灯光色变化的原理及编程应用。

（4）掌握在 Proteus 环境中，实现 LED 灯亮度及光色变化的仿真应用。

3. 任务分析

前面已熟悉了 LED 灯的基本控制，如点亮、闪烁、移位和定时等，在此基础之上，需完成 LED 灯的亮度变化调节与光色的变化控制，可调 LED 灯实物图如图 9-1 所示。

LED 灯亮度调节是通过 PWM 控制实现的，即使单片机产生 PWM 脉冲波，由 I/O 端口输出至 LED 灯，其脉冲宽度可调节灯的亮度。而光色的变化是通过 3 只不同颜色的 LED 进行组合从而可以呈现出 7 种不同的颜色。电路原理图如图 9-2 所示。

图 9-1 可调 LED 灯实物图

（1）单片机 PWM 对 LED 亮度的控制原理 PWM 即脉冲宽度调制（Pulse Width Modulation），是利用微处理器的数字输出来控制模拟电路的一种技术，广泛应用于通信、测量、功率变换等领域。单片机的 PWM 控制主要是通过

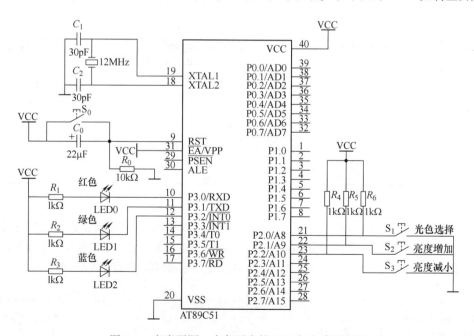

图 9-2 亮度可调、光色可变的 LED 灯电路原理图

项目 9

249

软、硬件在指定的 I/O 端口输出工作时间可调的一定频率的方波信号实现的，方法有多种，如通过内置 PWM 模块、编程模拟、定时器模拟和外围硬件电路模拟实现等。51 系列单片机无内置 PWM 模块，如果内部的定时器资源可用，可利用定时器来模拟 PWM 输出。

本任务中，单片机 P3 端口连接三位 LED 灯，当对应输出为低电平时，LED 灯导通发光；为高电平时，LED 灯熄灭。在 PWM 波的一个周期内，LED 灯一部分时间导通一部分时间不导通，因 PWM 频率很高，LED 灯的亮灭变化不易被看出，因此只能通过一个周期内的平均电压反映 LED 灯的亮度，平均电压越高，亮度越高。通过改变定时器的初始值，改变 PWM 脉冲宽度或者占空比，就可以改变一个周期内的平均电压，从而调节所接 LED 灯的亮度。

图 9-3　PWM 波形示意图

如当定时器工作在模式 2 下时，最大定时时间为 256μs。若计数溢出则计数器归 0。设置定时器初始值为 E0H，则定时时间为 32μs，占一个周期的 1/8。PWM 波形示意图如图 9-3 所示。

（2）LED 灯光色变化原理　本任务中，选择了三个不同颜色的 LED 灯，分别为红、蓝、绿色。这三种颜色的灯光再根据三基色原理组合可以实现七种不同颜色的灯光。安装时将三个灯围聚成圈，外面可以加一个半透明灯罩，可以更好地看到组合光的效果。组合发光的原理如下：

① 红色光和蓝色光组合产生紫色光。
② 红色光和绿色光组合产生黄色光。
③ 蓝色光和绿色光组合产生青色光。
④ 红、蓝、绿三色光组合可产生白色光。

系统设置了一位按键 S1 控制三个 LED 灯的亮灭。当 S1 键按下时，灯的颜色依次循环变化，顺序见表 9-1。

表 9-1　LED 灯亮灭状态及颜色表

序号	LED 灯亮灭状态	组合灯的颜色	对应的 16 进制码
1	11111111	全灭	0xff
2	11111110	红	0xfe
3	11111101	蓝	0xfd
4	11111011	绿	0xfb
5	11111100	红＋蓝＝紫	0xfc
6	11111010	红＋绿＝黄	0xfa
7	11111001	蓝＋绿＝青	0xf9
8	11111000	红＋蓝＋绿＝白	0xf8

4. 源程序设计

光色变化是通过按键 S1 控制三只颜色的 LED 灯的亮灭，从而通过颜色的组合实现七种光色的变化。亮度控制则以查询方式检测亮度控制按键是否按下，当按下亮度增加键 S2 时，亮度逐渐增强直至最亮时回到最弱状态；当按下亮度减小键 S3 时，亮度逐渐减弱直到最弱时再回到最亮状态。源程序如下。

```
/ ************************************************************
程序名称：program9-1. c
程序功能：亮度可调、光色可变的 LED 灯
```

```
*************************************************************/
#include < reg51. h >
unsigned char disp[ ] = {0xff,0xfe,0xfd,0xfb,0xfc,0xfa,0xf9,0xf8};
                            //以不同的灯亮来定义 LED 灯的颜色,组合共有 8 种颜色(含全灭)
sbit S1 = P2^0;             //颜色选择按键
sbit S2 = P2^1;             //亮度增加按键
sbit S3 = P2^2;             //亮度减小按键
unsigned int i = 0;
int on = 250;
int off = 250;
/*************************************************************
函数名称:delay
函数功能:延时时间,j 次空操作
形式参数:j
返回值:无
*************************************************************/
void delay(unsigned int j)
{
  unsigned int k;
  for(k = 0;k < j;k ++ );
}
/*************************************************************
函数名称:led_color
函数功能:LED 灯颜色选择
形式参数:无
返回值:无
*************************************************************/
void led_color( )              //颜色选择
{
  if(S1 ==0)
    {
      delay(10000);
      if(S1 ==0)
        {
          i ++ ;
          if(i ==8){i =0;}
        }
    }
}
/*************************************************************
函数名称:pwm
函数功能:利用 pwm 原理调节 LED 灯亮度
形式参数:无
返回值:无
*************************************************************/
void pwm( )                    //亮度调节
{
  P3 = 0xff;
  delay(off);
  P3 = disp[i];
```

```
      delay( on)
      if( S2 = = 0)
      {
         delay( 10000) ;
         if( S2 = = 0)
         {
            on + + ;off - - ;
            if( off = = 0) { on = 0;off = 500; }
         }
      if( S3 = = 0)
         {
            delay( 10000) ;
            if( S3 = = 0)
            {
               on - - ;off + + ;
               if( on = = 0) { on = 500;off = 0; }
            }
         }
      }
}
/ ************************************************************
函数名称:main
函数功能:实现 LED 灯颜色的选择与亮度的调节
  ********************************************************** /
main( )
{
   while( 1)
   {
      led_color( ) ;
      pwm( ) ;
   }
}
```

5. Proteus 设计与仿真

单击 Proteus ISIS 中"Debug"菜单下的"Start/Restart Debugging"命令,或者单击窗口左下角的"Play"按钮,即可进行仿真调试,查看设计效果,仿真图如图9-4所示。

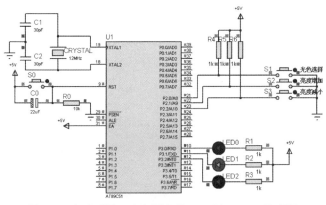

图9-4 亮度可调、光色可变的 LED 灯 Proteus 仿真图

亮度可调、光色可变的 LED 灯电路实物图如图 9-5 所示。

图 9-5　亮度可调、光色可变的 LED 灯电路实物图

9.1　单片机应用系统开发要求

学习指南	基本内容	1. 单片机应用系统开发硬件要求 2. 单片机应用系统开发软件要求 3. 测温集成模块 DS18B20 的测温及 LCD 显示
	基本技能	单片机应用系统设计方法，包含：任务分析、系统总方案设计、硬件设计、软件设计、仿真和系统调试
	学习方法	理实一体 结合任务实现，熟悉单片机应用系统的开发过程

9.1.1　单片机应用系统开发的基本要求

1. 硬件开发的要求

单片机应用系统以单片机为核心，加上一定的外围电路，便能够实现一定的功能。系统开发的基本要求包括：①计算机；②系统开发平台（包括设计、仿真软件）；③编程器或仿真器；④硬件电路（包括单片机及其外围电路）。

2. 下载方式

单片机对开发环境的要求并不高，只需提供一台正常运行的装有普通操作系统的计算机，并在计算机中安装系统开发所需的软件，然后将单片机放入编程器插座中，编程器一端与计算机的相应接口相连接，即可进行下载。

还可以使用单片机在线仿真器进行下载，方法是：将仿真器与计算机通过通信电缆进行连接，再将仿真器与单片机应用系统用仿真电缆进行连接。此外，对具有 ISP（In- System Program-ming）下载功能的单片机，如 Atmel 公司生产的 AT89S51，只需一根下载线将计算机与单片机应用系统相连接，无须编程器即可实现程序的下载。

9.1.2　单片机应用系统设计分析方法

单片机应用系统是由硬件和软件两大部分组成的，其中硬件是基础，为软件运行提供平台；

项目
9

软件在硬件的基础之上对单片机的资源进行调配与使用，是系统功能得以实现的思想与灵魂，二者缺一不可。因此软硬件两者合理、密切的配合，才能构成一个完整的系统，进而完成一定功能。

根据任务9.1的分析过程，可以知道单片机应用系统的设计过程一般包括：任务分析、系统总方案设计、硬件设计、软件设计、仿真和系统调试等几个阶段。

1. 任务分析

认真分析、研究任务所需解决的实际问题，明确需完成的功能，并对系统的可靠性、可行性和成本等进行综合考虑。通过对任务9.1的实例分析与研究，明确两个需完成的功能：LED灯的亮度调节和光色的控制。光亮度的增减采用PWM进行控制，PWM是一种广泛应用、非常有效的控制技术。考虑小制作的成本，则通过程序模拟实现PWM，不失为一种好的选择。光色的变化通过3个不同颜色LED灯的组合实现，通过混色可产生多种光色，原理简单，方便可行。

2. 系统总方案设计

根据上一步的任务分析，进行总方案设计。在查阅相关资料与标准后，结合系统的工作环境、实际用途与技术指标等综合拟订一套合理的设计方案，作为系统设计的依据。总方案的设计直接影响系统功能的最终实现。

在方案中还应确定单片机芯片的型号及器件的选择。

目前，全世界的单片机生产厂商及所生产的单片机型号众多，因此合理地选择单片机的型号是十分重要的。按位数单片机可分为4位、8位、16位及32位等，虽然已发展到32位性能较强的机型，但当前普遍应用的仍是8位机型，它的性价比较高，可以满足一般的设计应用需要。选用较多的芯片型号如：Intel公司的MCS-51系列、宏晶科技有限公司的STC系列、Atmel公司的89系列、AVR系列及Microchip公司的PIC系列等。

最后根据所选器件，画出方案的总框图，如图9-6所示。

图9-6 系统方案总框图

在任务9.1中，任务的功能要求较为简单，选择AT89C51这一常见型号的单片机芯片即可，其内部4KB的程序存储器足够使用，无须扩展外部存储器。总体设计要考虑硬件成本的节约，如按键的去抖以软件延时方式实现。

3. 硬件设计

硬件设计是以单片机芯片为中心，并设置一定的外围电路，如输入输出接口电路、设备和扩展电路等，为功能实现提供基础平台。硬件设计应综合考虑软件的实现以及单片机的资源。

任务9.1中，以单片机最小系统为中心，显示部分连接3只LED灯（红、蓝、绿）作为显示电路，分别连接P3端口的P3.0~P3.2；按键部分由3位普通的独立按键组成，接P2端口的P2.0~P2.2，分别为光亮度的增加、减弱键和三个灯对应的颜色选择键。

4. 软件设计

软件设计是在硬件的基础之上进行的，需对应硬件电路的连接。软件设计需完成的任务主要包括资源分配与功能实现两部分。单片机的资源是有限的，资源分配应充分合理。功能实现一般指采用汇编语言、C语言或两者相结合来编写程序。对于复杂的程序，应尽量采用模块化结构，增强可读性，并使程序易于设计、修改与调试。

任务 9.1 采用 C 语言编写程序，程序包含：主函数 main、LED 灯颜色选择函数 led_ color、LED 灯亮度调节函数 pwm 和延时函数 delay。程序流程图如图 9-7 所示。

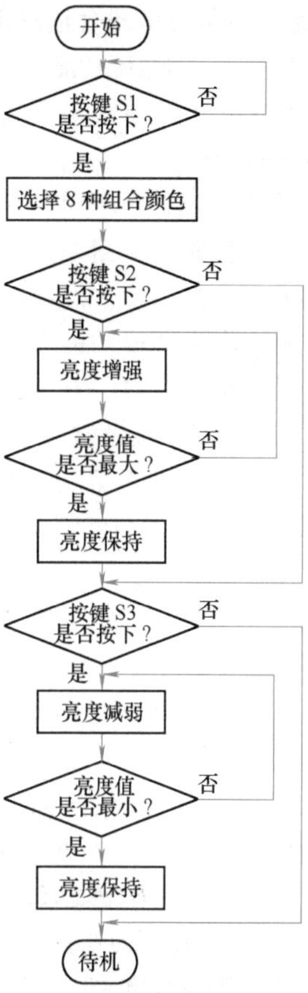

5. 仿真

通过仿真软件，可以模拟硬件电路连接和软件设计的功能，从而在不连接实际电路的情况下，帮助查看设计的效果，检查系统功能能否正常实现。任务 9.1 的 Proteus 软件仿真电路图如图 9-4 所示，按照原理图建好电路模型，然后仿真查看结果，即检查电路能否实现预设功能。如有问题，则返回设计层进行检查后再测试。

6. 系统调试

系统调试包括硬件调试与软件调试。硬件调试是对系统硬件电路的设计、连接进行检查，找出错误并解决；软件调试则要通过相应调试软件对所编程序进行语法和功能的检测，并与硬件相结合，以查看最终系统功能能否正常实现。在调试过程中，不断发现和改正错误，直至系统能够按预定设计正常运行。

通过 Keil μVision 进行编译仿真，进行软、硬件调试，无误后还可在 Proteus 软件中测试系统的功能。

在 Proteus 软件中建立所设计电路模型，将程序置入芯片中，即可开始仿真，测试系统的功能是否正常，根据需要修改设计内容。

图 9-7　亮度可调、光色可变的
LED 灯程序流程图

9.2　系统硬件设计

学习指南	设计内容	1. 通过实例分析说明硬件设计过程 2. 硬件电路设计原则
	基本技能	硬件电路设计、连接及调试方法
	学习方法	理实一体 以实例为载体，熟悉硬件设计内容的确定

现以单片机模拟环境温度控制系统为例，简要说明系统硬件设计的过程。

1. 任务分析与总体方案确定

该系统的基本功能为：采用测温传感器 DS18B20 进行温度测量，然后通过 LCD 显示环境温度值；当环境温度大于设定的上限温度时，报警灯点亮，模拟单片机系统对温度的控制。

单片机芯片可选用 AT89C51 或国产芯片 STC89C52，其内部带有程序存储器，无须外接扩展存储器。本例中采用的是芯片 STC89C52。所用到的外围电路器件主要是 DS18B20、LCD 显示模块及报警指示灯。

该系统总体框图如图 9-8 所示。

2. 硬件设计内容

硬件设计的基础是系统方案的设计，硬件设计依据系统结构进行。硬件设计根据系统功能的要

项目

9

求为软件的运行搭建合适的电路平台,并使系统可靠运行,是系统功能得以实现的基础。

硬件设计的内容主要包括两部分:系统扩展电路和外围设备的接口电路。当单片机内部资源,如存储器、I/O 端口、定时和中断系统等不能满足应用系统的使用需要时,必须选择合适的芯片,设计相应电路来进行片外扩展。还要根据功能要求,为系统需配置

图9-8 单片机模拟环境温度控制系统总体框图

的外部设备如 A – D、D – A转换电路、键盘和显示器等设计相应的接口电路。

硬件电路在设计时应遵循的一般原则如下:

1) 尽量选择常规、典型电路,使硬件系统具有标准化、模块化的特点,方便后续移植使用。

2) 系统扩展与外围设备的配置应充分考虑系统的功能扩展、升级需求,为以后的二次开发提供可能。

3) 软硬件功能合理划分。能够以软件来实现的功能尽量使用软件,这样可以节省硬件资源、降低成本,增加系统灵活性和可靠性,但响应速度会比使用硬件要慢。

4) 当所接外围电路较多时,应考虑增加驱动器以提高接口线的驱动能力或减少芯片功耗来降低总线负载。

5) 相关器件的选择应尽可能使其性能相匹配。如外围电路芯片类型、系统速度的匹配等。

6) 应考虑电路中可能存在的各种干扰因素,加入抗干扰设计,如电源滤波、不同类别信号的隔离、电路布局布线应合理、芯片器件选择抗干扰性强的等,以满足系统可靠性设计需求。

本例中,用到的外围电路元件主要有:测温传感器 DS18B20、液晶显示模块 LCD1602(参见项目5)以及超限报警指示灯 LED。下面将具体介绍 DS18B20 的相关知识。

DS18B20 是一款集成数字温度传感器,其接线方便,在使用中不需要任何其他外围元件,体积小,精度高,抗干扰能力强,封装形式多样,因此广泛应用于各种测温和控制领域。其外形如图9-9所示。

其内部结构包括:64 位 ROM、温度传感器、非挥发的温度报警触发器 TH 和 TL、配置寄存器。

DS18B20 是单总线数字温度传感器,采用单总线的接口方式,即与单片机连接时仅需要一根总线即可实现双向通信。单总线具有经济性好、抗干扰能力强,适合于恶劣环境的现场温度测量,使用方便等优点。使用时,如果将电源极性接反,器件不会烧毁,但不能正常工作。

图9-9 DS18B20 外形

什么是单总线?

单总线即只用一根数据线完成系统中的数据交换。单总线通常外接一个约为 4.7 ~ 10kΩ 的上拉电阻,因此,当总线闲置时其状态为高电平。当总线上有器件响应时,器件将电平拉低。

DS18B20 的测量温度范围宽,测量精度高。DS18B20 的测量范围为 – 55 ~ + 125℃。在 – 10 ~ +85℃范围内,精度为 ±0.5℃ 。多个 DS18B20 可以同时并联在一根总线上,实现多点测温,如图9-10所示。

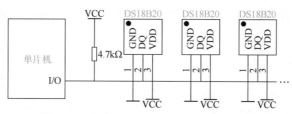

图 9-10　多个 DS18B20 在同一总线上连接

注意：当实际温度超过 100℃ 时，将降低测量可靠性。

温度以两个字节的十六进制数表示，其中高五位为符号位，0 表示正，1 表示负，如图 9-11 所示。在进行温度转换时，正温度可以直接将十六进制数转换为十进制温度值，负温度则需将十六进制数取反后加 1，再转换成十进制温度值。

（高八位）						2^6	2^5	2^4

（低八位）	2^3	2^2	2^1	2^0	2^{-1}	2^{-2}	2^{-3}	2^{-4}

图 9-11　DS18B20 温度值转换表

当发出温度转换命令后，经转换所得的温度值以两个字节的补码形式存放在高速暂存存储器 9 个字节的第 0 和第 1 个字节。单片机可通过总线读取到该数据。读取时低位在前，高位在后。

读 一 读

一根总线上挂接多个 DS18B20 是如何实现的？

每一个 DS18B20 的 ROM 中均有 64 位序列号，且各不相同，即相当于每个 DS18B20 有自己独特的地址序列码，出厂前已经在 ROM 中光刻好，单片机可以通过单总线对多个 DS18B20 进行寻址，这样就可以实现一根总线上同时挂接多个 DS18B20。

DS18B20 的供电方式有两种，除电源正常供电外，还可以通过内部寄生电路从总线上获取电源。因此，当总线上的时序满足一定的要求时，可以不接外部电源，从而使系统结构更趋简单，可靠性更高。当采用寄生电源供电时，VDD 脚应接地。

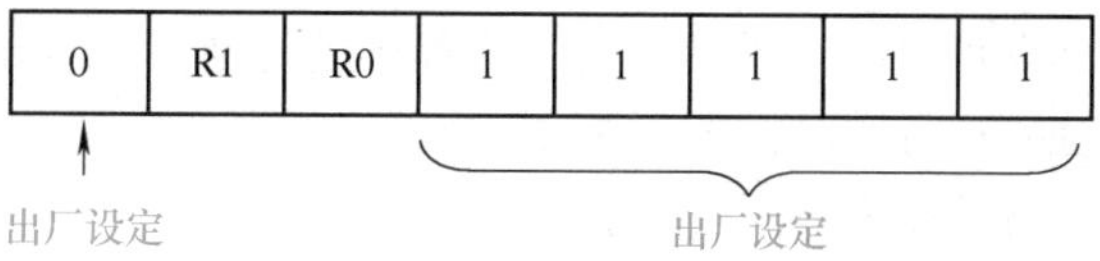

图 9-12　DS18B20 配置寄存器

DS18B20 的测量分辨率可通过程序设定为 9 ~ 12 位，分辨率设定与转换时间表见表 9-2。通过配置寄存器进行设定，如图 9-12 所示。

表 9-2　分辨率设定与转换时间表

R0	R1	分辨率/bit	最大转换时间/ms
0	0	9	93.75
0	1	10	187.5
1	0	11	375
1	1	12	750

项目

9

此外，DS18B20 具有掉电保护功能。其内部 EEPROM 在系统掉电后仍可保存分辨率及报警温度的设定值。

9.3 系统软件设计

学习指南	设计内容	1. 软件设计系统的组成 2. 软件设计的流程 3. 设计时需注意的问题
	基本技能	软件开发、调试方法
	学习方法	理实一体 以实例的控制程序设计过程，熟悉软件设计内容

软件是把硬件系统的工作过程程序化，由软件控制硬件的功能。

单片机的软件设计系统由计算机、软件开发工具和在线仿真器或编程器等组成。

软件设计的流程如下。

（1）绘制流程图　绘制流程图是程序设计前期一项重要的工作，尤其是较为复杂的系统，流程图有助于理清思路，使程序的编写更容易、条理性更强。在绘制时，先画出简单的粗框图，即功能流程图，然后再进行细化、具体化，转化为详细的程序流程图。流程图能够清楚地表示出程序的流向及执行步骤，将流程图的功能和流向以适当的语句、指令来实现即为编写程序。

单片机模拟环境温度控制系统的流程图如图 9-13 所示。

（2）编写各功能模块的程序　采用模块化结构对整个系统进行设计，是一个比较好的设计方法。将整个系统的功能划分成若干个具有独立、单一功能的小模块，分别进行设计，最后合在一起，成为一个完整的程序。这样做可以降低设计难度，使程序结构清晰，各个模块可独立进行调试，便于调试、修改和扩充。

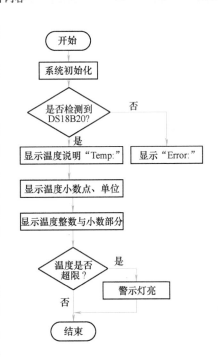

图9-13　环境温度控制系统流程图

各功能模块程序如下：

```
#include < reg51.h >                              //包含单片机寄存器的头文件
#include < intrins.h >                            //包含_nop_( )函数定义的头文件
unsigned char code digit[10] = {"0123456789"};   //定义字符数组显示数字
unsigned char code Str[ ] = {"Temp:"};           //显示说明
unsigned char code Error[ ] = {"Error"};         //未检测到 DS18B20
unsigned char code Cent[ ] = {"℃"};              //温度单位
```

① DS18B20 功能相关程序

```
/ *****************************************************************
程序名称:program9-2.c
程序功能:DS18B20 的相关程序
***************************************************************** /
```

```
sbit Bus = P3^3;
unsigned char time;                        //设置全局变量,延时参数
/ ************************************************************************
函数名称:DS18B20_ini
函数功能:DS18B20 初始化
形式参数:无
返回值:flag
 ************************************************************************ /
bit DS18B20_ini( void)
{
  bit flag;                                //DS18B20 存在标志,flag = 0,表示存在;flag = 1,表示不存在
  Bus = 1;                                 //将总线拉高
  for( time = 0;time < 2;time ++) ;        //延时约 6μs
  Bus = 0;                                 //将总线从高拉低,保持 480 ~ 960μs
  for( time = 0;time < 200;time ++) ;      //延时约 600μs
                                           //向 DS18B20 发出一个持续 480 ~ 960μs 的低电平复位脉冲
  Bus = 1;                                 //将总线拉高,即释放总线
  for( time = 0;time < 10;time ++);

                                           //延时约 30μs(释放总线后需等待 15 ~ 60μs 让 DS18B20 输出
                                             存在脉冲)
  flag = Bus;                              //单片机检测是否有 DS18B20 存在脉冲
  for( time = 0;time < 200;time ++);       //延时一段时间,等待存在脉冲输出完成
  return ( flag);                          //返回检测成功标志
}
/ ************************************************************************
函数名称:DS18B20_read
函数功能:从 DS18B20 中读取一个字节数据
形式参数:无
返回值:data
 ************************************************************************ /
unsigned char DS18B20_read ( void)
{
  unsigned char i = 0;
  unsigned char data;                      //储存读出的一个字节数据
  for ( i = 0;i < 8;i ++)
    {
    Bus = 1;                               //将总线拉高
    _nop_( );                              //等待一个机器周期
    Bus = 0;                               //单片机从 DS18B20 读数据时,将总线从高拉低,即启动读
                                             时序
    data >> = 1;
    _nop_( );                              //等待一个机器周期
    Bus = 1;                               //将总线拉高,为单片机检测 DS18B20 的输出电平做准备
    for( time = 0;time < 2;time ++);       //延时约 6μs,使单片机在 15μs 内采样
    if( Bus == 1)data | = 0x80;            //如果读到的数据是 1,则将 1 存入 data
    else
       data| = 0x00;                       //如果读到的数据是 0,则将 0 存入 data
    for( time = 0;time < 8;time ++);

                                           //延时 3μs,两个读时序之间必须有大于 1μs 的恢复期
```

```
    }
  return(data);                      //返回读出的十进制数据
}
/ ********************************************************************
函数名称:DS18B20_write
函数功能:向 DS18B20 写入一个字节数据
形式参数:data
返回值:无
  ******************************************************************** /
DS18B20_write(unsigned char data)
{
    unsigned char i = 0;
    for (i = 0; i < 8; i ++)
    {
      Bus = 1;                       //先将数据线拉高
      _nop_( );                      //等待一个机器周期
      Bus = 0;                       //将数据线从高拉低时启动写时序
      Bus = data&0x01;               //利用与运算取出要写的某位二进制数据,并将其送到数据线上
                                       等待 DS18B20 采样
      for(time = 0;time < 10;time ++);
                                     //延时约30μs,DS18B20 在拉低后的15~60μs 期间从数据线上采样
      Bus = 1;                       //释放数据线
      for(time = 0;time < 1;time ++);
                                     //延时 3μs,两个写时序间至少需要1μs 的恢复期
      data >> = 1;                   //将 data 中的各二进制位数据右移 1 位
    }
      for(time = 0;time < 4;time ++) ;  //延时,等待硬件反应时间
}
```

② 温度显示相关程序

```
/ ********************************************************************
函数名称:DS18B20_error
函数功能:未检测到 DS18B20 时显示错误
形式参数:无
返回值:无
  ******************************************************************** /
void DS18B20_error(void)
{
    unsigned char i;
    Write_add(0x00);                 //写显示地址,从第1行第1列开始显示
    i = 0;                           //从第一个字符开始显示
    while(Error[i] ! = '\0')         //检测写结束标志
    {
      Write_data(Error[i]);          //将字符常量写入 LCD
      i ++;                          //指向下一个字符
      delaynms(100);                 //延时 100ms,查看显示说明
    }
    while(1) ;                       //等待
}
```

```
/***********************************************************************
函数名称:DS18B20_info
函数功能:显示说明
形式参数:无
返回值:无
***********************************************************************/
void DS18B20_info(void)
{
    unsigned char i;
    Write_add(0x00);              //写显示地址,从第1行第1列开始显示
    i = 0;                        //从第一个字符开始显示
    while(Str[i] ! = '\0')        //检测写结束标志
        {
        Write_data(Str[i]);       //将字符常量写入LCD
        i ++;                     //指向下一个字符
        delaynms(100);            //延时100ms,查看显示说明
        }
}


/***********************************************************************
函数名称:DS18B20_dot
函数功能:显示温度小数点
形式参数:无
返回值:无
***********************************************************************/
void DS18B20_dot(void)
{
    Write_add(0x49);             //写显示地址,从第2行第10列开始显示
    Write_data('.');             //将小数点的字符常量写入LCD
    delaynms(50);                //延时1ms 硬件操作时间
}


/***********************************************************************
函数名称:DS18B20_c
函数功能:显示温度单位℃
形式参数:无
返回值:无
***********************************************************************/
void DS18B20_c (void)
{
    unsigned char i;
    Write_add(0x4c);             //写显示地址,从第2行第13列开始显示
    i = 0;                       //从第一个字符开始显示
    while(Cent[i]! = '\\0')      //检测写结束标志
    {
    Write_data(Cent[i]);         //将字符常量写入LCD
    i ++;                        //指向下一个字符
    delaynms(50);                //延时1ms 硬件操作时间
    }
}
```

```
/ ********************************************************************
函数名称:DS18B20_inte
函数功能:显示温度的整数部分
形式参数:x
返回值:无
 ******************************************************************** /
void DS18B20_inte( unsigned char x)
{
    unsigned char j,k,l;              //分别储存温度的百位、十位和个位
    j = x/100;                        //取百位
    k = ( x%100)/10;                  //取十位
    l = x%10;                         //取个位
    Write_add(0x46);                  //写显示地址,从第2行第7列开始显示
    Write_data( digit[ j ] );         //将百位数字的字符常量写入 LCD
    Write_data( digit[ k ] );         //将十位数字的字符常量写入 LCD
    Write_data( digit[ l ] );         //将个位数字的字符常量写入 LCD
    delaynms(50);                     //延时 1ms 硬件操作时间
}
/ ********************************************************************
函数名称:DS18B20_flo
函数功能:显示温度的小数部分
形式参数:x
返回值:无
 ******************************************************************** /
void DS18B20_flo( unsigned char x)
{
    Write_add(0x4a);                  //写显示地址,从第2行第11列开始显示
    Write_data( digit[ x ] );         //将小数部分的第一位数字字符常量写入 LCD
    delaynms(50);                     //延时 1ms 硬件操作时间
}
/ ********************************************************************
函数名称:DS18B20_ready
函数功能:准备读取温度值
形式参数:无
返回值:无
 ******************************************************************** /
void DS18B20_ready (void)
{
    DS18B20_ini( );                   //DS18B20 初始化
    DS18B20_write(0xCC);              //跳过读 ROM 操作
    DS18B20_write (0x44);             //启动温度转换
    for( time = 0;time < 100;time ++ ) ;  //温度转换需要一点时间
    DS18B20_ini ( );
    DS18B20_write (0xCC);
    DS18B20_write (0xBE);             //读取温度寄存器,分别为温度的低位和高位
}
```

③ LCD1602 相关程序

```
sbit RS = P2^0;              //寄存器选择位,将 RS 位定义为 P2.0 引脚
sbit RW = P2^1;              //读写选择位,将 RW 位定义为 P2.1 引脚
sbit E = P2^2;               //使能信号位,将 E 位定义为 P2.2 引脚
sbit BF = P0^7;              //忙碌标志位,将 BF 位定义为 P0.7 引脚
/ **************************************************************
函数名称:delay1ms
函数功能:延时 1ms
形式参数:无
返回值:无
 ************************************************************** /
void delay1ms( )
{
  unsigned char i,j;
  for(i = 0;i < 4;i ++ )
  for(j = 0;j < 33;j ++ );
}
/ **************************************************************
函数名称:delaynms
函数功能:延时 n ms
形式参数:n
返回值:无
 ************************************************************** /
void delaynms(unsigned char n)
{
  unsigned char i;
  for(i = 0;i < n;i ++ )
  delay1ms( );
}
/ **************************************************************
函数名称:BusyTest
函数功能:忙碌状态判断
形式参数:无
返回值:busy
 ************************************************************** /
bit BusyTest(void)
{
  bit busy;
  RS = 0;                    //RS 为低电平,RW 为高电平时,读状态
  RW = 1;
  E = 1;                     //E = 1,允许读写
  _nop_( );
  _nop_( );
  _nop_( );
  _nop_( );
  busy = BF;                 //将忙碌标志写入 busy
  E = 0;                     //将 E 恢复低电平
  return (busy);
}
```

项目

9

```
/ *********************************************************************
函数名称:Write_code
函数功能:写指令或地址
形式参数:write
返回值:无
********************************************************************* /
void Write_code (unsigned char write)
{
    while(BusyTest( )==1);              //如果忙就等待
    RS=0;                              //RS 和 RW 均为低电平时,写指令
    RW=0;
    E=0;                               //E 置低电平
    _nop_( );
    _nop_( );
    P0 = write;                        //将数据送入 P0 端口,即写入指令或地址
    _nop_( );
    _nop_( );
    _nop_( );
    _nop_( );
    E=1;                               //E 置高电平
    _nop_( );
    _nop_( );
    _nop_( );
    E=0;                               //当 E 从 1 变到 0 时,即下跳沿时,LCD 模块开始执行命令
}
/ *********************************************************************
函数名称:Write_add
函数功能:写实际地址
形式参数:x
返回值:无
********************************************************************* /
void Write_add (unsigned char x)
{
    Write_code(x|0x80);                //实际地址应加 0x80
}
/ *********************************************************************
函数名称:Write_data
函数功能:将数据的 ASCII 码写入 LCD 模块
形式参数:dat
返回值:无
********************************************************************* /
void Write_data(unsigned char dat)
{
    while(BusyTest( )==1);
    RS=1;                              //RS 为高电平,RW 为低电平时,写数据
    RW=0;
    E=0;                               //E 置低电平
    P0 = dat;                          //将数据送入 P0 端口,即将数据写入 LCD 模块
    _nop_( );
```

```
    _nop_();
    _nop_();
    _nop_();
    E = 1;                          //E 置高电平
    _nop_();
    _nop_();
    _nop_();
    _nop_();
    E = 0;                          //当 E 从 1 变到 0 时,即下跳沿时,LCD 模块开始执行命令
}
/*******************************************************************************
函数名称:Lcd_ini
函数功能:LCD 初始化
形式参数:无
返回值:无
*******************************************************************************/
void Lcd_ini(void)
{
    delaynms(15);                   //延时 15ms
    Write_code(0x38);               //显示模式设置为:8 位数据端,2 行显示,5×7 点阵
    delaynms(5);                    //延时 5ms
    Write_code(0x38);
    delaynms(5);
    Write_code(0x38);
    delaynms(5);
    Write_code(0x0c);               //显示模式设置:显示开,无光标,光标不闪烁
    delaynms(5);
    Write_code(0x06);               //显示模式设置:光标右移,字符不移
    delaynms(5);
    Write_code(0x01);               //清屏
    delaynms(5);
}
/*******************************************************************************
函数名称:main
*******************************************************************************/
sbit Led = P1^0;
void main(void)
{
    unsigned char low;             //温度低位
    unsigned char high;            //温度高位
    unsigned char inte;            //温度的整数部分
    unsigned char flo;             //温度的小数部分
    Lcd_ini();                     //LCD 初始化
    delaynms(5);                   //延时 5ms
    if(DS18B20_ini() == 1)
      DS18B20_error();
    DS18B20_info();                //显示温度说明
    DS18B20_dot();                 //显示温度的小数点
    DS18B20_c();                   //显示温度的单位
    while(1)                       //循环检测并显示温度
```

项目

9

```
{
    DS18B20_ready ( );              //读温度准备
    low = DS18B20_read ( );         //先读温度值的低位
    high = DS18B20_read ( );        //再读温度值的高位
    inte = ( high * 256 + low)/16;  //计算温度值的整数部分
    flo = ( low% 16 ) * 10/16;      //计算温度值的小数部分（保留1位小数）
    DS18B20_ inte(inte );           //显示温度的整数部分
    DS18B20_ flo(flo );             //显示温度的小数部分
    delaynms(10);
    if( inte > 50)Led = 0;          //当温度超过上限时,报警指示灯亮
}
}
```

（3）编译　程序编写完之后，要编译成机器语言，即十六进制的文件，后缀名为 .hex。这个过程是开发软件执行的，不需要人工操作。

（4）仿真调试　在 Keil μVision 中，打开菜单"Peripherals"选择仿真端口 P2；运行源程序，观察端口变化，如图 9-14 所示。调试之前还可根据需要在 Proteus 仿真软件下进行软件仿真，详细步骤和方法不再赘述。仿真图如图 9-15 所示。

图 9-14　在 Keil μVision 中观察端口变化

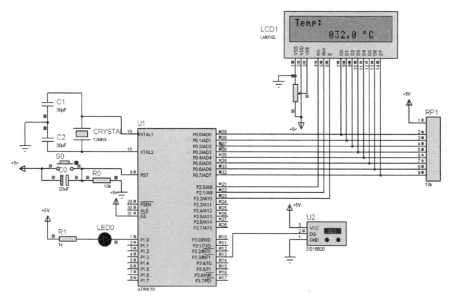

图 9-15　温度显示仿真图

（5）硬件电路实现　仿真完成后，在开发板上做功能测试。

在单片机未检测到 DS18B20 时，显示"Error"，如图 9-16 所示。

当检测到 DS18B20 器件时，将正常显示测量的温度值，如图 9-17 所示。

图 9-16　显示"Error"　　　　　　　　图 9-17　正常显示温度值

　　在进行设计时，需要注意的是资源分配的问题，如片内存储器和 I/O 端口应合理分配与使用。单片机的输入输出端口内部结构及功能不尽相同，因此在选用时，应加以区分。

项目小结

　　本项目通过一个综合、有趣的任务——亮度可调，光色可变的 LED 灯的设计，介绍了单片机应用系统的综合设计与分析方法。在任务完成的过程中，启发学生应用已学单片机技术进行创新的意识，提高学生学习单片机开发应用的兴趣。本项目重点知识如下：

1. 单片机的 PWM 控制原理。
2. PWM 对 LED 灯亮度的控制实现。
3. LED 灯光色变化原理和编程实现。
4. 单片机应用系统基本要求。
5. 单片机应用系统设计方法。

练习与提高 9

1. PWM 的控制方法有哪些？
2. 单片机内部定时器模拟 PWM 如何控制 LED 灯的亮度？
3. LED 灯的光色是怎样发生变化的？
4. 单片机系统开发有哪些基本要求？
5. 单片机系统的设计过程是怎样的？
6. 在进行单片机硬件设计时应注意哪里问题？

项目
9

附录 A ASCII（美国信息交换标准码）表

列	0①	1①	2①	3	4	5	6	7①

行	位 654→ ↓ 3210	000	001	010	011	100	101	110	111
0	0000	NUL	DLE	SP	0	@	P	`	p
1	0001	SOH	DC1	!	1	A	Q	a	q
2	0010	STX	DC2	"	2	B	R	b	r
3	0011	ETX	DC3	#	3	C	S	c	s
4	0100	EOT	DC4	$	4	D	T	d	t
5	0101	ENQ	NAK	%	5	E	U	e	u
6	0110	ACK	SYN	&	6	F	V	f	v
7	0111	BEL	ETB	,	7	G	W	g	w
8	1000	BS	CAN	(	8	H	X	h	x
9	1001	HT	EM	)	9	I	Y	i	y
A	1010	LF	SUB	*	:	J	Z	j	z
B	1011	VT	ESC	+	;	K	[	k	{
C	1100	FF	FS	'	<	L	\	l		
D	1101	CR	GS	—	=	M	]	m	}
E	1110	SO	RS	·	>	N	^	n	~
F	1111	SI	US	/	?	O	−	o	DEL

① 第 0、1、2 和 7 是列特殊控制功能的解释。

NUL 空	FF 走纸控制	ETB 信息组传送结束
SOH 标题开始	CR 回车	CAN 取消
STX 正文结束	SO 不用切换	EM 纸尽
ETX 正文结束	SI 启用切换	SUB 替换
EOT 传输结束	DLE 数据链换码	ESC 溢出
ENQ 请求	DC1 设备控制 1	FS 文件分隔符
ACK 承认	DC2 设备控制 2	GS 组分隔符
BEL 报警符（可听见的信号）	DC3 设备控制 3	RS 记录分隔符
BS 退一格	DC4 设备控制 4	US 单元分隔符
HT 横向列表（穿孔卡片指令）	NAK 否定	SP 空间（空格）
LF 换行	SYN 空转同步	DEL 删除
VT 垂直制表		

附录 B C51 语言常见的库函数

在 C51 语言中，库函数分几大类，基本上分属于不同的头文件（.h 文件）。其中包含了宏定义、类型定义和原形函数。以下对常用库函数分别进行简要说明。

1. REG51.H

REG51.H 头文件中包含了对 51 系列单片机特殊功能寄存器（SFR）及相应位的定义。程序设计中，若引用了该头文件，则单片机的 SFR 和相应位就可以直接使用了。

例如，#include "reg51.h" 或#include ＜reg51.h＞。

2. 内部函数库

内部函数库提供了循环移位和延时等操作函数。内部函数的原型声明包含在头文件 intrins.h 中。内部函数库的常用函数见表 B-1。

表 B-1 内部函数库的常用函数

函 数 类 型	函 数 名 称	函 数 功 能
左循环移位	_crol_(a,n)	将无符号字符型变量 a 循环左移 n 位
	irol(a,n)	将无符号整型变量 a 循环左移 n 位
	lrol(a,n)	将无符号长型变量 a 循环左移 n 位
右循环移位	_cror_(a,n)	将无符号字符型变量 a 循环右移 n 位
	iror(a,n)	将无符号整型变量 a 循环右移 n 位
	lror(a,n)	将无符号长型变量 a 循环右移 n 位
其他	_nop_(void)	执行一次空操作
	testbit(bit x)	产生一条 JBC 指令，测试某一位，如果该位为 1，则清零，并返回值为 1；否则，返回值为 0

注：表中 a 代表不同类型的变量，n 为设定的移位次数，x 为测试位。

3. 标准函数库

标准函数库提供了一些数据类型转换以及存储器分配等操作函数。标准函数的原型声明包含在头文件 stdlib.h 中。标准函数库的常用函数见表 B-2。

表 B-2 常用标准函数

函 数 名 称	函 数 功 能
atoi(char * s)	将字符串 s 转换成整数并返回该值
atol(char * s)	将字符串 s 转换成长整数并返回该值
atof(char * s)	将字符串 s 转换成浮点数并返回该值
rand( )	产生一个 0～32767 之间的伪随机数并返回该值
srand(int)	初始化伪随机数发生器
free(void * ptr)	释放已分配的块，参数 ptr 为指向要释放的内存块的指针

4. 字符函数库

字符函数库提供了对单个字符进行判断和转换的函数。字符函数库的原型声明包含在头文件 ctype.h 中，字符函数库的常用函数见表 B-3。

表 B-3 常用字符处理函数

函 数 名 称	函 数 功 能
isalpha(char c)	检查参数 c 是否为英文字母
isalnum(char c)	检查参数 c 是否为英文字母或数字
iscntrl(char c)	检查参数 c 是否为控制字符
isdigit(char c)	检查参数 c 是否为十进制数字
isgraph(char c)	检查参数 c 是否为打印字符
isprint(char c)	检查参数 c 是否为打印字符以及空格
ispunct(char c)	检查参数 c 是否为标点、空格或空格符
ialower(char c)	检查参数 c 是否为小写英文字母
isupper(char c)	检查参数 c 是否为大写的英文字母
isspace(char c)	检查参数 c 是否为控制字符
isxdigit(char c)	检查参数 c 是否为十六进制数字
toint(char c)	转换参数 c 为十六进制数字
tolower(char c)	将大写字符转换为小写字符
toupper(char c)	将小写字符转换为大写字符
toascii(char c)	将字符转换为 7 位 ASCII 码
_toiower(char c)	将大写字符转换为小写字符
_toupper(char c)	将小写字符转换为大写字符

5. 数学函数库

数学函数库提供了多个数学计算的函数，其原型声明包含在头文件 math. h 中，数学函数库的常用函数见表 B-4。

表 B-4 常用数学函数

函 数 名 称	函 数 功 能
abs(int x)	计算并返回输出整型数据的绝对值
cabs(char x)	计算并返回输出字符型数据的绝对值
fabs(double x)	计算并返回输出浮点型数据的绝对值
labs(double x)	计算并返回输出长整型数据的绝对值
ceil(double x)	计算并返回一个不小于 x 的最小正整数
floor(double x)	计算并返回一个不大于 x 的最小正整数
exp(double x)	计算并返回输出双精度数 x 的指数
log(double x)	计算并返回双精度数 x 的自然对数
log10(double x)	计算并返回双精度数 x 的常用对数值
sqrt(double x)	计算并返回双精度数 x 的二次方根
modf(double val, double * n)	将双精度数 val 分解为整数和小数部分，并把整数部分存入 n 指向的单元中，返回 val 的小数部分
pow(double x, double y)	进行幂指数运算
cos(double x)	计算三角函数的值
sin(double x)	
tan(double x)	
acos(double x)	
asin(double x)	
atan(double x)	

6. 字符串函数库

字符串函数库的原型声明在头文件 string.h 中。在 C51 语言中，字符串应包括两个或多个字符串，字符串的结尾以空字符表示。字符串函数通过接受指针来对字符串进行处理。常用的字符串函数见表 B-5。

表 B-5 常用字符串函数

函 数 名 称	函 数 功 能
memchr(void * s, charval, int n)	顺序搜索字符串 s 的前 n 个字符以找出字符 val
memcmp(void * s1, void * s2, int n)	比较两个字符串前 n 个字符
memcpy(void * s1, void * s2, int n)	复制字符串 s2 中 n 个字符到 s1 中
memccpy(void * s1, void * s2, char val, int n)	复制字符串 s2 中 n 个字符到 s1 中，如果遇到终止字符 val 则停止复制
memmove(void * s1, void * s2, int n)	将指定数量 n 个字符从一个缓存移动到另一个缓存
memset(void * s, char val, int n)	将缓存 s 中 n 个字节初始化为指定值 val
strcat(char * s1, char * s2)	将字符串 s2 复制到 s1 的尾部
strncat(char * s1, char * s2, int n)	将字符串 s2 中的 n 个字符复制到 s1 的尾部，连接两个字符串
strcmp(char * s1, char * s2)	比较两个字符串
strncmp(char * s1, char * s2, int n)	比较两个字符串前 n 个字符
strncpy(char * s1, char * s2, int n)	将字符串 s2 中 n 个字符复制到 s1，如果 s2 的长度小于 n，则 s1 中以 0 补齐到 n
strlen(char * s)	返回字符串长度
* strctr(const char * s, char c)	搜索字符串 s 中指定字符 c 首次出现的位置指针
strops(const char * s, char c)	搜索字符串 s 中指定字符 c 首次出现的位置
* strrchr(const char * s, char c)	检查字符串 s 中指定字符 c 最后出现的位置指针
strrpos(const char * s, char c)	搜索字符串 s 中指定字符 c 最后出现的位置
strspn(char * s, char * set)	搜索字符串 s 中第一个不包括在 set 中的字符
strcspn(char * s, char * set)	搜索字符串 s 中第一个包括在 set 中的字符
* strpbrk(char * s, char * set)	搜索字符串 s 中第一个包含在 set 中的字符指针
* strrpbrk(char * s, char * set)	搜索字符串 s 中最后一个包含在 set 中的字符指针

7. 绝对地址访问函数库

绝对地址访问函数库提供了一些宏定义的函数，用于对不同存储空间的访问。绝对地址访问函数库的原型声明包含在头文件 absacc.h 中，常用函数见表 B-6。

表 B-6 常用绝对地址访问函数

函 数 名 称	函 数 功 能
CBYTE	以字节形式对 CODE 区存储空间寻址
DBYTE	以字节形式对 IDATA 区存储空间寻址
PBYTE	以字节形式对 PDATA 区存储空间寻址
XBYTE	以字节形式对 XDATA 区存储空间寻址
CWORD	以字形式对 CODE 区存储空间寻址
DWORD	以字形式对 IDATA 区存储空间寻址
PWORD	以字形式对 PDATA 区存储空间寻址
XWORD	以字形式对 XDATA 区存储空间寻址

参 考 文 献

[1] 孟凤果. 单片机应用自学通 [M]. 北京：中国电力出版社，2005.

[2] 高玉芹. 单片机原理与应用及 C51 编程技术 [M]. 北京：机械工业出版社，2011.

[3] 葛金印，商联红. 单片机控制项目训练教程 [M]. 北京：高等教育出版社，2010.

[4] 刘成尧. 项目化单片机技术综合实训 [M]. 北京：电子工业出版社，2013.

[5] 王静霞. 单片机应用技术（C 语言版）[M]. 北京：电子工业出版社，2015.

[6] 王守中. 一读就通 51 单片机开发 [M]. 北京：电子工业出版社，2011.

[7] 杜洋. 爱上单片机 [M]. 3 版. 北京：人民邮电出版社，2014.

[8] 陈海松. 单片机应用技能项目化教程 [M]. 北京：电子工业出版社，2012.

[9] 朱清慧，张凤蕊，翟天嵩，等. Proteus 教程——电子线路设计、制版与仿真 [M]. 3 版. 北京：清华
大学出版社，2016.

[10] 郭天祥. 新概念 51 单片机 C 语言教程——入门、提高、开发、拓展全攻略 [M]. 北京：电子工业出
版社，2009.

[11] 瓮嘉民，等. 单片机典型系统设计与制作实例解析 [M]. 北京：电子工业出版社，2014.

[12] 工东锋，等. 单片机 C 语言应用 100 例 [M]. 2 版. 北京：电子工业出版社，2013.

[13] 陆冬明，李金喜. 单片机应用技术项目化教程 [M]. 北京：中国铁道出版社，2016.